"十二五"职业教育国家规划教材

经全国职业教育教材审定委员会审定

"十三五"江苏省高等学校重点教材

（编号：2016－1－032）

Android 项目驱动式开发教程

第2版

主　编　刘　正　董明华

副主编　陈　强　陶文寅　陈雪勤

参　编　查艳芳　蒋常炯

机械工业出版社

本书基于 Android Studio 2.2 版本，以项目驱动方式全面、详细地介绍了 Android 应用开发所涉及的各方面知识。全书共 11 章，内容包括 Android 开发入门、生命周期及调试方法、布局与基本组件、高级组件开发、后台服务和广播、多媒体功能的设计、数据存储与数据共享、网络通信、传感器应用开发、地图与位置服务的设计以及综合实例——健身助手的实现。

本书结合大量精心设计的项目案例进行讲解。掌握本书的实例后，开发者无须自己编写大量的代码即可解决实际的 Android 项目开发问题。

本书既可作为高职及本科院校计算机专业 Android 应用开发类课程的教材，也可供相关专业人士参考使用。

为方便教学，本书配备电子课件、授课视频、模拟试卷、习题答案、源代码等教学资源。凡选用本书作为教材的教师均可登录机械工业出版社教育服务网 www. cmpedu. com 免费下载相关资源。如有问题请致电 010 - 88379375 联系营销人员。

图书在版编目（CIP）数据

Android 项目驱动式开发教程 / 刘正，董明华主编.
—2 版. —北京：机械工业出版社，2018. 5（2022. 1 重印）
“十二五”职业教育国家规划教材
ISBN 978 - 7 - 111 - 59758 - 2

Ⅰ. ①A… Ⅱ. ①刘…②董… Ⅲ. ①移动终端-应用程序-程序设计-职业教材-教材 Ⅳ. ①TN929. 53

中国版本图书馆 CIP 数据核字（2018）第 082835 号

机械工业出版社（北京市百万庄大街 22 号 邮政编码 100037）
策划编辑：赵志鹏　　责任编辑：赵志鹏
责任校对：王　欣　　封面设计：马精明
责任印制：单爱军
河北宝昌佳彩印刷有限公司印刷

2022 年 1 月第 2 版　第 5 次印刷
184mm × 260mm · 16. 5 印张 · 399 千字
10 901- 12 800 册
标准书号：ISBN 978 - 7 - 111 - 59758 - 2
定价：46. 00 元

电话服务	网络服务
客服电话：010 - 88361066	机　工　官　网：www. cmpbook. com
010 - 88379833	机　工　官　博：weibo. com/cmp1952
010 - 68326294	金　　书　　网：www. golden-book. com
封底无防伪标均为盗版	机工教育服务网：www. cmpedu. com

第2版前言

本书自2014年出版以来深受广大读者的欢迎，此次再版，对本书进行了增补修订，使内容更加充实。

2015年开始，Google开始推出Android Studio这个开发平台，停止对Eclipse ADT的更新支持，本书最大的变更点就是更新为基于Android Studio开发平台，以项目驱动方式全面、详细地介绍了Android应用开发所涉及的各个方面知识。全书共11章，分为以下3个部分：

1）Android开发基础部分（第1～4章）。第1、2章通过介绍Android系统的起源、发展和体系特征，并通过Android环境的搭建和开发第一个应用程序，对Activity的生命周期函数进行了讲解，通过Logcat方法进行调试方法的说明；第3、4章对用户常用的控件和高级组件的开发进行了详细的开发说明。

和第1版相比，减少了菜单Menu的设计篇幅，增加了Fragment的功能，并调整了部分实训的内容，增加了比较流行的一些控件和通用UI设计。

2）Android开发高级应用部分（第5～10章）。通过介绍后台服务与广播的使用、多媒体播放器的设计、Android系统中各种数据的存储和网络访问、传感器技术的应用以及GPS定位和地图服务，进一步讲解了Android应用开发中较高级的知识和技术。

这部分根据实际应用需求，变动较大，第1版中第7章内容分为两部分，即第2版第7章的数据存储以及第8章的网络通信。把第1版第5章异步任务开发知识点和第7章网络通信知识点合并到第8章，符合Android异步开发主要应用在网络上的特点。同时，废弃了原HttpClient知识点，改为HttpURLConnection知识点，去掉了Soceket通信知识点，并添加了当前实用的JSON解析知识点的应用。将第1版第8章传感器应用开发改为第9章传感器应用开发。调整了第1版第9章媒体播放器知识点的位置，放到了后台服务Service之前，并增加了拍照功能的设计，使之更符合媒体功能的使用，形成第2版第6章多媒体功能的设计。

3）Android开发案例（第11章）。本章通过一个综合性的Android应用程序——健身助手，介绍了百度地图、网络数据的交互、JSON数据的解析以及Toolbar等多种技术在Android系统中的综合应用，并实现了最新的公交线路查询、多种语言的实时翻译和当前位置定位等应用。

使读者学会按企业要求进行Android项目的结构设计和开发，并把学到的知识真正应用到以后的工作中，是高职院校Android项目开发课程的最终目标，也是本书的特色所在。本书首先通过介绍Android综合项目开发的流程和方法，帮助读者解决实际项目开发中遇到的较复杂的问题，逐渐带领读者进入Android开发的精彩世界。其次，有一些知识点，如异步任务、手机系统内部各种传感器参数的读取等功能，在一般的Android类教材中很少涉及，但确实是企业项目中非常实用的知识点，因此本书针对这些知识点专门做了分析和介绍。最后，每个章节都配有精心设计的与知识点内容紧密相关的项目案例，能充分提高读者对于相关知识点的综合掌握能力。

本书由苏州工业园区服务外包职业学院的刘正、董明华任主编，苏州工业园区服务外包职业学院的陈强、陶文寅以及苏州大学的陈雪勤任副主编，参加编写的人员还有苏州工业园区服务外包职业学院的查艳芳和企业工程师蒋常炯。苏州斯威高科信息技术有限公司的孙敏经理和苏州汉迪信息科技有限公司的潘玉华经理参与了全书的规划及项目选取。在本书的编写过程中，编者参考了大量的相关书籍和资料，在此对相关作者表示诚挚的感谢。

由于编者水平有限，书中难免存在不足之处，敬请广大读者批评指正。

编　者

第1版前言

Android是一种基于Linux的自由及开放源代码的操作系统，主要用于移动设备，如智能手机、平板电脑和智能电视等。Android系统是由Google公司和开放手机联盟领导开发的，目前全世界采用这款系统的设备数量已经达到10亿台。随着其产品的市场占有率不断扩大，Android系统的研发人才的缺口日益显现。据业内统计，目前国内的3G研发人才缺口有三四百万，其中Android系统的研发人才缺口至少30万。鉴于这种情况，目前国内很多高职院校已经陆续开设了Android技术的相关课程。

本书基于Android SDK的4.0版本，以项目驱动式的方式全面、详细地介绍了Android应用开发所涉及的各个方面知识。全书共11章，分为以下3个部分：

1）Android开发基础部分（第1～4章）。第1、2章通过介绍Android系统的起源、发展和体系特征，并通过Android环境的搭建和开发第一个应用程序，对Activity的生命周期函数进行了讲解，通过Logcat方法进行调试方法的说明；第3、4章对用户常用的控件和高级组件的开发进行了详细的开发说明。

2）Android开发高级应用部分（第5～10章）。通过介绍异步任务的开发、后台服务的使用、Android系统中各种数据的存储和共享、传感器技术的应用、媒体播放器的设计和使用，以及GPS定位和地图服务，进一步讲解Android应用开发中较高级的知识和技术。

3）Android开发案例（第11章）。本章通过一个综合性的Android应用程序，介绍了百度地图、网络数据的交互、JSON数据的解析以及ActionBar等多种技术在Android系统中的综合应用，并实现了最新的公交路线查询、多种语言的实时翻译和当前位置定位等应用。

如何使读者学会按企业要求进行Android项目的结构设计和开发，并把学到的知识真正应用到以后的工作中，是高职院校Android项目开发课程的最终目标，也是本书的特色所在。本书首先通过介绍Android综合项目开发的流程和方法，帮助读者解决实际项目开发中遇到的较复杂的问题，逐渐带领读者进入Android开发的精彩世界。其次，有一些知识点，如异步任务、手机系统内部各种传感器参数的读取等功能，在一般的Android类教材中很少用到，但确实是企业项目中非常实用的知识点，因此本书针对这些知识点专门做了分析和阐释。最后，每个章节都配有精心设计的与知识点内容紧密相关的项目案例，能充分锻炼读者对于相关知识点的综合掌握能力。

本书由苏州工业园区服务外包职业学院的刘正任主编，外包学院的陈强、陶文寅以及苏州大学的陈雪勤任副主编，参加编写的人员还有外包学院的查艳芳和企业工程师蒋常炯。苏州斯威高科信息技术有限公司的孙敏经理和苏州汉迪信息科技有限公司的潘玉华经理参与了全书的规划及项目选取。在本书的编写过程中，编者参考了大量的相关书籍和资料，在此对相关作者表示诚挚的感谢。

由于编者水平有限，书中难免存在不足之处，敬请广大读者批评指正。

编　者

目 录

第 1 章　Android 开发入门

1. 任务

通过学习 Android 的相关历史及 Android Studio 开发环境的搭建，完成第一个简单应用程序的设计与开发，并理解 Android 项目中各个文件及目录的功能。

2. 要求

1）掌握 Android Studio 开发环境的搭建方法。

2）在 Android Studio 上设计并运行自己的第一个程序。

3）了解 Android Studio 项目的结构及原有 Android Studio 项目的导入方法。

4）掌握 Android 系统四大组件的基本功能。

3. 导读

1）Android 的发展及历史。

2）Android Studio 开发环境搭建。

3）开发第一个应用程序。

4）Android Studio 项目结构分析。

5）Android 四大组件介绍。

1.1　Android 的发展及历史

1.1.1　Android 系统简介

Android 是一种基于 Linux 的自由及开放源代码的操作系统，主要应用于移动设备。Android 股份有限公司于 2003 年在美国加州成立，2005 年被 Google 收购。根据 2015 年的数据显示，Android 已经和苹果 iOS 系统一起成为全球最受欢迎的智能手机平台之一。

二维码 1-1

Android 一词最早出现于法国作家利尔亚当（Auguste Villiers de l'Isle－Adam）在 1886 年发表的科幻小说《未来夏娃》（*L'ève future*）中。他将外表像人的机器命名为 Android，于是便有了这个可爱的小机器人，Android 标志如图 1-1 所示。

图 1-1　Android 标志

如果你是一个手机玩家，那么 Android 就是一个酷炫的手机系统，装有 Android 系统的手机会给你带来前所未有的全新的用户体验。如果你是一个上网达人，那么 Android 就是 4G 时代智能手机的典范，你可以通过它获得前所未有的网络体验。如果你是一个程序员，那么 Android 就是一个魅力十足的开发平台，你可以用 Java 语言开发相应的应用程序，并发布到应用市场，然后根据应用程序的销量获取相应的酬劳。

1.1.2　Android 智能手机系统的发展

自 Android 系统首次发布至今，Android 经历了很多的版本更新。从 2009 年 4 月开始，Android 操作系统改用甜点来作为版本代号，这些版本按照大写字母的顺序来进行命名。表 1-1列出了 Android 系统不同版本的发布时间及对应的版本号。

表 1-1　Android 版本历史

Android 版本	发布日期	代号	API 等级
Android 1. 1			API level 2
Android 1. 5	2009 年 4 月 30 日	Cupcake（纸杯蛋糕）	API level 3
Android 1. 6	2009 年 9 月 15 日	Donut（炸面圈）	API level 4
Android 2. 0/2. 1	2009 年 10 月 26 日	Eclair（长松饼）	API level 5/7
Android 2. 2	2010 年 5 月 20 日	Froyo（冻酸奶）	API level 8
Android 2. 3	2010 年 12 月 6 日	Gingerbread（姜饼）	API level 9
Android 3. 0/3. 1/3. 2	2011 年 2 月 22 日	Honeycomb（蜂巢）	API level 11/12/13
Android 4. 0	2011 年 10 月 19 日	Ice Cream Sandwich（冰淇淋三明治）	API level 14
Android 4. 1/4. 2/4. 3	2012 年 6 月 28 日	Jelly Bean（果冻豆）	API level 16/17/18
Android 4. 4/4. 4W	2013 年 10 月 31 日	KitKat（奇巧巧克力棒）	API level 19/20
Android 5. 0/5. 1	2014 年 12 月 12 日	Lolipop（棒棒糖）	API level 21/22
Android 6. 0（M）	2015 年 5 月 28 日	Marshmallow（棉花糖）	API level 23
Android 7. 0	2016 年 8 月 22 日	Nougat（牛轧糖）	API level 24
Android 8. 0	2017 年 3 月 21 日	O	API level 26

Android 系统是基于 Linux 的智能操作系统。2007 年 11 月，Google 与 84 家硬件制造商、软件开发商及电信运营商组建开发手机联盟，共同研发改良 Android 系统。随后 Google 以 Apache 开源许可证的授权方式，发布了 Android 的源代码。也就是说，Android 系统是完整公开并且免费的，Android 系统的快速发展与它的公开免费不无关系。

1.1.3　Android 系统的框架架构

Android 是一个开放源代码的操作系统，其内核为 Linux。开发者所关心的是这个平台的架构以及所支持的开发语言。图 1-2 所示为 Android 系统的框架架构。下面介绍 Android 系统的框架及其内容。

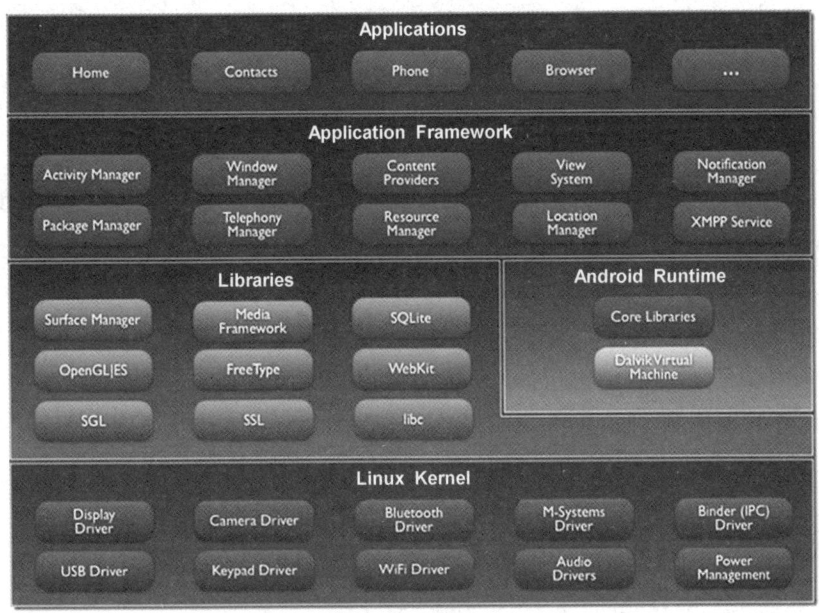

图 1-2　Android 系统的框架架构

1. Linux 内核（Linux Kernel）

Android 的核心系统服务依赖于 Linux 2.6 内核，包括显示驱动（Display Driver）、进程驱动（IPC Driver）、WiFi 驱动（WiFi Driver）、音频驱动（Audio Driver）、电源管理（Power Management）等。Linux 内核同时也被作为硬件和软件栈之间的抽象层。

2. 系统运行库（Libraries）

（1）程序库

Android 包含一些 C/C ++ 库，这些库能被 Android 系统中的不同组件使用。它们通过 Android 应用程序框架为开发者提供服务。

1）系统 C 库：它是一个从 BSD 继承来的标准 C 系统函数库（libc），是专门为基于嵌入式（embedded）Linux 的设备定制的。

2）媒体库：基于 PacketVideo OpenCORE，该库支持多种常用的音频、视频格式回放和录制，同时支持静态图像文件。编码格式包括 MPEG4、H. 264、MP3、AAC、AMR、JPG、PNG。

3）Surface Manager：对显示子系统的管理，并且为多个应用程序提供 2D 和 3D 图层的无缝融合。

4）WebKit：一个最新的 Web 浏览器引擎，支持 Android 浏览器和一个可嵌入的 Web 视图。

5）SGL：底层的 2D 图形引擎。

6）OpenGL/ES：基于 OpenGL ES 1. 0 APIs 实现，该库可以使用 3D 硬件加速（如果可用）或者使用高度优化的 3D 软件加速。

7）FreeType：位图（bitmap）和矢量（vector）字体显示。

8）SQLite：一个对于所有应用程序可用的、功能强劲的轻型关系型数据库引擎。

（2） Android 运行库

Android 运行时（runtime），Android 系统会通过一些 C/C ++ 库来支持用户使用的各个组件，使其能更好地为用户服务。Android 包括了一个核心库（Core Libraries）。该核心库提供了 Java 编程语言核心库的大多数功能。

每个 Android 应用程序都在它自己的进程中运行，都拥有一个独立的 Dalvik 虚拟机（Dalvik Virtual Machine）实例。Dalvik 被设计成一个设备，可以同时高效地运行多个虚拟系统。Dalvik 虚拟机执行 . dex 格式的 Dalvik 可执行文件。该格式文件针对小内存的使用做了优化。虚拟机是基于寄存器的，所有类都经 Java 编译器编译，然后通过 SDK 中的“dx”工具转化成 . dex 格式，再由虚拟机执行。Dalvik 虚拟机依赖于 Linux 内核的一些功能，如线程机制和底层内存管理机制。

Android 在 4. 4 版就已推出新运行时 ART，准备替代用了有些时日的 Dalvik，不过当时尚属测试版，主角仍是 Dalvik。从 Android 5. 0 默认开启 ART 模式并支持 64 位，到 Android 6. 0，ART 已经完全取代了 dalvik，Android 发生了革命性的变化。

3. 应用程序框架（Application Framework）

开发人员也完全可以访问核心应用程序所使用的 API 框架。该应用程序的架构设计简化了组件的重用；任何一个应用程序都可以发布它的功能块，并且任何其他应用程序都可以使用其发布的功能块（不过得遵循框架的安全性限制）。同样，该应用程序的重用机制也使用户可以方便地替换程序组件。

隐藏在每个应用程序后面的是一系列的服务和系统，其中包括的内容如下。

1）丰富而又可扩展的视图系统（View System）：可以用来构建应用程序，包括列表（Lists）、网格（Grids）、文本框（Text boxes）、按钮（Buttons）和可嵌入的 Web 浏览器。

2）内容提供器（Content Providers）：使得应用程序可以访问另一个应用程序的数据（如联系人数据库），或者共享它们自己的数据。

3）资源管理器（Resource Manager）：提供非代码资源的访问，如本地字符串、图形和布局文件（Layout Files）。

4）通知管理器（Notification Manager）：使得应用程序可以在状态栏中显示自定义的提示信息。

5）活动管理器（Activity Manager）：用来管理应用程序生命周期，并提供常用的导航和回退功能。

4. 应用程序（Applications）

Android 系统会和一个核心应用程序包一起发布，该应用程序包包括 E - mail 客户端、SMS 短消息程序、日历、地图、浏览器、联系人管理程序等。所有应用程序都是用 Java 语言编写的。另外，用户从网络下载的，或者自己开发的应用程序（简称 App）也都属于这一部分。

4G（the 4th Generation mobile communication technology）：第四代移动通信技术，该技术包括 TD-LTE 和 FDD-LTE 两种制式。4G 集 3G 与 WLAN 于一体，并能够快速传输数据、音频、视频和图像等。4G 能够以 100Mbit/s 以上的速度下载，比目前的家用宽带 ADSL（4M）快 25 倍，并能够满足几乎所有用户对于无线服务的要求。2013 年 12 月，工业和信息化部正式向三大运营商发放了 4G（TD-LTE）牌照。

1.2　Android 开发环境搭建

1.2.1 Android 开发简介

Android 的应用程序一般用 Java 语言编写，当然也有 NDK（Native Development Kit）的开发方式，会涉及 C/C ++。在开发过程中，有众多的样本应用和开源应用提供下载，并且 IDE（集成开发环境）使用 Android Studio。这种集成开发环境有丰富的源代码模板，用户可以在源码的基础上进行程序的编写，这使得程序开发的难度大为降低。

这里推荐读者在 Windows 操作系统下采用 Java 编程语言，并在 Android Studio 的开发环境下使用 Android SDK 软件开发包进行 Android 应用程序的开发。

1.2.2　安装 JDK

安装 Android Studio 的开发环境需要 JDK（Java 软件开发包）的支持，因此需要先安装和配置 JDK（Java Development Kit）。JDK 是整个 Java 的核心，包括 Java 运行环境、Java 工具和 Java 基础类库。JDK 有多个类型版本，一般建议选择 Java SE 类型的版本。

下载网址是 http://www.oracle.com/technetwork/java/javase/downloads/index.html，JDK 下载界面如图 1-3 所示。

Java SE Downloads

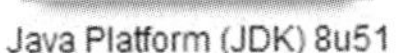

NetBeans with JDK 8

图 1-3　JDK 下载界面

作为开发人员，这里选择 JDK 而不是 JRE。选择相应版本并单击 JDK 的图标后，打开下载界面。32 位的 Windows 系统用户单击 jdk-8u51-windows-i586.exe 进行下载，64 位的 Windows 系统用户单击 jdk-8u51-windows-x64.exe 进行下载（用户实际下载时，版本可能是更新版本，可根据实际情况下载）。

下载后可以得到 .exe 的可执行程序，这是一个安装程序，用户只需运行该程序就可以完成 JDK 的安装。在安装过程中，用户可以指定安装的路径，但一般使用默认路径（一直单击“下一步”按钮）安装即可，运行环境配置可以自己设置，最后检查是否安装成功。

单击计算机的“开始”按钮，选择“运行”，在弹出的对话框中输入“CMD”命令，打开 CMD 窗口，在 CMD 窗口中输入“java -version”（见图 1-4），如果屏幕上出现图中的代码信息，则说明 JDK 已经安装成功了。如果安装不成功，通常是环境变量设置不正确造成的。早期的 JDK 有 zip 文件压缩格式，解压后需要设置环境变量，现在 Windows 平台的 JDK 都是做好的安装包，一般正常安装后都没有问题，故本书不再讲述环境变量的设置。

```
C:\Users\Administrator>java -version
java version "1.8.0_66"
Java(TM) SE Runtime Environment (build 1.8.0_66-b18)
Java HotSpot(TM) 64-Bit Server VM (build 25.66-b18, mixed mode)
```

图 1-4　JDK 验证窗口

1.2.3　安装 Android Studio

在安装好 JDK 环境后，用户就可以开始安装 Android 的集成开发环境了。在 2015 年前，集成开发环境有最早推出的 Eclipse + ADT 和 2013 年末推出的 Android Studio。Android Studio 是一个 Android 开发环境，类似于 Eclipse + ADT。Android Studio 提供了集成的 Android 开发工具。Google 在 2015 年宣布将会全力专注于 Android Studio 编译工具的开发和技术的支持，中止为 Eclipse 提供官方支持，包括中止对 Eclipse ADT 插件以及 Android Ant 编译系统的支持。所以本书把所有项目代码都从 Eclipse 项目更新为 Android Studio 的项目。

如果用户是第一次安装 Android 开发平台，建议在 Android 开发网站（https://WWW.android.-studio.org/index.php/download）上直接下载一个 Android 开发综合包文件（当前 Windows 版本是 android-studio-ide-171.4408382-windows.exe），这个包文件内有必要的 Android 开发环境（IDE）的组件和必要的 Android SDK（软件开发包）。安装过程中，选择安装组件的安装目录，如图 1-5 所示。

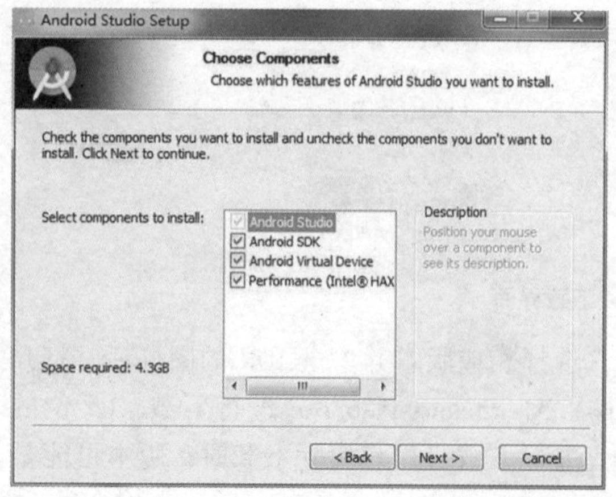

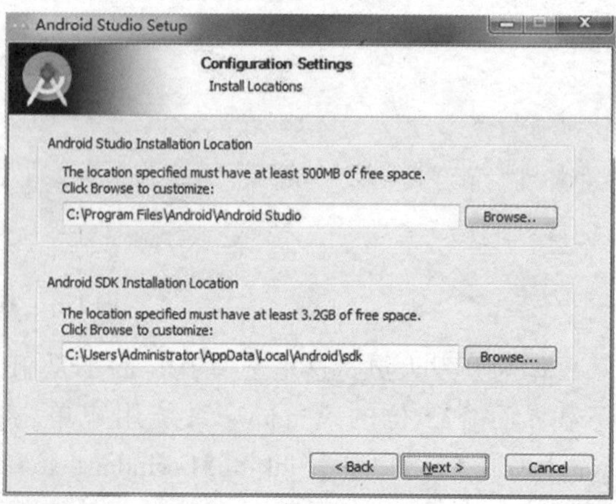

图 1-5　安装界面

Android 开发工具官网下载地址为 https://developer.android.com/sdk/index.html#download，但是国内经常打不开此网站，建议通过第三方网站进行间接下载，如在 http://www.android-studio.org/中进行下载。

下载完成后，将其安装到一个英文目录下，如 D:\Android 下（切记不要带中文，否则容易出错）。安装时，一直单击“Next”按钮即可。

需要注意的是，如果已经安装了 JDK，则安装程序会自动找到 JDK 的路径。如果没有安装 JDK，则会提示错误信息。安装完成后，在安装目录中找到 Studio64.exe（如果是 32 位系统，则找 Studio.exe）并发送快捷方式到桌面后，双击驱动就可以直接开发 Android 应用程序了。

1.2.4　初始化 Android Studio

第一次启动 Android Studio 时在欢迎界面后进入到设置向导页，这里有两个选项：“Standard”和“Custom”（即标准和自定义），如果本机的 Android SDK 没有配置过，那么建议直接选中“Standard”单选按钮，单击“Next”按钮，如图 1-6 所示。

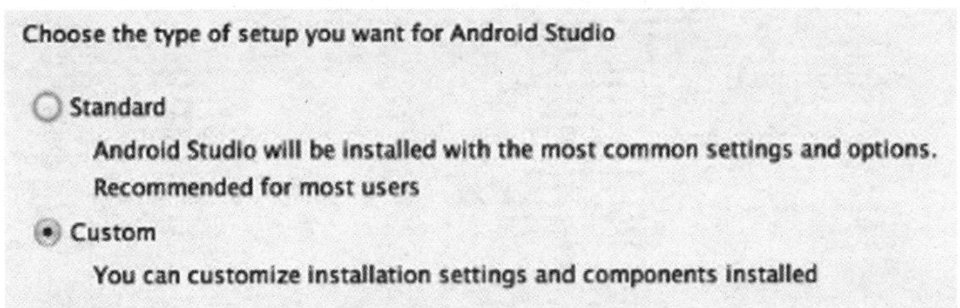

图 1-6　初始化界面

此步骤完成后，会提示可以导入以前的配置文件。对于大部分用户来说，是第一次使用和配置 Android Studio，不可能有以前的配置，所以选择下面一个选项，不导入先前版本的 setting 配置文件，单击“OK”按钮继续添加，如图 1-7 所示。

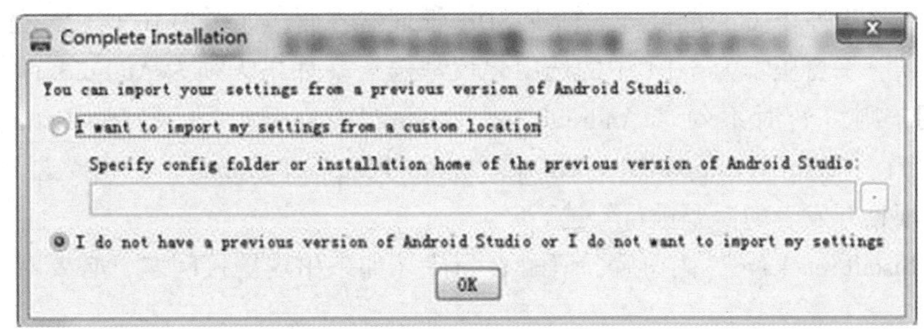

图 1-7　初始化设置界面

第一次启动可能要等待较长时间，因为要下载 gradle 和对应的组件。

1.2.5 更新 SDK

如果以前已经安装过 Eclipse 开发环境并更新好了 SDK，那么可以只下载 android-studio-ide-141.2456560-windows.exe 进行 IDE 的安装。单击图 1-8 中的 SDK 管理器按钮，进行 SDK 路径的选择（选择计算机中使用的 SDK 路径），然后就可以进行项目开发了。

图 1-8　常用按钮介绍

如果是第一次安装使用，则必须使用 SDK 管理器（SDK Manager）下载和管理最新的 SDK Tools 和 SDK Platforms，单击标题栏中的 SDK 管理器按钮后，弹出图 1-9 所示的 SDK 设置界面。

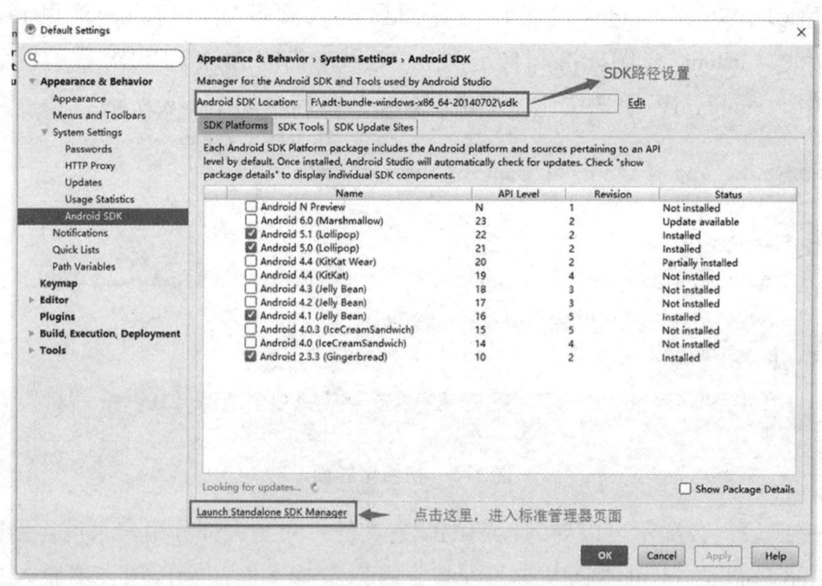

图 1-9　SDK 设置界面

单击图 1-9 中左下方的链接进入标准 SDK 管理器界面，如图 1-10 所示。建议“Tools”项中的都勾选，平台版本为 5.01 中的选项建议都选上（如果无须为 Android TV、可穿戴设备开发应用，则可暂时不勾选 Android TV、Android Wear 选项），另外 Extras 中的两个 Android 支持库（Android Support Repository，Android Support Library）一定要选上，其余 API 版本和选项根据开发者的需要进行勾选。

单击“Install/package”按钮后，请耐心等待（如果出现链接问题，必要时请使用代理服务器）。

SDK 会经常进行更新，所以本界面的操作一定要熟练掌握。

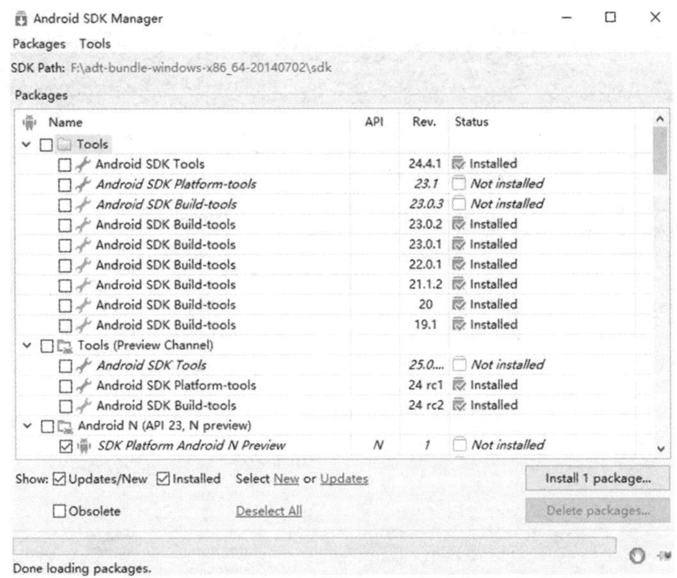

图 1-10　SDK 管理器界面

1.3　开始第一个应用程序

1.3.1　创建第一个应用程序项目（Project）

完成 JDK 的安装、Android Studio 的安装、Android SDK 的安装和更新后，就可以开始项目的开发了。下面在 Android 平台上开发并运行第一个项目 Hello World。

1）使用 Android Studio 创建 Android 项目，启动 Android Studio。

如果还没有用 Android Studio 打开过项目，则会看到欢迎界面，单击“New Project”。

如果已经用 Android Studio 打开过项目，则单击“File”→“New Project”命令来创建一个新的项目。

2）按照图 1-11 所示的内容进行填写，这样会使后续的操作步骤不容易出现差错，填完后单击“Next”按钮。

3）在 Select the form factors your app will run on 窗口勾选“Phone and Tablet”。

4）Minimum SDK，选择 API 16：Android 4. 1。Minimum Required SDK 表示应用支持的最低 Android 版本（当前 4. 1 版本支持全世界 95% 左右的设备）。为了支持尽可能多的设备，应该设置为能支持应用核心功能的最低 API 版本。如果某些非核心功能仅被较高版本的 API 支持，则可以只在支持这些功能的版本上开启它们（参考兼容不同的系统版本），此处采用默认值即可。

5）不要勾选其他选项（TV、Wear、Auto），单击“Next”按钮。

6）在 Add an activity to 窗口选择“Empty Activity”（空 Activity），单击“Next”按钮。

7）在 Choose options for your new file 窗口修改“Activity Name”为“MyActivity”，修改“Layout Name”为“activity_my”，当然也可以全部取默认值，但项目开发中为了区分，建议相关名称个性化。

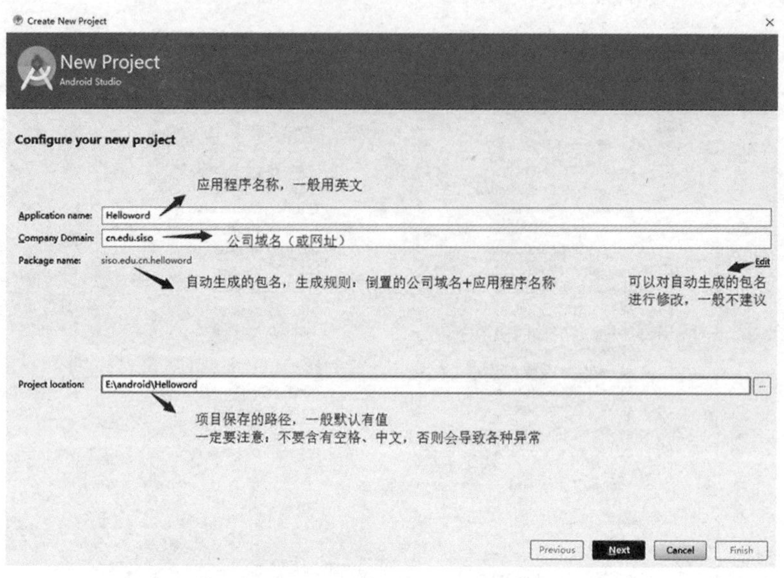

图 1-11　新项目设置界面

8）单击“Finish”按钮完成创建（可能项目创建过程中要等待片刻），弹出图 1-12 所示的界面。

刚创建的 Android 项目是一个基础的 Hello World 项目，包含一些默认文件。

图 1-12　新项目界面

第一个重要文件是 app/src/main/res/layout/activity_my.xml。这是刚才用 Android Studio 创建项目时新建的 Activity 对应的 xml 布局文件，按照创建新项目的流程，Android Studio 会同时展示这个文件的文本视图和图形化预览视图。该文件包含一些默认设置和一个显示内容为“Hello World!”的 TextView 元素。

第二个重要文件是 app/src/main/java/siso.edu.cn.helloworld/MyActivity.java。用 Android Studio 完成新项目创建后，可在 Android Studio 中看到该文件对应的选项卡，选中该选项卡，可以看到刚创建的 Activity 类的定义。编译并运行该项目后，Activity 启动并加载布局文件

activity_my. xml，显示一条文本："Hello World!"。

第三个重要文件是 app/src/main/AndroidManifest. xml，这个文件描述了项目的基本特征，并列出了组成应用的各个组件。接下来的学习会更深入了解这个文件并添加更多组件到该文件中。

第四个重要文件就是 app/build. gradle。Android Studio 使用 Gradle 编译运行 Android 项目。项目的每个模块以及整个项目都有一个 build. gradle 文件。通常只需要关注模块（module）的 build. gradle 文件，该文件存放编译设置，包括 defaultConfig 设置。

① compiledSdkVersion 是应用将要编译的目标 Android 版本。此处默认为用户的 SDK 已安装了最新 Android 版本（目前应该是 7. 1 或更高版本，如果没有安装一个可用 Android 版本，就要先用 SDK Manager 来完成安装）。这里仍然可以使用较老的版本编译项目，但把该值设为最新版本，可以使用 Android 的最新特性，同时可以在最新的设备上优化应用来提高用户体验。

② applicationId 创建新项目时指定的包名。

③ minSdkVersion 创建项目时指定的最低 SDK 版本，是新建应用支持的最低 SDK 版本。

④ targetSdkVersion 表示你测试过你的应用支持最高 Android 版本（同样用 API level 表示）。当 Android 发布最新版本后，应该在最新版本的 Android 下测试自己的应用，同时更新 target sdk 到 Android 最新版本，以便充分利用 Android 新版本的特性。

1. 3. 2　修改显示内容

上面介绍了一些重要文件，还有一些文件也很重要，下面进行介绍。

/res 目录下也包含了 resources 资源：drawable <density>，这个文件夹里存放各种 densities 图像的文件夹、mdpi、hdpi 等。这里能够找到应用运行时的图标文件 ic_launcher. png。

另外，layout 文件夹中存放着用户界面文件，如前面提到的 activity_my. xml，描述了 MyActivity 对应的用户界面，如图 1-13 所示。一个手机应用应该会有多个界面，这样分别对应的多个 XML 文件应该存放在这里。

Menu 文件夹中存放了应用里定义的菜单项的相关文件。

Values 文件夹中存放其他 xml 资源文件，如 string、color 定义。strings. xml 文件中定义了运行应用时显示的文本"Hello World!"。

现在我们来做一个小实验，改变手机界面中显示的内容。

打开项目中的"res"→"layout"→"activity_my. xml"文件，将 TextView 中显示的文本内容由直接定义改为图 1-14a 的显示方法，这时没有对应的可以被引用的资源。

这时再打开项目中的"res"→"values"→"strings. xml"文件（见图 1-14b），将其中的 name = "hello_world" 所对应的内容部分修改为"这是我的第一个 Android 程序"，保存后再次预览界面，即可看到图 1-15 所示的界面。

图 1-13　布局预览界面

```
<TextView
    android:layout_width="wrap_content"
    android:layout_height="wrap_content"
    android:text="@string/hello_world" />
```

a)

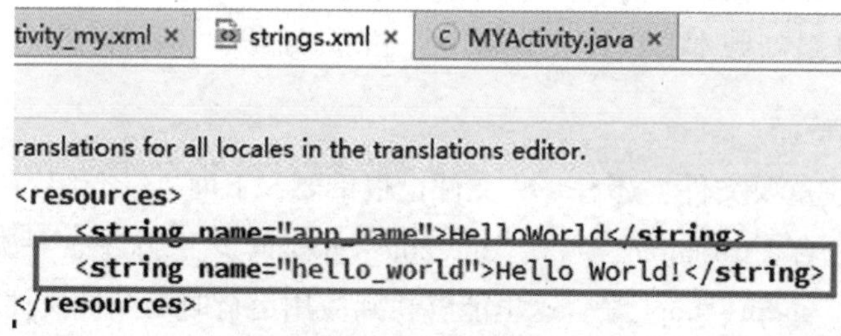

b)

图 1-14　修改引用的资源

a）布局文件中引用资源的方法　b）对被引用的资源进行修改

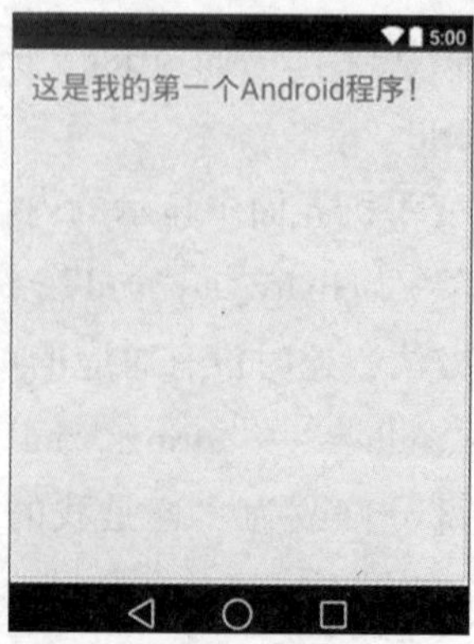

图 1-15　修改引用资源后的界面

1.3.3　创建 AVD

上一节创建了一个 Android 的 Hello World 项目，项目默认包含一系列源文件，它让我们可以立即运行应用程序。如何运行 Android 应用程序取决于两件事情：是否有一台 Android 设备和是否正在使用 Android Studio 开发程序。下面介绍在真实的 Android 设备或者 Android 模拟器上安装并运行应用程序的方法。安装和运行 Android 应用程序的步骤如下：把设备用 USB 线连接到计算机上。如果是在 Windows 系统上进行开发，则可能还需要安装设备对应的 USB 驱动（可以使用手机助手进行驱动安装）。然后开启设备上的 USB 调试选项，在大部分运行 Andriod 3.2 或更老版本系统的设备上，这个选项位于“设置”→“应用程序”→“开发选项”里。但在 Andriod 4.0 或更新版本中，这个选项在“设置”→“开发人员选项”里。这里要注意一点，从 Android 4.2 开始，开发人员选项在默认情况下是隐藏的，想让它可见，可以在“设置”→“关于手机（或者关于设备）”中单击版本号 7 次，再返回就能找到开发人员选项了。

如果大家不方便使用真实设备调试，Android 为用户提供了一种解决方案，在 SDK 中集成了 Android 虚拟设备（Android Virtual Device，AVD）。利用 AVD 管理器，用户可以创建各种模拟器（Emulator），并利用模拟器获得跟真实手机基本相同的体验。但是在涉及一些手机硬件开发（如蓝牙、GPS、相机、NFC 等）时，模拟器则无法实现相关的硬件模拟功能，此时程序员必须配备具有对应硬件功能的 Android 手机，才能完成开发及测试任务。

在 Android Studio 中创建 AVD 时，开发者首先需要利用 AVD 管理工具来创建一个 AVD。单击“Android Studio”工具栏中的 AVD Manager 图标（或者通过单击“Tools”→“Android”→“AVD Manager”），打开图 1-16 所示的窗口。

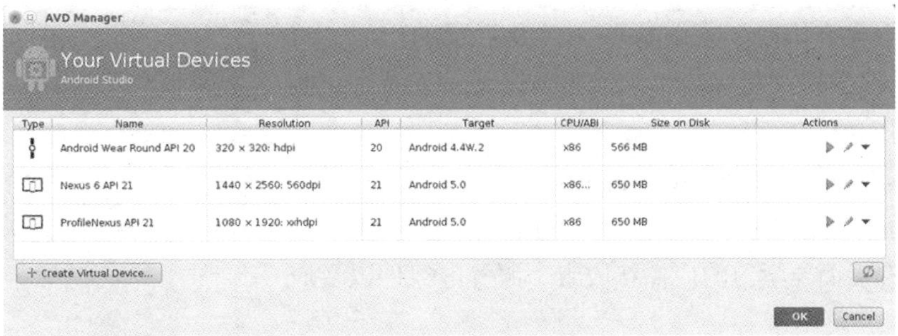

图 1-16　AVD 管理器窗口

在 AVD Manager 面板中，单击“Create Virtual Device”按钮，然后在 Select Hardware 窗口中选择一台设备，如 NexusS（API21），单击“Next”按钮，选择列出的合适系统镜像，校验模拟器配置后，单击“Finish”按钮即可完成 AVD 的创建。

在 Android Studio 中选择要运行的项目，从工具栏中选择“Run”，Choose Device 窗口出现时，选择“Launch emulator”，从“Android virtual device”下拉菜单中选择创建好的模拟器，单击“OK”按钮即可启动。启动完成后，解锁即可看到程序已经运行到模拟器屏幕上了。

第一次启动 AVD 会需要较长的时间，实际开发时，建议开发者不要频繁关闭和重启 AVD。启动后的 AVD 如图 1-17 所示。模拟器管理器中有一个“5554：newavd”，每个模拟器都被绑定到“127.0.0.1”这个 IP 地址上，而 5554 代表该模拟器所绑定的端口号。也就是说，该模拟器的唯一标识地址是“127.0.0.1：5554”。同一台计算机中启动第二个模拟器所绑定的端口号是 5556，端口号可以作为模拟器的手机号使用，在两个或多个模拟器之间可以通过端口号进行通信，如拨打电话、发送短信等。

图 1-17　AVD 启动界面

每次启动模拟器，模拟手机都是处于锁定状态的，通过单击图标并拖动即可解锁。模拟手机的默认语言是英语，如果希望在手机上显示中文等语言，则需要对模拟器的语言设置进行修改。另外，时间是国际标准时间，和北京时间有 8h 的时差，如果需要修改成北京时间，则可以在模拟器设置选项中进行系统的时间设置。

1.4　项目框架分析

1.4.1　Hello World 项目结构

在建立 Hello World 程序的过程中，Android 系统在 Android Studio 中会自动建立一些目录和文件，项目的框架如图 1-18 所示。其中有些文件有着固定的作用，有的允许修改，有的不允许修改。了解这些文件及目录的作用，对 Android 应用程序的开发有着非常重要的意义。下面对这些文件分别进行介绍。

图 1-18　项目框架

manifests/目录下的 AndroidManifest.xml 文件是 Android 配置文件，该文件列出了应用中所使用的所有组件（如“activity”）和后面要学习的广播接收者、服务等组件以及应用的权限。

java/目录用于存放开发人员自己编写的 Java 源代码的包。

res/（res 是 resource 的缩写）目录一般被称为资源目录。该目录可以存放一些图标、界面布局文件、菜单文件以及应用中用到的文字字符串等内容。

Gradle Scripts/是构建工具 gradle 编译产生的相关文件。

1.4.2　资源目录（res/）

资源是 Android 应用程序不可或缺的部分。资源中存放了会被应用到程序中的一些外部元素，如图片、音频、视频、文本字符串、布局、主题等。任何存放在资源目录里的内容都可以通过应用程序的 R 类访问，这是被 Android 编译过的。所以将文件和数据存放在资源目录（res/）中会更方便访问。

资源将最终被编译到 APK 文件中，Android 创建了一个被称为 R 的类，因此在 Java 代码中可以通过它关联到对应的资源文件。R 类中所包含子类的命名由 res/目录下的文件夹名称所决定。

res/目录下的 drawable 文件夹—— drawable- * dpi，它们的区别只是将图标按分辨率高低放入不同的目录。一般情况下的普通屏幕密度值是：ldpi 对应 120，mdpi 对应 160，hdpi 对应 240，xhdpi 对应 320。drawable-xhdpi 用来存放超高分辨率的图标，drawable-hdpi 用来存放高分辨率的图标，drawable-mdpi 用来存放中等分辨率的图标，drawable-ldpi 用来存放低分辨率的图标。程序运行时可以根据手机分辨率的高低选取相应目录下的图片。如果开发程序时不准备使用过多图片，那么也可以只准备一张图片，并将其放入 6 个目录的任何一个中去。

res/目录下的 mipmap 文件夹是 Android 4. 2 以上版本新增加的一个目录，系统会在图片的缩放方面提供一定的性能优化。目前只是用来放启动图标 ic_ launcher，而 PNG、JPEG、GIF 等自己制作的图片资源，还是全部放在 drawable 目录下。

res/目录下有 1 个 layout 文件夹，里面存放的是项目涉及的布局文件，本例中的布局文件是 ADT 默认自动创建的“activity_ main. xml”文件，布局文件利用 XML 语言来描述用户界面。在图 1-19 中，代码的第 12 行说明在界面中使用了 TextView 控件，该控件主要用来显示字符串文本。代码的第 13 ~ 15 行分别对此文本控件的宽、高、显示内容等进行了描述。第 15 行中“hello_ world”是对 TextView 的内容设置，在 1. 3. 2 节中，我们曾经尝试修改了这个字符串的内容，使界面中显示的内容发生了变化，用户可以重复一下这个操作。

在 Android Studio 中双击“activity_ main. xml”文件，在编辑区出现图 1-19 所示的界面，其中显示的是 Design 图形界面的预览效果。用户可以单击“Layout”选项卡中的“Text”按钮，切换到代码编辑模式。

图 1-19　Layout 设计界面

res/目录下有一个 values 文件夹，里面存放的 strings. xml 文件用来定义字符串和数值。在 Activity 中使用 getResources ( ). getString （resourceId） 或 getResources ( ). getText (resourceld）取得资源。

如下面的 strings. xml 文件代码所示，它声明了 string 标签，每个 string 标签对应声明一个字符串，如“name = "app_name" > HelloAndroid”中的 name 属性指定其引用名，在程序中调用此引用名（app_ name）就可以使用后面的值（实际的字符串：HelloAndroid）。请大家按照第 3 行代码修改图 1-19 中的文本内容 。

```
1 <resources>
2   <string name = "app_name" > HelloAndroid </string>
3   <string name = "hello_world" >这是我的第一个 Android 程序 </string>
4   </resources>
```

为什么要把程序中出现的文字单独存放在 strings. xml 文件中呢？原因有两个：一是为了国际化，Android 建议将屏幕上显示的文字定义在 strings. xml 中，如开发的应用程序本来是面向中国国内用户的，当然要在屏幕上使用中文；如果要让这个应用程序走向世界，进入国际市场，则需要在手机屏幕上显示英语等语言。如果没有把文字信息定义在 strings. xml 中，就需要修改所有相关的程序内容。如果将所有屏幕上出现的文字信息都集中存放在 strings. xml 文件后，只需要再提供一个 strings. xml 文件，将里面的汉字信息都修改为英语，运行程序后，Android 操作系统会根据用户手机的语言环境和国家来自动选择相应的 strings. xml 文件，这时手机界面就会显示英语。二是为了减小应用程序的大小，降低数据冗余。假设在应用中要使用“我们一直在努力”这段文字 10000 次，如果不将“我们一直在努力”定义在 strings. xml 文件中，而是在每次使用时直接写上这几个字，这样程序中将会有 70000 个字，这 70000 个字将占 136KB 的空间。由于手机的资源有限，其 CPU 的处理能力及内存也是非常有限的，136KB 对手机程序来说是个不小的空间，因此在开发手机应用程序时必须记住“能省内存，就省内存”。如果将这几个字定义在 strings. xml 文件中，在每次使用“我们一直在努力”这几个字时通过 R. java 文件来引用该文字，只占用了 14B，大大减小了应用程序的大小。当然，在开发时可能并不会用到这么多的文字信息，但是作为一名手机应用程序开发人员，一定要养成良好的编程习惯。

1.4.3 R. java 文件

在 Android 下拉菜单中选择 project 模式后，才能看到 R 文件（路径：项目名\build\generated\source\r\debug\R. java）。R. java 文件中默认有 attr、drawable、layout、string 等多个静态内部类，每个静态内部类对应一种资源，如 layout 静态内部类对应 layout 中的界面文件。每个静态内部类中的静态常量分别定义一条资源标识符，如“public static final int activity_ main = 0x7f030000”对应的是 layout 目录下的 main. xml 文件。具体的对应关系如图 1-20所示。

现在已经理解了 R. java 文件中内容的来源，也就是当开发者在 res/目录的任何一个子目录中添加相应类型的文件之后，系统会在 R. java 文件中相应的匿名内部类中自动生成一条静态 int 类型的常量，对添加的文件进行索引。如果在 layout 目录下再添加一个新的界面，那么在 public static final class layout 中也会添加相应的一个静态 int 常量。相反，若在 res/目录下删除任何一个文件，其在 R. java 中对应的记录也会被 ADT 自动删除。再如，在

strings. xml 文件代码中添加一条记录，那么在 R. java 的 string 内部类中也会自动增加一条记录。如果发现 R. java 没有及时主动更新，则开发者可以单击“保存”按钮，然后选中 R. java 文件，单击鼠标右键，在弹出的快捷菜单中选择“refresh”命令进行刷新，或者删除 R. java 文件，并用相同方法刷新，由系统自动生成一个更新后的 R. java 文件。

R. java 文件可以使开发程序更加方便，如在程序代码中使用“public static final int icon =0x7f020000”可以找到对应的 icon. png 这幅图片，资源名称一般与资源文件名相同（不包含扩展名）。通过在代码中使用资源 ID 可以实现在程序中引用资源。实现资源的引用有两种方式：第一种是在代码中引用资源，通过［R. type. resource_name］方式，其中 type 代表资源类型，也就是 R 文件中的内部类名称，resource_ name 代表资源名称；第二种方式是在资源文件 XML 中引用资源，此时一般使用@［package：］type/name 格式。

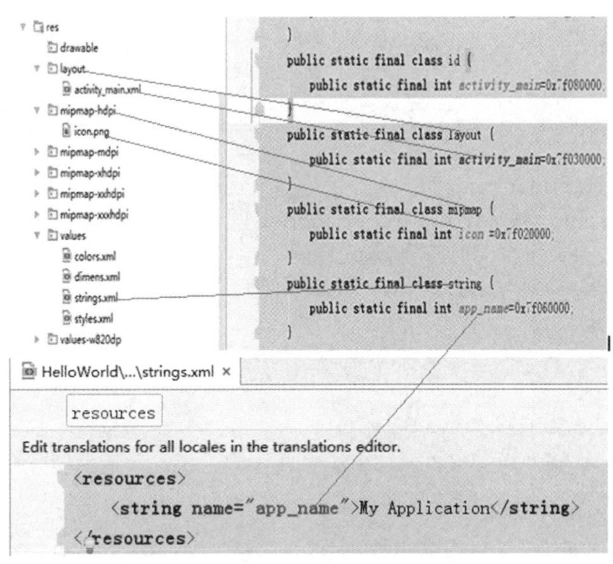

图 1-20　R. java 和资源的对应体系

R. java 文件除了有自动标识资源的“索引”功能之外，还有另外一个功能。当 res/目录中的某个资源在应用程序中没有被使用到，则在该应用程序被编译时，系统就不会把对应的资源编译到这个应用程序的 APK 包中，这样可以节省 Android 手机的资源。

1. 4. 4　AndroidManifest. xml 介绍

在根目录 Manifests 中，每个应用程序都有一个配置文件 AndroidManifest. xml（一定是这个名字）。这个功能清单文件为 Android 系统提供了关于这个应用程序的基本信息，系统在运行任何程序代码之前必须知道这些信息。

AndroidManifest. xml 文件主要包括以下功能：

1）命名应用程序的 Java 应用包，这个包名用来唯一标识应用程序。

2）描述应用程序的组件—— 活动、服务、广播接收者、内容提供者，对实现每个组件和公布其功能（如能处理哪些意图消息）的类进行命名。这些声明使得 Android 系统了解这些组件以及它们在什么条件下可以被启动。

3）决定应用程序组件运行在哪个进程里。

4）声明应用程序所必须具备的权限，用以访问受保护的部分 API，以及和其他应用程序交互。

5）声明应用程序其他的必备权限，用以组件之间的交互。

6）列举测试设备 Instrumentation 类，用来提供应用程序运行时所需的环境配置及其他信息。这些声明只在程序开发和测试阶段存在，发布前将被删除。

程序中使用的所有组件都会在功能清单文件中被列出来，所以程序员必须对此文件非常了解，并能够对其进行准确的修改。

```
1 <?xml version="1.0" encoding="utf-8"?>      <!-----XML 文件头---->
2   <manifest xmlns:android="http://schemas.android.com/apk/res/android"
                                              <!-----第一层次---->
3  package="cn.edu.siso.helloworld">
4    <application
                                              <!-----第二层次,声明描述应用程序的相关特
                                              征---->
5         android:allowBackup="true"
6         android:icon="@mipmap/ic_launcher"
7         android:label="@string/app_name"
8         android:theme="@style/AppTheme">
9         <activity
                                              <!-----第三层次,声明应用程序中的组件,如
                                              Activity---->
10            android:name=".MyActivity"
11            android:label="@string/app_name">
12            <intent-filter>
                                              <!-----第四层次,声明此 Activity 的
                                              filter 特性---->
13               <action android:name="android.intent.action.MAIN"/>
14               <category android:name="android.intent.category.LAUNCHER"/>
15            </intent-filter>                <!-----第四层次声明结束标签---->
16        </activity>                         <!------第三层次声明结束标签----->
17 </application>                             <!------第二层次声明结束标签----->
18 </manifest>                                <!------第一层次声明结束标签---->
```

AndroidManifest.xml 是每个 Android 程序中必须具备的文件。它位于整个项目的根目录下，描述了 package 中暴露的组件（Activities、Services 等），它们各自的实现类以及各种能被处理的数据和启动位置。除了能声明程序中的 Activities、ContentProviders、Services 和 Intent Receivers 外，AndroidManifest.xml 还能指定 Permissions 和 Instrumentation（安全控制和测试）。

下面对 AndroidManifest.xml 文件进行具体分析：manifest 是根目录，属于第一层次。第 2 行代码中 xmlns: android 定义了 Android 的命名空间，一般为 http://schemas.android.com/apk/res/android，这使得 Android 中的各种标准属性都能在文件中被使用，为大部分元素提供了数据。

第 3 行代码 package = "cn. edu. siso. hello world" 指定了本应用程序中 Java 主程序包的包名，它也是一个应用进程的默认名称。

第 4 ~ 17 行声明应用程序相关的信息，一个 AndroidManifest. xml 中必须含有一个 Application 标签，这个标签声明了每一个应用程序的组件及其属性（如 icon、label、permission 等）。这也是最重要的声明部分，属于第二层次。

第 6 行代码 android：icon 用来声明整个 App 的图标，图片一般都放在 drawable 文件夹中，使用资源引用的方式。

第 7 行代码 android：label 用来声明整个 App 的应用程序名称，字符串一般都放在 strings 文件中，使用资源引用的方式。

第 8 行代码 android：theme 定义资源的风格。它定义了一个默认的主题风格给所有 Activity，当然也可以在自己的 theme 里设置它，有点类似于 style。

第 9 ~ 16 行是对这个应用程序中的一个 Activity 的声明，属于第三层次。由于本应用中只有一个 Activity，因此这里只需要声明一个 Activity。如果有多个 Activity 或 Service 等程序员自己开发的组件，则必须在这里添加声明。

第 10 行代码 android：name 是一个前面省略了包名的类名，在 android: name = ". MyActivity" 中一定要注意前面有一个点，这个类名也是在 src/根目录下。以包命名的文件夹中对应的 Java 文件名，大小写也要完全对应。

第 12 ~ 15 行是对这个 Activity 的过滤器 Filter 的声明，属于第四层次。Intent – filter 内设定的资料包括 action、data 与 category 3 种。也就是说，Filter 只会与 Intent 里的这 3 种资料进行对比动作。

首先介绍 action 属性：action 很简单，它只有 android：name 这个属性。常见的 android：name 值为 android. intent. action. MAIN，表明此 Activity 作为应用程序的入口。该属性起到的功能和 C 语言程序中的 main( ) 函数相同，所以 action. MAIN 的这个属性能且只能赋给一个 Activity。

其次介绍 category 属性：category 也只有 android: name 属性。常见的 android: name 值为 android. intent. category. LAUNCHER，它用来决定应用程序是否显示在程序列表里。

最后介绍 data 属性：每个 data 元素指定一个 URI 和数据类型（MIME 类型）。它有 4 个属性 scheme、host、port 和 path，它们分别对应 URI（scheme: //host: port/path）的每个部分，本段代码中没有涉及 data 属性。

这里需要补充一个非常重要的权限许可问题。Android 系统采用不声明不能使用的原则，如果程序需要访问内部的通信录、Internet、GPS、蓝牙等功能，则必须在 manifest 文件中进行许可声明，否则程序将出错。

Android 的 manifest 文件中有 4 个标签与 Permission 有关，它们分别是 < permission >、< permission-group >、< permission-tree > 和 < uses-permission >。其中最常用的是 < uses-permission >，如果需要获取某个权限，就必须在 manifest 文件中声明 < uses-permission >。< uses-permission > 与 < application > 同层次，一般插入 application 标签前面，例如：

```
<uses-permission android:name = "android.permission.READ_CONTACTS"/>
```

这句代码表示当前的应用程序具有从内部的通讯录联系人中读出名字和号码的权限。

在 AndroidManifest. xml 文件中必须注意它所包含的 Intent - filters，即“意图过滤器”。应用程序的核心组件（活动、服务和广播接收器）通过意图被激活，意图代表的是用户要做的一件事情或想达到的目的，Android 寻找一个合适的组件来响应这个意图。如果需要启动这个组件的一个新的实例，并将这个实例传递给这个意图对象，这时需要 Filters 描述 Activity 启动的位置和时间。每当一个 Activity（或者操作系统）要执行一个操作时，如打开网页或联系簿时，它创建出一个 intent 的对象，这个对象将承载一些信息用于描述用户想做什么、想处理什么数据、数据的类型以及其他一些信息。Android 比较 Intent 对象和每个 Application 所暴露的 Intent - filter 中的信息，以找到最合适的 Activity 来处理调用者所指定的数据和操作。

1.5 Studio 中导入原有 Eclipse 项目的方法

1.5.1 导入 Eclipse 项目的方法

现在很多项目都是在 Eclipse 环境下开发的，能否把 Eclipse 中开发的 Android 应用导入到 Android Studio 中呢？回答是肯定可以的。Android Studio 默认使用 Gradle 构建项目，Eclipse 默认使用 Ant 构建项目。建议 Android Studio 导入项目时，使用 Gradle 构建项目。把 Eclipse 中开发的 Android 应用导入 Android Studio 中的常用方法有以下两种。

1）先用 Eclipse 导出为 Gradle build files，然后直接用 Android Studio 导入该项目。

2）用 Android Studio 直接导入 Eclipse 项目。

第一种方法是 Google 官方推荐的，需使用 ADT 将项目工程转换成 Gradle，然后再导入到 Android Studio 中，具体步骤如下：

① 确保 Eclipse ADT 是在 22. 0 版本及以上。

② Eclipse：单击“File”→“Export”。

③ 在弹出的窗口中选择“Android”→“generate gradle build files”。

④ 选择要导出的工程，一般把 workspace 所有工程导出就可以，单击“finish”按钮。

⑤ 此时会在主目录下生成一个 build. gradle 文件，这个就是 Android Studio 所需要的配置文件。

⑥ 打开 Android Studio，选择“Import Project”选项。

⑦ 选择生成的 build. gradle，单击“OK”按钮。

⑧ 在弹出的对话框中选择“Use Gradle Wrapper”，然后单击“OK”按钮。

第二种方法比较简单，直接在 Android Studio 中打开“Import Project”选项，选择需要导入的 Eclipse 项目即可，单个工程导入成功率较高。但如果有多个工程，或是有多个工程存在依赖关系时，这种方法导入可能会发生比较多的问题。

1.5.2 Eclipse 工程与 Android Studio 的区别

Eclipse 工程与 Android Studio 的区别如下：

1）Eclipse 工程可以导入 Android Studio 中运行，而在 Android Studio 中建立的工程很难在 Eclipse 中运行。

2）二者的工程结构不一样，在 Eclipse 中，一个 Project 就代表一个项目工程；在 Android Studio 中，一个 Project 代表一个工作空间，相当于 Eclipse 中的 workspace；在 Android Studio 中，一个 Module 就相当于 Eclipse 中的一个 Project。

3）在编辑操作上，在 Eclipse 中编辑修改后必须按 < Ctrl +S > 组合键保存文件，而在 Android Studio 中是自动保存的。

4）工程目录上的区别：在 Eclipse 中，src 部分一般是 Java 文件，res 部分是资源文件，包括布局文件和多媒体资源等；在 Android Studio 中，Java 文件和资源文件全部放到了 src 目录下，src 目录下包括一个 main 文件夹，再下面就是 Java 文件夹和 res 文件夹。其实在这里，Java 文件夹就相当于 Eclipse 中的 src，res 还是那个 res，这样显得更清晰了。

1.6 Android 四大组件介绍

Android 四大基本组件分别是 Activity、Broadcast Receiver（广播接收器）、Content Provider（内容提供者）和 Service（服务）。

（1）Activity

应用程序中，一个 Activity 通常是一个单独的屏幕，它可以显示一些控件，也可以监听并对用户的事件做出响应。Activity 之间通过 Intent 进行通信，在 Intent 的描述结构中，有两个最重要的部分：动作和动作对应的数据。

典型的动作类型有 MAIN（Activity 的入口）、VIEW、PICK、EDIT 等。而动作对应的数据则以 URI 的形式表示。例如，要查看一个人的联系方式，开发者需要创建一个动作类型为 VIEW 的 Intent，以及一个表示这个人的 URI。

（2）Broadcast Receiver

开发的应用程序可以使用 Broadcast Receiver 对外部事件进行过滤，使之只对感兴趣的外部事件（如当电话呼入时，或者数据网络可用时）进行接收并做出响应。广播接收器没有用户界面，但是它们可以启动一个 Activity 或 Service 来响应它们收到的信息，或者用 Notification Manager 来通知用户。通知的方式有很多种——闪动背灯、振动、播放声音等。一般来说，可以在状态栏上放一个持久的图标，用户打开它即可获取消息。

Android 系统已经提供了很多广播，系统常见的广播 Intent 有开机启动、电池电量变化、时间改变、短信、电话到达通知等，用户可以根据需要使用。

（3）Service

一个 Service 是一段具有长生命周期，没有用户界面的程序。它可以用来开发监控类程序。

引用一个媒体播放器的例子来说明 Service 的作用。在一个媒体播放器的应用程序中有多个 Activity，它们可以让用户选择歌曲并播放歌曲。然而，音乐播放这个功能并没有对应的 Activity，因为用户认为在导航到其他屏幕（如看电子书）时，音乐应该还在播放。在这个例子中，此时系统前台是电子书的界面，但媒体播放器会使用Context. startService（）来启动一个事先定义好的具有歌曲播放功能的 Service，从而可以在后台保持音乐的播放。同时，系统也将保持这个 Service 一直执行下去，直到这个 Service 运行结束。另外，开发者还可以通过使用 Context. bindService( ) 函数，连接到一个 Service 上（如果这个 Service 还没有运行，则将它启动），当连接到一个 Service 之后，可以用 Service 提供的接口与它进行通信。以媒体播放器这个例子来说，用户还可以进行暂停、重播等操作。

（4）Content Provider

Android 平台提供了 Content Provider 这个功能，它可以使一个应用程序的指定数据集提供给其他应用程序，属于应用程序之间的数据交换。这些数据可以存储在文件系统中、SQLite 数据库等位置，其他应用程序也可以通过 ContentResolver 类，从内容提供者中获取或存入相关数据。只有在多个应用程序间共享数据时，才需要内容提供者。例如，通讯录的数据可能需要被多个应用程序所使用，但这些数据只存储在一个内容提供者中。它的优点非常明显，即统一数据访问方式。

1.7　本章小结

本章通过学习 Android 平台的发展过程，进行了 Android 开发环境的搭建，并进行了第一个 Android 简单应用程序的开发，使读者初步掌握了 Android 项目开发的基本知识。通过对 Android 项目框架的分析，重点分析了 R. java 文件以及 AndroidManifest. xml 文件。R 文件如果错误或丢失，一定不要着急，先确认新增加资源的名称（如图片、影视频文件）是否符合规范，同时尝试保存所有文件后再使用“clean”（菜单 Project 中）命令。一般来讲，R 文件都能重新生成。

通过对本章的学习，读者一定要知道一个 Activity 由两部分组成：layout 文件夹下的 XML 文件负责手机界面布局的描述，而所有控件等的功能代码则在 Java/目录下的 Java 文件中实现。在目前简单的应用程序（只涉及 Android 四大组件中的 Activity 组件）中，读者要会对这两个文件进行修改和编程。

习题

1. Android 目前采用的运行时为 Dalvik 还是 ART？
2. Android 四大组件是什么？

第 2 章　生命周期及调试方法

1. 任务

学习 Android 系统进程以及 Activity 的生命周期概念、多界面的跳转方法等知识，学习并理解 Android 中各生命周期函数以及各种项目调试的使用方法。

2. 要求

1） 掌握 Activity 生命周期中的主要函数。

2） 理解 Intent 的概念及应用方法。

3） 了解和掌握资源引用和 App 国际化的方法。

4） 掌握 Android 程序开发的调试方法。

3. 导读

1） 系统进程生命周期。

2） Activity 生命周期。

3） 项目开发中的调试方法。

4） Debug、Logcat、DDMS 的使用。

2.1　系统进程生命周期

Android 系统一般运行在资源受限（即 CPU 和内存有限制）的硬件平台上，这是嵌入式系统最显著的特征，因此资源管理对 Android 系统至关重要。Android 系统能主动地管理系统资源，为了保证高优先级程序（进程）的正常运行，可以在某些情况下终止低优先级的程序（进程），并回收其使用的系统资源。因此，Android 程序并不能完全控制自身的生命周期，而是由 Android 系统进行调度和控制的。

在 Android 系统中，多数情况下每个程序都是在各自独立的 Linux 进程中运行的。当一个程序或其某些部分被请求启动时，它的进程就“出生”了；当这个程序没有必要再运行下去且系统需要回收这个进程的内存用于其他程序时，这个进程就“死亡”了。可以看出，Android 程序的生命周期是由 Android 系统控制而非程序自身直接控制的。这和编写计算机桌面应用程序时的思维有差别，一个桌面应用程序的进程也是在其他进程或用户请求时被创建，但是往往是在程序自身收到关闭请求后执行一个特定的动作（如从 main( ) 函数中遇到 return 后产生的动作）而导致进程结束的。要想做好某种类型的程序或者某种平台下的程序的开发，最关键的就是要弄清楚这种类型的程序或整个平台下的程序的一般工作模式并熟记在心，因此要求开发者对于 Android 系统中的程序的生命周期控制必须熟悉。

在 Android 系统中，双击图标启动所选定的应用程序，会调用 startActivity(myIntent) 方法，系统会在所有已经安装的程序中寻找其 Intent-filter 和 myIntent 最匹配的一个 Activity，启动这个进程，并把这个 Intent 通知给这个 Activity，这就是一个程序的“出生”。例如，用户单击“Web browser”图标时，系统会根据这个 Intent 找到并启动 Web browser 程序，显示 Web browser 的一个 Activity 供用户浏览网页（这个启动过程有点类似用户在计算机上双击桌面上的一个图标，启动某个应用程序）。在 Android 中，所有应用程序“生来就是平等的”，所以不光 Android 的核心程序甚至第三方程序也可以发出一个 Intent 来启动另外一个程序中的一个 Activity。Android 的这种设计非常有利于“程序部件”的重用。

一个 Android 程序的进程是何时被系统结束的呢？通俗地说，一个即将被系统关闭的程序是系统在内存不足时，根据“重要性层次”选出来的“牺牲品”。一个进程的重要性是由其中运行的部件和部件的状态决定的。各种进程的优先级按照重要性从高到低的排列如图 2-1 所示。

1）前台进程。这样的进程拥有一个在屏幕上显示并和用户交互的 Activity，或者它的一个 Intent Receiver 正在运行。这样的程序重要性最高，只有在系统内存非常低，“万不得已”时才会被结束。

2）可见进程。在屏幕上显示，但是不在前台的程序。例如，一个前台进程以对话框的形式显示在该进程前面。这样的进程也很重要，它们只有在系统没有足够内存运行所有前台进程时，才会被结束。

3）服务进程。这样的进程在后台持续运行。例如，后台音乐播放以及后台数据上传、下载等。这样的进程对用户来说一般很有用，所以只有当系统没有足够内存来维持所有的前台进程和可见进程时，它们才会被结束。

4）后台进程。后台进程包含目前不为用户所见的 Activity（Activity 对象的 onStop（）函数已被调用）的进程。这些进程与用户体验没有直接的联系，可以在任意时间被“杀死”，以回收内存供前台进程、可见进程以及服务进程使用。一般来说，会有很多后台进程运行，所以它们一般存放于一个 LRU（最后使用）列表中，以确保最后被用户使用的 Activity 被“杀死”。如果一个 Activity 正确地实现了生命周期方法，并“捕获”了正确的状态，则“杀死”它的进程对用户体验不会有任何不良影响。

5）空进程。这样的进程不包含任何活动的程序部件，它存在的唯一原因是作为缓存，在组件再次被启动时，可缩短运行时的启动时间。系统可能随时关闭这类进程。

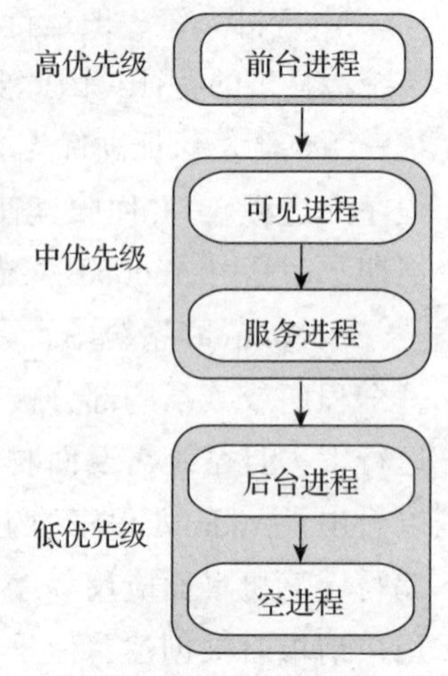

图 2-1　进程优先级

从某种意义上讲，Java 开发中的垃圾收集机制把程序员从“内存管理难题”中解放了出来，不用开发者去考虑是否需要回收系统内存的问题，而 Android 的进程生命周期管理机制则把开发者和用户从“任务管理难题”中解放了出来。一些 Nokia S60 用户和 Windows

Mobile 用户要么因为长期不关闭多余的应用程序而导致系统运行变慢，要么因为不及时查看应用程序列表而影响使用体验。Android 使用 Java 作为应用程序 API，并且结合其独特的生命周期管理机制，同时为开发者和用户提供了最大程度的便利。

2.2　Activity 生命周期

2.2.1　Activity 生命周期的基本概念

Activity 是 Android 组件中最基本、最常用的一种组件。在一个 Android 应用中，一个 Activity 通常就是一个单独的屏幕。每一个 Activity 都被实现为一个独立的类，并且继承于 Activity 这个基类。

二维码 2-1

Activity 提供了和用户交互的可视化界面。创建一个 Activity 一般是继承于 Activity（也可以是 ListActivity、MapActivity 等），并覆盖 Activity 的 onCreate( ) 函数。在该函数中调用 setContentView( ) 函数来展示要显示的视图，调用 findViewById(int) 函数来获得 UI 布局文件中定义的各种界面控件（如文本框、按钮等），实现后续对此控件进行的各种控制功能。注意，Activity 只有在功能清单文件中声明才能使用。

在 Android 系统中，每一个应用程序（进程）都有自己的生命周期，而每一个应用程序中所包含的一个或多个 Activity 也有自己的生命周期。Activity 生命周期指其从启动到销毁的过程，在这个过程中，Activity 表现为 4 种状态，分别是活动状态、暂停状态、停止状态和非活动状态。

1）活动状态。Activity 在用户界面中处于最上层，完全能让用户看到，能够与用户进行交互。

2）暂停状态。Activity 在界面上被部分遮挡，该 Activity 不再处于用户界面的最上层，且不能与用户进行交互。

3）停止状态。Activity 在界面上完全不能被用户看到，也就是说，这个 Activity 被其他 Activity 全部遮挡。

4）非活动状态。不在以上 3 种状态中的 Activity，则处于非活动状态。

2.2.2　生命周期的回调函数

不像其他编程语言（C 或 Java）开发的程序一般都是从 main( ) 函数开始启动的，Android 系统会根据生命周期的不同阶段唤起对应的回调函数来执行代码，系统存在着启动与销毁一个 Activity 的一整套有序的回调函数。本部分的一个重点就是要理解回调函数在 Android 系统中的概念和区别点：回调函数不是由程序员主动在程序中指定函数名来调用的，而是由系统根据某些特定条件触发的，由 Android 系统决定调用对应的回调函数，实行对应的功能。

这部分内容会介绍那些生命周期中最重要的回调函数，并演示如何处理启动一个 Activity 所涉及的回调函数。根据 Activity 的复杂度，开发者也许不需要实现所有生命周期函数。但是，开发者需要知道每一个函数的功能并确保自己的应用程序能够像用户期望的那样执行。

在图 2-2 中，只有 3 种状态是静态的，这 3 种状态下 Activity 可以存在一段比较长的时间（其他几种状态会很快被切换掉，停留的时间比较短暂）。

1）Resumed 状态。在这个状态下，Activity 是在最前端的，用户可以与它进行交互（通常也被理解为“running”状态）。

2）Paused 状态。在这个状态下，Activity 被另外一个 Activity 所遮挡：另外的 Activity 来到最前面，但是半透明的，不会覆盖整个屏幕。被暂停的 Activity 不会再接受用户的输入，且不会执行任何代码。

3）Stopped 状态。在这个状态下，Activity 完全被隐藏，用户不可见，可以被认为是在后台。当处于该状态时，Activity 实例与它的所有状态信息都会被保留，但是 Activity 不能执行任何代码。

其他状态（Created and Started）都是短暂的，系统快速地执行那些回调函数并通过执行下一阶段的回调函数移动到下一个状态。也就是说，在系统调用 onCreate（）之后，会迅速调用 onStart（），然后再迅速执行 onResume（）。

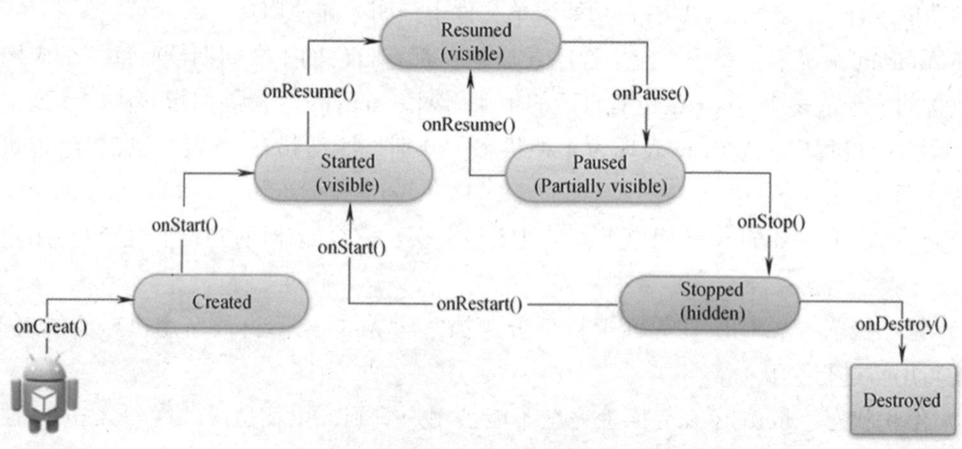

图 2-2　Activity 的生命周期图

当用户从主界面单击应用程序的图标时，系统会调用 App 中被声明为 LAUNCHER（或 MAIN）Activity 的 onCreate（）函数。这个 Activity 被用来当作程序的主要进入点。开发者可以在 AndroidManifest. xml 中定义哪个 Activity 作为 MAIN Activity。这个 MAIN Activity 必须在 Manifest 使用包括 MAIN action and LAUNCHER category 的 <intent - filter> 标签来声明，代码如下：

```
<activity android:name = ".MainActivity" android:label = "@ string/app_name" >
<intent - filter >
<action android:name = "android.intent.action.MAIN" />
<category android:name = "android.intent.category.LAUNCHER" />
< /intent - filter >
< /activity >
```

如果在程序中，每一个 Activity 都没有声明 MAIN action 或者 LAUNCHER category，那么

在设备的主界面列表中将不会呈现该应用程序的图标。

Activity 生命周期的事件回调函数见表 2-1。

表 2-1　Activity 生命周期的事件回调函数

函　数　名	是否可终止	说　　明
onCreate( )	否	Activity 启动后第一个被调用的函数，常用来进行 Activity 的初始化，如创建 View、绑定数据或恢复信息等
onStart( )	否	当 Activity 显示在屏幕上时，该函数被调用
onRestart( )	否	当 Activity 从停止状态进入活动状态前，调用该函数
onResume( )	否	当 Activity 能够与用户交互，接受用户输入时，该函数被调用。此时的 Activity 位于 Activity 栈的栈顶
onPause( )	是	当 Activity 进入暂停状态时，该函数被调用，一般用来保存持久的数据或释放占用的资源
onStop( )	是	当 Activity 进入停止状态时，该函数被调用
onDestroy( )	是	在 Activity 被终止前（即进入非活动状态前），该函数被调用

Activity 的生命周期里并没有提到 onSaveInstanceState( ) 函数的触发，该函数提供了为开发者在某些情况下保存 Activity 信息的机会。需要注意的是，onSaveInstanceState( ) 函数不是什么时候都会被调用的，只有在 Activity 被“杀死”之前调用，保存每个实例的状态，以保证该状态可以在 onCreate（Bundle）或者 onRestoreInstanceState（Bundle）（传入的 Bundle 参数是由 onSaveInstanceState 封装好的）中恢复。onSaveInstanceState( ) 函数在一个 Activity 被“杀死”前调用，当该 Activity 在将来某个时刻回来时可以恢复其先前状态。例如，如果 Activity B 启用后位于 Activity A 的前端，则在某个时刻 Activity A 因为系统回收资源的问题要被“杀死”，A 通过 onSaveInstanceState 将有机会保存其用户界面状态，使得将来用户返回到 Activity A 时能通过 onCreate（Bundle）或者 onRestoreInstanceState（Bundle）恢复界面的状态。Activity 状态保存/恢复的事件回调函数见表 2-2。

表 2-2　Activity 状态保存/恢复的事件回调函数

函数名	是否可终止	说　明
onSaveInstanceState( )	否	Android 系统因资源不足终止 Activity 前调用该函数，用以保存 Activity 的状态信息，供 onRestoreInstanceState( ) 或 onCreate( ) 恢复之用
onRestoreInstanceState( )	否	恢复 onSaveInstanceState( ) 保存的 Activity 状态信息，在 onStart ( ) 和 onResume( ) 之间被调用

理解回调函数的基本概念后，大家必须了解并不是所有事件中的所有生命周期都会被调用，如果被调用，则遵循图 2-3 所示的调用顺序。

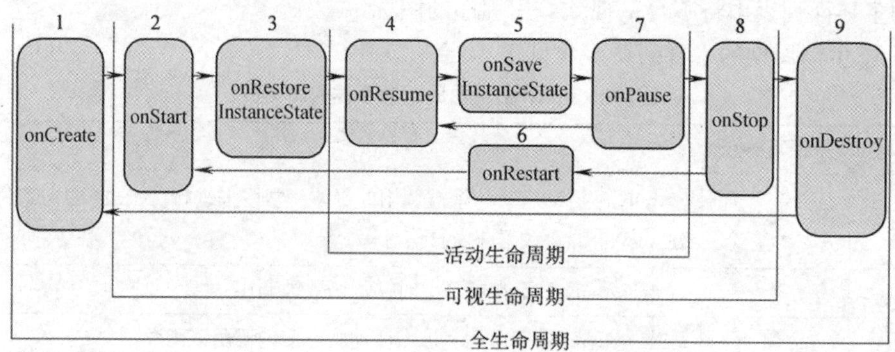

图 2-3　Activity 事件回调函数的调用顺序

Activity 生命周期是指 Activity 从启动到销毁的过程。如图 2-3 所示，Activity 的生命周期可分为全生命周期、可视生命周期和活动生命周期，每种生命周期中包含不同的事件回调函数。

全生命周期是从 Activity 建立到销毁的全部过程，开始于 onCreate()，结束于 onDestroy()。使用者通常在 onCreate() 中初始化 Activity 所能使用的全局资源和状态，并在 onDestroy() 中释放这些资源，在一些极端的情况下，Android 系统会不调用 onDestroy() 函数，直接终止进程。

可视生命周期是 Activity 在界面上从可见到不可见的过程，开始于 onStart()，结束于 onStop()。onStart() 一般用来初始化或启动与更新界面相关的资源，onStop() 一般用来暂停或停止一切与更新用户界面相关的线程、计时器和服务，onRestart() 函数在 onStart() 前被调用，用来在 Activity 从不可见变为可见的过程中进行一些特定的处理过程。onStart() 和 onStop() 会被多次调用，而且 onStart() 和 onStop() 也经常被用来注册和注销 BroadcastReceiver。

活动生命周期是 Activity 在屏幕的最上层，并能够与用户交互的阶段，开始于 onResume()，结束于 onPause()。在 Activity 的状态变换过程中，onResume() 和 onPause() 经常被调用，因此这两个函数中应使用更为简单、高效的代码。onPause() 是第一个被标识为“可终止”的函数，在 onPause() 返回后，onStop() 和 onDestroy() 随时能被 Android 系统终止。onPause() 常被用于保存持久数据，如界面上用户的输入信息等。

为了便于大家更好地理解，下面通过例程 ex02_ActivityLifeCycleDemo 来进行说明，步骤如下。

第一步：新建一个 Android Studio 工程，命名为 ActivityLifeCycleDemo。

第二步：修改 MainActivity. java（这里重写了以上 7 种方法，主要用 Logcat 来输出）。

第三步：执行程序，修改错误，观察结果。

```
package cn.edu.siso.activitylifecycledemo;
import android.os.Bundle;
import android.app.Activity;
import android.util.Log;
public class MainActivity extends Activity {
    private static final String TAG = "LIFECYCLEDEMO";
```

```
@Override  //完全生命周期开始时被调用,初始化 Activity
    public void onCreate(Bundle savedInstanceState) {
    super.onCreate(savedInstanceState);
      setContentView(R.layout.activity_main);
      Log.e(TAG, "调用了 onCreate()方法~~~");
    }
@Override  //可视生命周期开始时被调用,对用户界面进行必要的更改
    protected void onStart() {
    super.onStart();
    Log.e(TAG, "调用了 onStart()方法~~~");
    }
  @Override  //在重新进入可视生命周期前被调用,载入界面所需要的更改信息
  protected void onRestart() {
  super.onRestart();
  Log.e(TAG, "调用了 onRestart()方法~~~");
  }
  @Override  //在活动生命周期开始时被调用,恢复被 onPause()停止的用于界面更新的资源
  protected void onResume() {
  super.onResume();
  Log.e(TAG, "调用了 onResume()方法~~~");
    }
  @Override  //在活动生命周期结束时被调用,用来保存持久的数据或释放占用的资源
  protected void onPause() {
  super.onPause();
   Log.e(TAG, "调用了 onPause()方法~~~");
      }
   @Override  //在可视生命周期结束时被调用,一般用来保存持久的数据或释放占用的资源
  protected void onStop() {
   super.onStop();
   Log.e(TAG, "调用了 onStop()方法~~~");
   }
  @Override  //在完全生命周期结束时被调用,释放资源,包括线程、数据连接等
  protected void onDestroy() {
  super.onDestroy();
  Log.e(TAG, "调用了 onDestroy~~~");
    } }
```

本代码的运行结果没有特别之处，重要的是观察 Logcat 窗口，具体的 Logcat 调试方法请参照 2.5 节。

1）观察完全生命周期的回调函数的执行程序。用户打开应用时先后执行了 onCreate()→onStart()→onResume 3个方法（见图 2-4），通过观察时间点，可以发现 onCreate（）和 onStart（）方法执行的时间都非常短暂，很快就进入了 onResume（）状态，这个状态其实就是进入了活动生命周期，这个状态就是和用户交互的状态。

Time	TID	Tag	Text
12-05 08:01:51.686	683	LIFECYCLEDEMO	调用了 onCreate () 方法~~~
12-05 08:01:51.686	683	LIFECYCLEDEMO	调用了onStart () 方法~~~
12-05 08:01:51.695	683	LIFECYCLEDEMO	调用了onResume () 方法~~~

图 2-4　Activity 打开应用时执行的回调函数顺序

当按 <Back space> 键时，这个应用程序将结束，这时将先后调用 onPause()→onStop()→onDestory()3 个方法，如图 2-5 所示。

Time	TID	Tag	Text
12-05 08:10:43.803	683	LIFECYCLEDEMO	调用了onPause () 方法~~~
12-05 08:10:53.874	683	LIFECYCLEDEMO	调用了onStop () 方法~~~
12-05 08:10:53.885	683	LIFECYCLEDEMO	调用了onDestroy~~~

图 2-5　按 <Back space> 键时执行的回调函数顺序

图 2-4 和图 2-5 所示的步骤已经意味着一个 Activity 经历了完全生命周期的过程，这个过程可以和图 2-3 所示的整个调用顺序表进行相互印证。

2）可视生命周期的回调函数的执行程序。当用户打开应用程序后，如用浏览器浏览新闻，看到一半时，突然想听歌，这时用户会选择按 <Home> 键，然后去打开音乐应用程序，而当用户按 <Home> 键时，Activity 先后调用了 onPause()→onStop()这两个函数，这时应用程序并没有销毁，如图 2-6 所示。

Time	TID	Tag	Text
12-05 08:18:36.655	683	LIFECYCLEDEMO	调用了 onCreate () 方法~~~
12-05 08:18:36.655	683	LIFECYCLEDEMO	调用了onStart () 方法~~~
12-05 08:18:36.663	683	LIFECYCLEDEMO	调用了onResume () 方法~~~
12-05 08:18:46.444	683	LIFECYCLEDEMO	调用了onPause () 方法~~~
12-05 08:18:57.054	683	LIFECYCLEDEMO	调用了onStop () 方法~~~

图 2-6　启动程序后单击 <Home> 键时执行的回调函数顺序

而当用户再次启动本应用程序时，则先后分别调用了 onRestart()、onStart()、onResume()3 个函数，如图 2-7 所示。

Time	TID	Tag	Text
12-05 08:29:56.463	683	LIFECYCLEDEMO	调用了onRestart () 方法~~~
12-05 08:29:56.477	683	LIFECYCLEDEMO	调用了onStart () 方法~~~
12-05 08:29:56.483	683	LIFECYCLEDEMO	调用了onResume () 方法~~~

图 2-7　再次启动 Activity 时执行的回调函数顺序

对图 2-7 和图 2-4 所表现的内容进行比较，可以发现执行回调函数的个数是相同的，但图 2-4 中首次启动本应用程序时，先后执行了 onCreate()→onStart()→onResume 这 3 个方法，而图 2-7 表示在没有销毁 Activity 的状态下，再次启动本应用程序时，则先后分别执行了 onRestart()→onStart()→onResume()3 个方法，同样进入了和用户进行交互的状态。

只有正确理解了各个函数的被执行时机和顺序，才能把必要的功能代码添加到合适的函数中去，在合适的时间点执行合适的功能。

2.3　Android 开发中的调试技术

在 Android 程序开发过程中，出现错误（bug）是不可避免的事情。在一般情况下，集成开发环境工具软件会自动检测到语法的错误，并提示开发人员错误的位置以及修改方法。但逻辑错误就不那么容易发现了，通常只有程序在模拟器或真机上运行时才会被发现。逻辑错误的定位和分析是件复杂的事情，尤其是代码量大的应用程序，仅凭直觉很难直接定位错误并找出解决方案。调试程序是每位程序员工作中必不可少的部分，而且可以毫不夸张地说，调试程序占用了程序员 50% 的工作时间。由此可见，调试程序是每个程序员必不可少的技术，甚至可以说，调试程序水平的高低决定了程序员水平的高低。

在开发 Android 程序前，有必要总结一下调试 Android 程序的方法。目前开发过程中常用的调试程序方法如下：

1）使用 Debug 断点调试。

2）使用 JUnit 调试。

3）使用 Logcat 调试。

4）使用 DDMS 调试。

2.3.1　使用 Debug 断点调试

Debug 断点调试是必须熟练掌握的调试技术，主要包括设置断点、运行到断点、单步运行、查看变量值和查看当前堆栈等。

项目源文件编写完毕后，修改完语法错误，单击“Debug”按钮（就是在运行按钮旁边的小瓢虫图标），即可开始调试，等待切换到 Debug 视图后，出现调试工具栏，工具栏上有许多形状的箭头（在工具栏区域的左上角或 Package Explorer 的上方），可以用它进行调试，按快捷键也可以进行调试与运行。当然，调试之前，一定要将程序加上断点，否则程序将不能停止，从而导致无法调试。设置断点的方法很简单，只要在程序中所要调试的一段程序代码的最前面单击一下就可以了。

掌握 Debug 断点调试技术是开发者必须具备的技能，在有些时候甚至可以帮助开发者取得事半功倍的效果。

2.3.2　使用 JUnit 调试

Android 增加了对 JUnit 的支持。

JUnit 是采用测试驱动开发的方式，在开发前先写好测试代码，主要用来说明被测试的代码会被如何使用以及错误处理等，然后开始编写代码，并在测试代码中逐步测试这些代码，直到最后在测试代码中完全通过。

先有测试规范，然后才有高质量的代码。软件测试的先进思想在将来的企业真实项目开发中必然会越来越受到重视和推广。由于本书侧重于功能的实现，因此对该调试方法不做过多描述，建议有兴趣的读者可以深入地学习 JUnit 方法。

2.3.3　使用 Logcat 调试

在复杂的程序运行过程中，调试程序的方法如下：把程序运行过程的信息保存为文件或者输出到集成开发环境（Integrated Development Environment，IDE）中，这样就可以知道程序是否是正常运行了。

经常使用的一种方法就是用显示日志 Logcat 方法，使用该方法可以方便地观察调试内容。注意，Logcat 中不能正常地显示中文。在 Android Studio 的菜单栏中依次单击“Tools”→“Android”→“Android Device Monitor”命令，打开 DDMS 窗口（也可以直接使用第 1 章中说明的快捷图标进入），然后在程序中导入 android. util. Log 包，即可在需要的地方使用 Log. v ("aaa","调用了 OnCreate()函数 ---") 这类语句，执行到相应的语句时，对应的内容将显示在 Logcat 窗口中，这些信息是每一个程序通过 Dalvik 虚拟机所传出的实时信息，可以帮助开发者了解程序和判断程序有无错误。

所表示信息的种类分为 V、D、I、W、E 5 种，它们分别表示显示全部信息（Verbose）、显示调试信息（Debug）、显示一般信息（Information）、显示警告信息（Warming）和显示错误信息（Error）。开发者可以通过单击 Logcat 上面的选项来改变显示的范围，如选择了 W，就只有警告信息和错误信息可以显示出来，级别低于选定种类的信息则会被忽略。DDMS 中的 Logcat 窗口如图 2-8 所示。

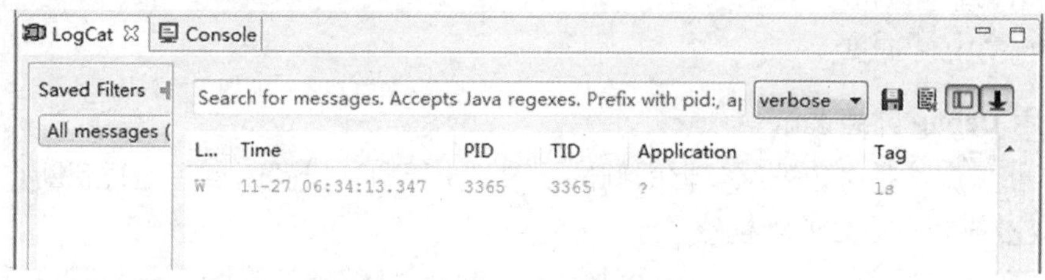

图 2-8　DDMS 中的 Logcat 窗口

即使用户指定了显示日志的级别，系统仍会产生很多的日志信息，Logcat 提供了设置过滤器的功能，以方便用户进行必要的信息筛选和判断。图 2-8 左侧的“+”号和“-”号分别表示添加过滤器和删除过滤器。设置 Logcat Filter 的对话框如图 2-9 所示，用户可以根据日志信息的 Tag（标签）、产生日志的 PID（表示程序运行时的进程号）以及 Level（信息等级），对显示的日志内容进行适当的过滤。

Logcat Message Filter Settings
Filter logcat messages by the source's tag, pid or minimum log level.
Empty fields will match all messages.
Filter Name: LIFECYCLE
by Log Tag: LIFECYCLEDEMO
by Log Message:
by PID:
by Application Name:
by Log Level: verbose
OK
Cancel

图 2-9　设置 Logcat Filter 的对话框

除了 Logcat 调试方法外，也可以把程序运行过程信息的输出当作程序运行的一部分，如使用 Toast、Notification 将输出信息显示在界面中，帮助开发者判断程序的执行情况。当然，这些只是调试代码，在发布程序时需要去掉。

2.3.4　使用 DDMS 调试

DDMS（Dalvik Debug Monitor Service）提供了为测试设备截屏，针对特定的进程查看正在运行的线程以及内存信息、查看 Logcat 信息、广播状态信息、模拟电话呼叫、接收 SMS 及虚拟地理坐标等功能。DDMS 窗口如图 2-10 所示。

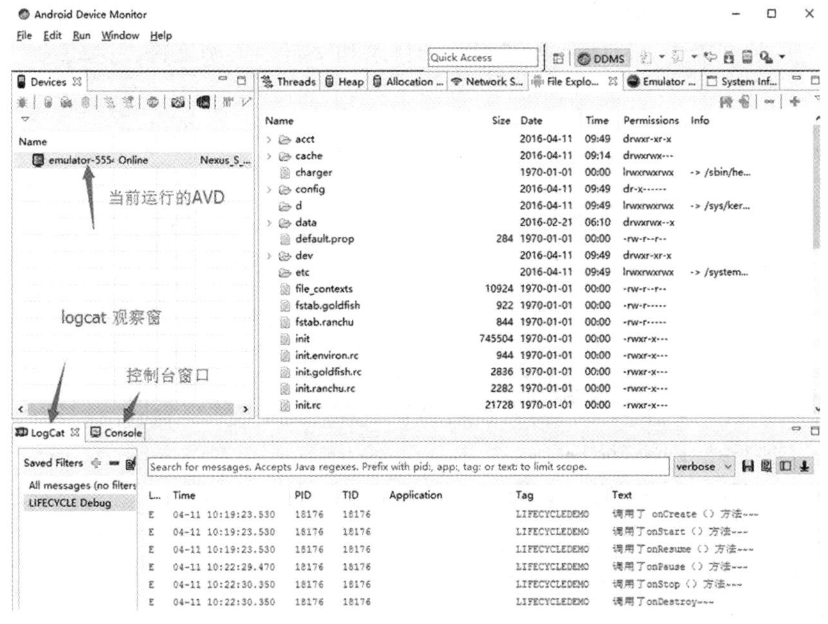

图 2-10　DDMS 窗口

DDMS 为 IDE 和模拟器及真正的 Android 设备之间架起了一座“桥梁”。开发人员可以通过 DDMS 看到目标机器上运行的进程及各种实时状态，可以查看进程的 Heap 信息，可以查看 Logcat 信息，可以查看进程分配内存的情况，可以向目标机发送短信以及打电话，可以向 Android 设备发送地理位置信息。

需要特别说明的是，DDMS 提供模拟器（或真实设备）的截屏功能，这对于完成设计报告、测试报告或写论文等非常有帮助。用户可以把截屏的运行界面直接复制到 Word 文档中。另外，DDMS 中的 File Explorer 中可以访问 SD 卡并与其进行交互，可以往模拟器的 SD 卡中推送文件（如 MP3 歌曲、图片等文件），这一功能在多媒体开发中经常用到。

2.4　设备兼容性及国际化

现有的 Android 设备有着各种各样的大小和尺寸。为了能在各种 Android 平台上使用，App 需要兼容各种不同的设备类型。语言、屏幕尺寸、Android 的系统版本等重要的变量因素需要重点考虑。

本节将考虑如何使用基础的平台功能，利用替代资源和其他功能，使 App 仅用一个 App

程序包（APK），就能向用 Android 兼容设备的用户提供最优的用户体验。

2.4.1　语言适配

把 UI 中的字符串存储在外部文件，通过代码提取是一种很好的方法。Android 可以通过工程中的资源目录轻松实现这一功能。工程的根目录下的 res/目录中包含所有资源类型的子目录。其中包含工程的默认文件（如 res/values/strings. xml）就用于保存字符串值。

为支持多国语言，可以在 res/中创建一个额外的 values 目录以连字符和 ISO 国家代码结尾命名，如 values-es/ 是为语言代码为“es”的区域设置的简单的资源文件的目录。Android 会在运行时根据设备的区域设置，加载相应的资源。

若决定支持某种语言，则需要创建资源子目录和字符串资源文件，例如：

```
MyProject/
    res/
      values/
          strings.xml
      values-es/
          strings.xml
      values-fr/
          strings.xml
```

添加不同区域语言的字符串值到相应的文件。Android 系统运行时会根据用户设备当前的区域设置，使用相应的字符串资源。

下面列举了几种不同语言对应不同的字符串资源文件。

英语（默认区域语言）：/values/strings.xml：

```
<?xml version="1.0" encoding="utf-8"?>
<resources>
    <string name="title">My Application</string>
    <string name="hello_world">Hello World!</string>
</resources>
```

西班牙语：/values-es/strings.xml：

```
<?xml version="1.0" encoding="utf-8"?>
<resources>
    <string name="title">Mi Aplicación</string>
    <string name="hello_world">Hola Mundo!</string>
</resources>
```

法语：/values-fr/strings.xml：

```
<?xml version="1.0" encoding="utf-8"?>
<resources>
    <string name="title">Mon Application</string>
    <string name="hello_world">Bonjour le monde!</string>
</resources>
```

可以在源代码和其他 XML 文件中通过 <string> 元素的 name 属性来引用自己的字符串资源。

在 Java 源代码中可以通过 R. string. <string_name>语法来引用一个字符串资源，很多方法都可以通过这种方式来取得字符串。例如：

```
//Get a string resource from your app's Resources
String hello = getResources().getString(R.string.hello_world);
//Or supply a string resource to a method that requires a string
TextView textView = new TextView(this);
textView.setText(R.string.hello_world);
```

在其他 XML 文件中，每当 XML 属性要接收一个字符串值时，都可以通过@ string/ <string_ name>语法来引用字符串资源。例如：

```
<TextView
    android:layout_width = "wrap_content"
    android:layout_height = "wrap_content"
    android:text = "@ string/hello_world" />
```

2.4.2　屏幕适配

Android 用尺寸和分辨率这两种常规属性对不同的设备屏幕加以分类。开发者应该想到自己的 App 会被安装在各种屏幕尺寸和分辨率的设备中。这样，App 中就应该包含一些可选资源，针对不同的屏幕尺寸和分辨率来优化其外观。4 种常见尺寸：小（small）、普通（normal）、大（large）、超大（xlarge）。4 种常见分辨率：低精度（ldpi）、中精度（mdpi）、高精度（hdpi）、超高精度（xhdpi）。

声明针对不同屏幕所用的 layout 和 bitmap，必须把这些可选资源放置在独立的目录中，这与适配不同语言时的做法类似。

屏幕的方向（横向或纵向）也是一种需要考虑的屏幕尺寸变化，因此许多 App 会修改 layout，来针对不同的屏幕方向优化用户体验。

1. 创建不同的 layout

为了针对不同的屏幕去优化用户体验，需要为每一种将要支持的屏幕尺寸创建唯一的 XML 文件。每一种 layout 需要保存在相应的资源目录中，目录以 - <screen_ size>为扩展名进行命名。例如，对大尺寸屏幕（large screens），一个唯一的 layout 文件应该保存在 res/layout-large/中。

为了匹配合适的屏幕尺寸，Android 会自动检测项目中的 layout 文件。所以不需要开发者因不同的屏幕尺寸去担心 UI 元素的大小，而应该专注于 layout 结构对用户体验的影响（如关键视图相对于同级视图的尺寸或位置）。

例如，这个工程包含一个默认 layout 和一个适配大屏幕的 layout：

```
MyProject/
    res/
        layout/
            main.xml
        layout-large/
            main.xml
```

layout 文件的名字必须完全一样，为了对相应的屏幕尺寸提供最优的 UI，文件的内容不同。

如平常一样在 App 中简单引用：

```
@ Override
protected void onCreate(Bundle savedInstanceState) {
    super.onCreate(savedInstanceState);
    setContentView(R.layout.main);
}
```

系统会根据 App 所运行的设备屏幕尺寸，在与之对应的 layout 目录中加载 layout。

另一个例子的工程中有适配横向屏幕的 layout：

```
MyProject/
    res/
        layout/
            main.xml
        layout-land/
            main.xml
```

默认地，layout/main. xml 文件用作竖屏的 layout。如果想给横屏提供一个特殊的 layout，也适配于大屏幕，则需要使用 large 和 land 修饰符。

```
MyProject/
    res/
        layout/                 # default (portrait)
            main.xml
        layout-land/            # landscape
            main.xml
        layout-large/           # large (portrait)
            main.xml
        layout-large-land/      # large landscape
            main.xml
```

2. 创建不同的 bitmap

我们应该为 4 种常见分辨率（低精度、中精度、高精度、超高精度）都提供相适配的 bitmap 资源。这能使我们的 App 在所有屏幕分辨率中都能有良好的画质和效果。

要生成这些图像，应该从原始的矢量图像资源着手，然后根据下列尺寸比例，生成各种密度下的图像。xhdpi：2.0；hdpi：1.5；mdpi：1.0（基准）；ldpi：0.75。

这意味着，如果针对 xhdpi 的设备生成了一张 200×200 的图像，那么应该为 hdpi 生成 150×150、为 mdpi 生成 100×100、为 ldpi 生成 75×75 的图片资源，然后将这些文件放入相应的 drawable 资源目录中：

```
MyProject/
    res/
        drawable-xhdpi/
```

```
        awesomeimage.png
    drawable-hdpi/
        awesomeimage.png
    drawable-mdpi/
        awesomeimage.png
    drawable-ldpi/
        awesomeimage.png
```

2.5 实训项目与演练

2.5.1 实训一：字符串、颜色等资源应用实训

1. 项目设计思路和使用技术

Android 在 res/目录下用不同的子目录来保存不同的应用资源。本项目通过实例来演示如何在 Android 应用中使用字符串、颜色以及尺寸等资源。

在 Android 应用中，使用资源可分为在 Java 代码中和 XML 文件中使用资源，其中 Java 代码用于为 Android 应用定义四大组件，而 XML 文件则为 Android 应用定义各种资源。

1）在 Java 中通过 R 文件使用资源（主要方法）。

请看示例代码：

```
//实现本 Java 文件的界面和 layout 资源相关联
setContentView(R.layout.activity_main);
//实现 java 中的对象和布局 XML 中定义的控件资源相关联
GridView grid = (GridView)findViewById(R.id.grid01);
```

2）在 Java 中访问实际资源。

R 文件为所有的资源都定义了一个资源清单，并为每一个资源都赋予了一个 int 类型值。这个 int 值并不是实际的资源对象，在有些时候，程序也需要直接使用实际的 Android 资源。为了通过 R 文件来获取实际资源，可以借助于 Android Studio 提供的 Resources 类来实现。

请看示例代码：

```
//直接调用 Activity 的 getResources()方法来获取 Resources 对象
Resources res = MainActivity.this.getResources();
//使用尺度资源来设置文本框的高度、宽度
text.setWidth(60);
text.setHeight((int) res.getDimension(R.dimen.cell_height));
```

3）在 XML 文件中使用资源。

当定义 XML 资源文件时，其中的 XML 元素可能需要指定不同的值，这些值就可设置为已定义的资源项。

先在 strings. xml 文件中定义资源：

```
<?xml version="1.0" encoding="utf-8"?>
<resources>
  <string name="app_name">字符串、颜色、尺寸资源</string>
```

```
</resources>
```

接下来，与其在同一个包中的 XML 资源文件就可通过如下方式来使用资源：

```
<TextView
  android:layout_width = "wrap_content"
  android:layout_height = "wrap_content"
  android:text = "@ string/app_name"
  android:textSize = "@ dimen/title_font_size" />
```

2. 项目演示效果及实现过程

项目运行结果如图 2-11 所示。

项目 ex02_ ValuesResDemo 实现过程如下：

1）在 Android Studio 中新建空白项目，并将其命名为 ValuesResDemo。

2）在 res/目录下完成颜色资源文件 colors. xml、字符串资源文件 strings. xml 以及尺寸资源文件 dimens. xml 的定义。

3）添加控件，完成在 layout 目录下布局文件。

4）对 Java 文件进行功能增加，完成代码。

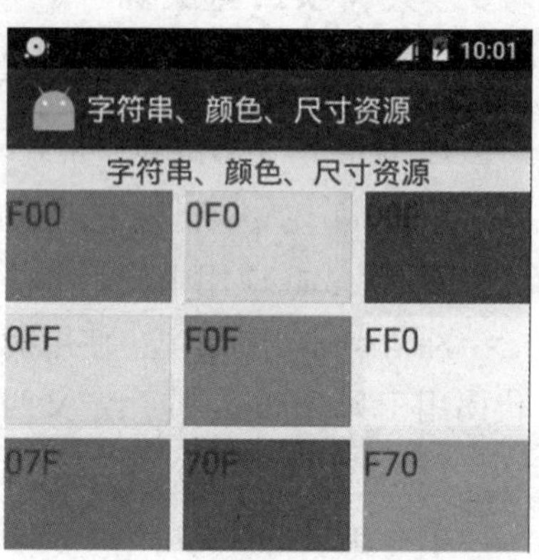

图 2-11　使用字符串、颜色以及尺寸等资源

3. 关键代码

这里只给出关键代码，完整代码请到配套资料中查看。

1）颜色资源文件 colors. xml 的关键代码如图 2-12 所示。

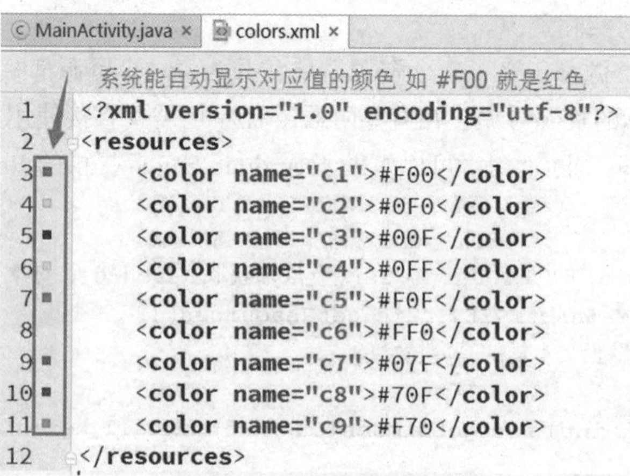


```
<?xml version="1.0" encoding="utf-8"?>
<resources>
    <color name="c1">#F00</color>
    <color name="c2">#0F0</color>
    <color name="c3">#00F</color>
    <color name="c4">#0FF</color>
    <color name="c5">#F0F</color>
    <color name="c6">#FF0</color>
    <color name="c7">#07F</color>
    <color name="c8">#70F</color>
    <color name="c9">#F70</color>
</resources>
```

图 2-12　定义字符串资源的文件

2）字符串资源文件 strings. xml 的关键代码如下：

```
<? xml version = "1.0" encoding = "utf -8"? >
<resources>
  <string name = "app_name" >字符串、颜色、尺寸资源 </string>
  <string name = "c1" > F00 </string>
```

```
    <string name = "c2" >0F0 < /string >
    <string name = "c3" >00F < /string >
    <string name = "c4" >0FF < /string >
    <string name = "c5" >F0F < /string >
    <string name = "c6" >FF0 < /string >
    <string name = "c7" >07F < /string >
    <string name = "c8" >70F < /string >
    <string name = "c9" >F70 < /string >
< /resources >
```

3）尺寸资源文件 dimens. xml 的关键代码如下：

```
<? xml version = "1.0" encoding = "utf -8"?  >
<resources >
<dimen name = "spacing" >8dp < /dimen >
<!-- 定义 GridView 组件中每个单元格的宽度、高度 -->
<dimen name = "cell_width" >60dp < /dimen >
<dimen name = "cell_height" >66dp < /dimen >
<!-- 定义主程序的标题的字体大小 -->
<dimen name = "title_font_size" >18sp < /dimen >
< /resources >
```

4）布局文件 activity_ main. xml 的关键代码如下：

```
<TextView
  android:layout_width = "wrap_content"
  android:layout_height = "wrap_content"
  android:text = "@ string/app_name"
  android:gravity = "center"
  android:textSize = "@ dimen/title_font_size"/>
   <GridView
  android:id = "@ +id/grid01"
  android:layout_width = "wrap_content"
  android:layout_height = "wrap_content"
  android:horizontalSpacing = "@ dimen/spacing"
  android:verticalSpacing = "@ dimen/spacing"
  android:numColumns = "3"
  android:gravity = "center" >
< /GridView >
```

5）Java 的关键代码如下：

```
public class MainActivity extends Activity
{
  //定义字符串资源数组,直接定义
  int[] textIds = new int[]
    {
    R.string.c1 , R.string.c2 , R.string.c3 ,
    R.string.c4 , R.string.c5 , R.string.c6 ,
```

```
        R.string.c7 , R.string.c8 , R.string.c9
        };
    //定义颜色资源数组,使用了 colors.xml 中定义的资源
    int[] colorIds = new int[]
        {
        R.color.c1 , R.color.c2 , R.color.c3 ,
        R.color.c4 , R.color.c5 , R.color.c6 ,
        R.color.c7 , R.color.c8 , R.color.c9
        };
      @ Override
      public void onCreate(Bundle savedInstanceState)
      {
        super.onCreate(savedInstanceState);
        setContentView(R.layout.activity_main);
        //创建一个 BaseAdapter 对象
        BaseAdapter ba = new BaseAdapter()
        {
        @ Override
        public int getCount()
        {
          //返回值就是字符串资源的长度(一共包含 9 个选项)
          return textIds.length;
        }
        @ Override
        public Object getItem(int position)
        {
            //返回指定位置的字符串文本值
            return getResources().getText(textIds[position]);
        }
        @ Override
        public long getItemId(int position)
        {
            return position;
        }
        //重写该方法,该方法返回的 View 将作为 GridView 的每个格子
        @ Override
        public View getView(int position
                , View convertView, ViewGroup parent)
        {
            TextView text = new TextView(MainActivity.this);
            Resources res = MainActivity.this.getResources();
            //使用尺寸资源来设置文本框的高度、宽度
            text.setWidth(60);
            text.setHeight((int) res.getDimension(R.dimen.cell_height));
            //使用字符串资源设置文本框的内容
            text.setText(textIds[position]);
            //使用颜色资源来设置文本框的背景色,注意下面两种方法等效
```

```
            text.setBackgroundResource(colorIds[position]);
            text.setTextSize(20);
            text.setTextSize(getResources()
                .getInteger(R.integer.font_size));
            return text;
        }
    };
    GridView grid = (GridView)findViewById(R.id.grid01);
    //为 GridView 设置 Adapter
    grid.setAdapter(ba);
  }
}
```

2.5.2　实训二：Android 应用国际化实训

1. 项目设计思路和使用技术

Android 程序国际化的思路是将程序中的标签、提示等信息放在资源文件中，程序需要支持哪些国家及语言环境，就需要提供相应的资源文件，而资源文件是 key - value 对，每个资源文件中的 key 是不变的，但 value 则随不同的国家、语言改变。

2. 项目演示效果及实现过程

项目 ex02_ InternationalDemo 的效果图如图 2-13 所示，其实现过程如下：

1）在 Android Studio 中新建空白项目，并将其命名为 InternationalDemo。

2）在 res/目录下完成图片资源在 drawable-en-rUS 和 drawable-zh-rCN 中的添加，文本资源 strings. xml 文件在 values-en-rUS 和 values-zh-rCN 中的添加。

3）添加控件，完成 layout 目录下布局文件。

4）对 Java 文件进行功能增加，完成代码。

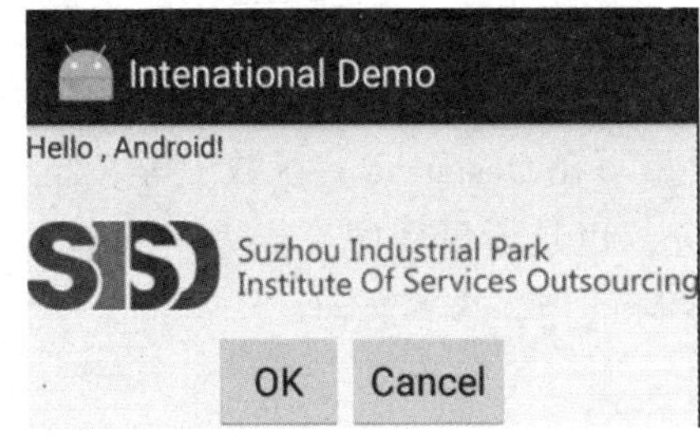

图 2-13　国家化演示

3. 关键代码

这里只给出关键代码，完整代码请到配套资料中查看。

1）在 res 中的 values - zh - rCN 目录下定义的 strings. xml 文件：

```
<?xml version = "1.0" encoding = "utf-8"?>
<resources>
    <string name = "ok">确定</string>
    <string name = "cancel">取消</string>
```

```
    <string name = "msg" >你好啊,可爱的小机器人! </string >
</resources >
```

2）在 res 中的 values - zh - rUS 目录下定义的 strings. xml 文件：

```
<resources >
    <string name = "ok" >OK </string >
    <string name = "cancel" >Cancel </string >
    <string name = "msg" >Hello , Android! </string >
</resources >
```

3）Java 的关键代码如下：

```
public class MainActivity extends Activity
{
    TextView tvShow;
    @ Override
    public void onCreate(Bundle savedInstanceState)
    {
        super.onCreate(savedInstanceState);
        setContentView(R.layout.activity_main);
        tvShow = (TextView) findViewById(R.id.show);
        //设置文本框所显示的文本
        tvShow.setText(R.string.msg);
    }
}
```

2.6 本章小结

通过学习 Activity 的生命周期概念及相关的回调函数，读者必须理解和初步掌握自己的应用开发程序，自己的代码分别要对哪些回调函数重写（Override），也就是要掌握为了实现不同的功能，不同的功能代码要重写在哪些函数中，如界面初始化的一些功能必须重写在 Oncreate（）函数中，界面更新功能的相关代码要重写在 Onstart（）函数中等。

调试程序是每个程序员工作中必不可少的部分，也是衡量程序员能力高低的一个标准。希望读者在平时的项目开发过程中，结合自己的实际能力，多多练习。

习题

1. Activity 的生命周期有哪些？
2. 退出 Activity 时对一些资源以及状态的保存操作，最适宜在哪个生命周期中进行？

第3章　布局与基本组件

1. 任务

通过学习 Android 常用的布局和基本组件的一般使用方法，完成一个新浪微博的登录界面和电话闹钟的用户界面的设计，并创建对应控件的响应事件。

2. 要求

1）掌握 Android 用户界面的体系模型与组成结构。

2）掌握界面的布局类型、使用方法及应用场合。

3）掌握 TextView、Button、AnalogClock 等基本控件的创建方法。

4）理解 Intent 的概念及应用方法。

5）掌握 Activity 的启动和跳转方法。

6）掌握基本控件的单击和触发函数的使用方法。

3. 导读

1）Android 用户界面中的组件和容器。

2）文本控件的功能与使用方法。

3）按钮控件的功能与使用方法。

4）时间控件的功能与使用方法。

5）用户界面布局管理器的使用方法。

6）Intent 的概念及应用。

7）多界面的跳转方法。

3.1　Android 用户界面的组件和容器

在设计 Android 应用程序时，用户接口（User Interface，UI）是非常重要的一部分，因为用户对应用程序的第一印象就源于此。同时，UI 的设计也是一项相当烦琐和有难度的工作。例如，UI 的大小必须适应各类屏幕分辨率的设备，并且是自动调整的而不是由用户去设定的；UI 的设计和具体功能的实现需要在逻辑上进行分离，从而使 UI 设计者和程序开发者能够相对独立地工作，提高工作效率，也避免在后期维护时功能的修改对 UI 设计的影响。

以上两个问题在 Android 系统中已经解决了一大部分。例如，第一个是分辨率适应的问题，Android 系统采用相对定位的方式，使 UI 设计者通过相对大小或相对位置来放置所需的组件，从而帮助整个 UI 在不同屏幕尺寸、不同分辨率的情况下实现动态调整，并正确地显示在屏幕中。第二个是 UI 设计与功能在逻辑上分开实现的问题，Android 系统采用 UI 设计，并由特殊的 XML 文件进行绘制，而具体的功能则是在 Java 代码中完成，两者之间通过对应的 ID 号关联，从而达到逻辑和物理上的分离。

Android 体系中 UI 的设计采用视图层次（View Hierarchy）的结构。视图层次由 View 和 ViewGroup 组成，如图 3-1 所示。View 是 Android 系统中最基本的组件，同时也是 Android 所有可视组件的父类，它完成构建按钮、文本框、时钟等诸多控件的基本功能。此外，View 还有一个非常重要的子类 ViewGroup。它与 View 的区别在于：ViewGroup 能够容纳多个 View 作为 ViewGroup 的子组件，同时 View 也可以包含 ViewGroup 作为其子组件，所以 View 和 ViewGroup 是相互包容的关系。在创建 UI 时，开发人员不会真正去创建 View 或者 ViewGroup，而是直接使用 Android 所提供的具有不同功能的控件，因此通常是看不到 View 或 ViewGroup 的，但了解 View 和 ViewGroup 的意义对设计灵活的界面有着至关重要的作用，在后面的课程中会详细讲述。

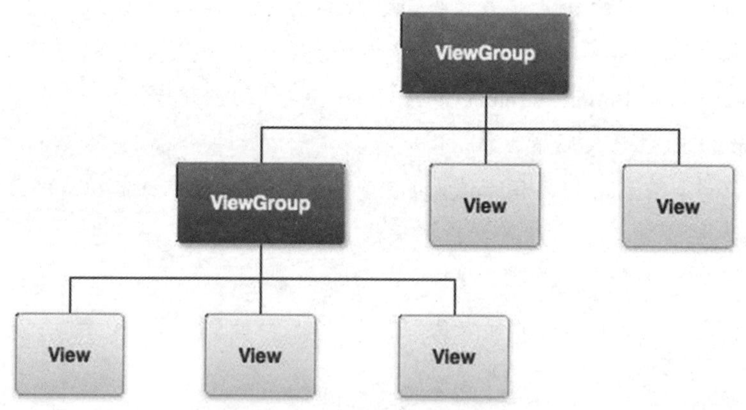

图 3-1　UI 设计中的视图层次

3.2　文本控件的功能与使用方法

简单来讲，文本控件就是对 Android 系统中显示或输入的文本进行操作的控件。常见的文本控件有两种：一种是 TextView，用于显示文字或字符；另一种是 EditText，用于用户输入和编辑文字或字符，如图 3-2 所示。这两种控件之间有着非常紧密的联系，在 Android 的体系结构中，TextView 和 EditText 之间是父类和子类的关系，即 EditText 继承于 TextView，因此 EditText 几乎具备 TextView 的所有功能，两者之间最大的不同在于：EditText 能够支持用户输入，而 TextView 不能。

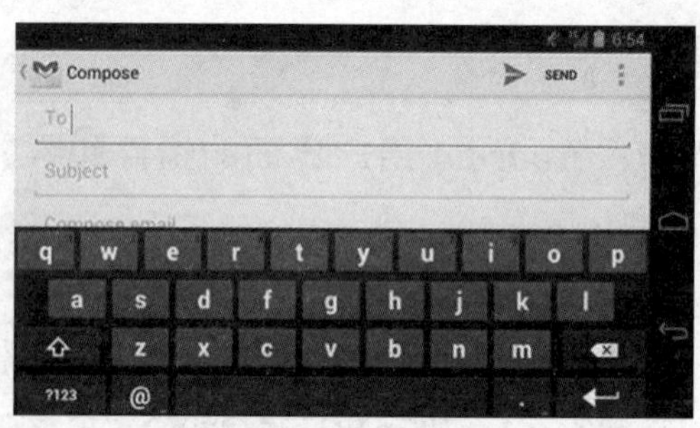

图 3-2　EditText 实例

3.2.1　TextView 的 XML 使用

要在 Android 应用程序中定义并显示一个 TextView 是非常简单的，只要短短几行代码就可以完成。下面介绍如何创建一个 Android 应用程序，并为其添加一个 TextView 和一个

EditText 控件。

1）创建项目。在 Android Studio 的菜单栏中选择“File”→“New”→“New Project”命令，打开“New Project”界面，在“Application Name”文本框中输入“3_ 01_ TextControls”作为应用程序的名称，在“Company Domain”文本框中输入“siso. edu. cn”，在“Package Name”文本框中输入“cn. edu. siso. textcontrolsdemo”作为应用程序的包名。

2）设置应用程序名称。单击“Next”按钮，弹出“Target Android Devices”界面，勾选“Phone and Tablet”。

3）Minimum SDK，选择 API 15：Android 4. 0. 3（IceCreamSandwich），不要勾选其他选项（TV、Wear、Auto），单击“Next”按钮。

4）在“Customize the Activity”界面中修改 Activity Name 为 MyActivity，修改 Layout Name 为 activity_ my，修改 Title 为 MyActivity，修改 Menu Resource Name 为 menu_ my，当然也可以全部取默认值。在项目开发中为了区分，建议相关名称个性化。最后单击“Finish”按钮完成创建。

当创建完第一个 Android 项目后，Android Studio 会自动把界面跳转到 UI 设计界面。在 UI 设计界面的正中可以看到已经有一串“Hello World”的字符，如图 3-3 所示。

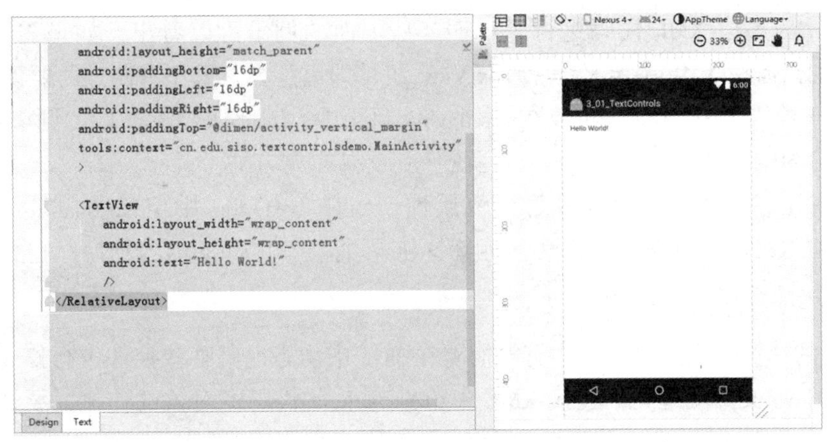

图 3-3　UI 设计界面

在该界面中描述了 UI 的布局方式，并添加了一个 TextView，现在将第 1 ~ 12 行代码修改为以下代码，并切换到设计视图查看 UI 的变化。

```
1    <LinearLayout
2        android:background = "#aaa"
3        android:layout_width = "match_parent"
4        android:layout_height = "match_parent"
5        android:orientation = "vertical" >
6         <TextView
7            android:layout_width = "wrap_content"
8            android:layout_height = "wrap_content"
9            android:text = "Hello Android"
```

```
10            android:textSize = "20sp"
11            android:textColor = "#ffff000" />
12    </LinearLayout>
```

第 1 ~5 行代码表示 UI 的整体布局是线性布局（LinearLayout)，并且使用垂直方式显示（vertical)，背景颜色为灰色（#aaa)。

第 6 行代码的 TextView 表示在 UI 中显示一个 TextView。

第 7 ~8 行代码的 android：layout_ width 和 android：layout_ height 用于设定 TextView 的宽度和高度，它们都是 TextView 的重要属性。wrap_ content 表示 TextView 的宽度和高度都根据 TextView 的内容自动调整。

第 9 行代码的 android：text 用于设置 TextView 中的文字，这里设置了 "Hello Android"，因此在设计视图中就可以看到 "Hello Android" 的字样。如果想显示其他文字，则只需修改属性的值即可。

第 10 行代码的 android：textSize 用于设置文字的大小，"sp" 是文字大小的单位。

第 11 行代码的 android：textColor 用于设置文字的颜色。通常的颜色由 RGB 3 种颜色组成，在 Android 里颜色使用 6 位十六进制的数字表示，并在前面加上 "#"，如#ffff00 前两位表示红色，中间两位表示绿色，最后两位表示蓝色，并且每种颜色的最大值为 ff，即 255。

以上再次对整段 XML 代码进行了说明。从上面的例子可以看出，如果需要显示一个 TextView，则只需在 XML 中定义一个 TextView 组件即可。在这里还有两点需要说明：

1）UI 布局的 XML 文件一定放在 res/layout 目录中，因此如要修改 UI，则应到该目录下寻找对应的 XML。

2）跟在开始标签后的内容称为标签属性，如在 TextView 中定义的 android：layout_ height 就称为 TextView 的属性，而在 <标签> 与 </标签> 之间的内容称为标签的值。

3.2.2　TextView 的 Java 使用

XML 中的一切都定义完成后，有时需要在 Java 中动态地对某些控件进行修改，此时 R. java 文件就起到了连接 XML 中组件与 Java 代码中对象的作用。要在 R 文件中找到 XML 组件，首先必须为 XML 中的组件分配一个 ID，分配完 ID 后，系统会自动为每个控件分配一个 ID 号，其中的对应关系在 1. 4. 3 节已讲过，此处不再赘述。

二维码 3-1

下面来修改 activity_ my. xml 文件，即在 TextView 中添加属性 android: id，代码如下：

```
1   <TextView
2       android:id = "@ +id/text"
3       android:layout_width = "wrap_content"
4       android:layout_height = "wrap_content"
5       android:textColor = "#ffff000" />
```

第 2 行代码的 android：id 是设置或者引用一个资源 ID 号，该属性的值是@ +id/text，表示为 TextView 分配一个 ID，ID 的值为 text。

此时在 Android Studio 窗口中单击 "Project"→"app"→"build"→"generated"→"source"

→“r”→“debug”→“android. support”→“design”→ “R”，如图 3-4 所示，Android 系统就为开发者在 Java 中使用这个控件做好了准备。

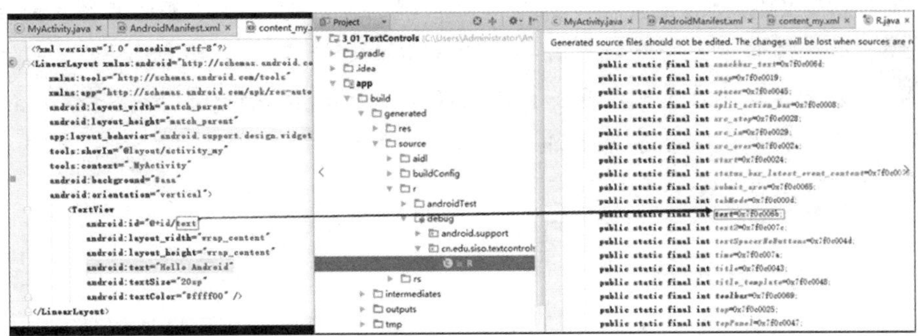

图 3-4　ID 的映射

在第 2 章的生命周期中介绍过，当 Android 应用程序启动时，第一个运行的就是 onCreate( ) 函数，因此应修改 onCreate( ) 函数，使 TextView 的值显示 “Change in Java Code”。打开 src/目录下的 MyActivity. java 文件，修改其中的代码，修改后的代码如下：

```
1    public class MyActivity extends Activity{
2        private TextView  textView;
3        public void onCreate(Bundle savedInstanceState){
4           super.onCreate(savedInstanceState);
5           setContentView(R.layout.activity_main);
6           textView = (TextView)findViewById(R.id.text);
7           textView.setText("Change in Java Code");
8           String str = textView.getText().ToString();
9           }
10   }
```

第 2 行代码声明了一个 TextView 的成员变量，该变量将会通过 R. java 文件与 XML 中定义的 TextView 进行关联。

第 6 行代码中的 findViewById( ) 函数是 Activity 的成员函数。该函数通过寻找 R 文件中的 ID 来返回任意控件的对象。本例 TextView 在 XML 中定义的 ID 为 text，因此 findViewById( ) 就可以通过 ID 得到所需的控件。但由于 findViewById( ) 函数返回的值类型为 view，而 view 是所有可视组件的父类，因此可以把 view 强制转化为 TextView，从而最终达到 Java 和 XML 控件关联的目的。

第 7 ~ 8 行代码中的 setText( ) 和 getText( ) 函数是 TextView 的成员函数，用于设置和获取 TextView 的内容。在获取 TextView 的内容时，getText( ) 函数得到的是 CharSequence 类型，通常开发者都会通过 ToString( ) 把 CharSequence 类型转化为 String 类型，以方便后续处理。

图 3-5　修改 TextView 的运行效果

代码修改完成后，在 Android Sutdio 窗口上的 “Run” 中选中

“Run ‘app’”，单击运行项目，得到的最终效果如图 3-5 所示。

XML 中的元素标签都是成对出现的，既有开始标签也有结束标签。构成标签的方式有两种：第一种方式为“<标签>…</标签>”，这类标签表示该标签内还可以再嵌套其他标签，如<LinearLayout>…</LinearLayout>标签，在此标签中还嵌套了 TextView；第二种方式为“<标签…/>”，此类标签表示该标签中不可以再嵌套其他标签。

3.2.3　EditText 的 XML 使用

了解 TextView 以后，学习 EditText 就相对简单了，因为 EditText 只是在 TextView 的基础上进行扩展和增强。下面还是以“3_01_TextControls”这个项目为例，切换到 activity_my.xml 的代码视图，并在此基础上添加 EditText，具体代码如下：

```
1   <TextView
2       android:id="@+id/text"
3       android:textColor="#ffff00"/>
4
5   <EditText
6       android:id="@+id/edit"
7       android:layout_width="match_parent"
8       android:layout_height="wrap_content"
9       android:hint="未输入时的提示字符"
10      android:inputType="number"/>
```

第 5 行代码表示在 UI 中添加一个 EditText 控件。

第 6 行代码表示为 EditText 添加一个 ID，为以后被 Java 调用做准备。

第 7 ~ 8 行代码表示设置 EditText 的宽度和高度。上一小节提到，wrap_content 表示控件的宽度或高度是根据控件的内容自动调整的，而这里的宽度设置为 match_parent，表示 EditText 的宽度和父控件的宽度相同，EditText 的父控件就是上一级的 LinearLayout，即与 LinearLayout 同宽。

第 9 行代码用于设置 EditText 在用户没有输入文字时显示的提示信息。

第 10 行代码用于设置键盘的类型，本例中设为数字类型的键盘。

以上是在 UI 中添加一个 EditText 的方法。不难发现，EditText 控件的添加和 TextView 控件的添加极为相似，唯一的区别就是 EditText 的属性更加丰富，功能更为强大。这里依然有几点需要说明：

1）在设置 android：layout_ width 或 android：layout_ height 时，Android 提供了以下 3 个属性值供开发者选择：“fill_ parent”“match_ parent”和“wrap_ content”。其中，“fill_ parent”属性和“match_ parent”属性在效果上是一致的，但是 Google 建议使用“match_ parent”，因此通常都使用“match_ parent”和“wrap_ content”来设置控件的宽度和高度。

2）inputType 的类型除了数字类型的键盘外还有许多种，如文本键盘（text）、邮件地址键盘（textEmailAddress）和电话键盘（phone）等，如图 3-6 所示。

图 3-6　EditText 创建与键盘

3.2.4　EditText 的 Java 使用

二维码 3-2

如 3.2.2 节所述，如果要在 Java 代码中使用控件，就必须为该控件定义一个 ID 号，因此为 EditText 声明了一个“edit”的 ID，在编译完成后就会在 R.java 中产生一个对应的序列号，此后就可以通过 findViewById（）函数得到所需的控件。因为 EditText 和 TextView 在本质上存在一定的相似性，所以对 EditText 的常用操作与 TextView 也相同，通过 setText（）函数和 getText（）函数来设置和得到 EditText 中的文字，具体代码如下：

```
1    public void onCreate(Bundle savedInstanceState){
2        editText =(EditText)findViewById(R.id.edit);
3        editText.setText("Change in EditText");
4        String strEditText = editText.getText().toString();
5    }
```

第 2 行代码中通过 findViewById( ) 函数得到 EditText 控件，并返回对应的 view，从而达到使 Java 和 XML 控件关联的目的。

第 3 ~4 行代码中的 EditText 通过 setText( ) 函数和 getText( ) 函数设置并获取 EditText 的内容。

代码修改完成后，在 Android Sutdio 窗口上的“Run”中选中“Run‘app’”，单击运行项目，得到的最终效果如图 3-7 所示。

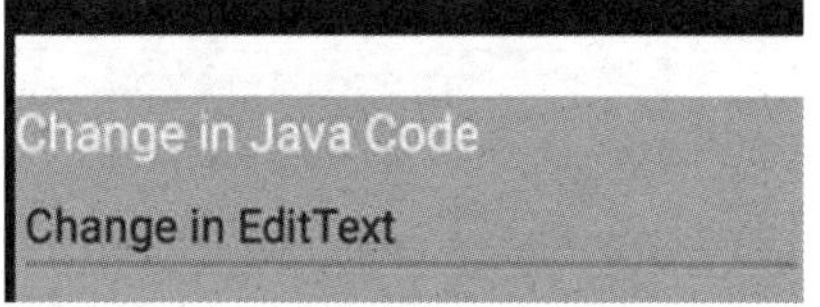

图 3-7　EditText 的运行效果

3.3　按钮控件的功能与使用方法

常见的按钮控件有 5 种，如图 3-8 所示。第一种是按钮（Button），用于响应用户单击的控件；第二种是图片按钮（ImageButton），其功能与 Button 类似，两者的区别在于 Button 用于显示文字，而 ImageButton 用于显示图片；第三种是多选按钮（CheckBox），用于用户有多个选项时使用；第四种是单选按钮（RadioButton），通常一组 RadioButton 中只有一个 RadioButton 被选择，因此 RadioButton 通常和 RadioGroup 同时使用，以此来表示一组单选按钮；第五种是状态开关按钮（ToggleButton），通常表示应用程序的某种状态，如网络的开关等。本节将针对这 5 种按钮控件在 XML 中的创建和在 Java 中的使用进行详细的讲解。

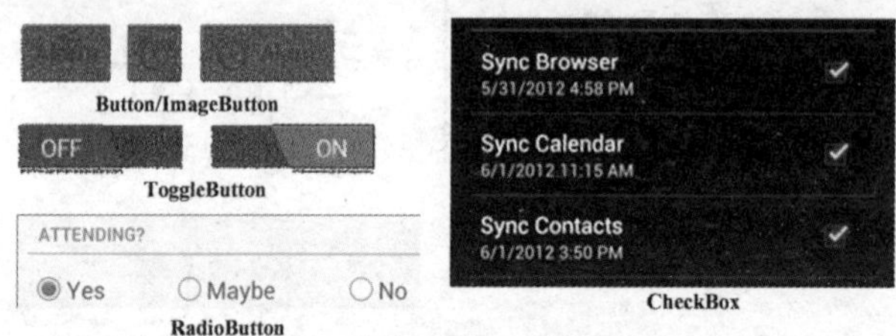

图 3-8　5 种常见的按钮控件

3.3.1　Button 与 ImageButton 的 XML 使用

在 Android 的体系结构中，Button 继承于 TextView，而 ImageButton 继承于 ImageView。虽然这两个控件继承于不同的控件，但是 Button 和 ImageButton 都用于完成用户单击按钮时的 onClick 事件。

在 Android Studio 中创建 Android 项目“3_02_ButtonControls”，在其左边窗口中单击“Android”→“app”→“res”→“layout”，切换布局文件 activity_main.xml，并修改代码，修改后的代码如下：

```
1    <LinearLayout
2        android:orientation = "vertical" >
3         <Button
4             android:id = "@+id/button"
5             android:layout_width = "wrap_content"
6             android:layout_height = "wrap_content"
7             android:text = "普通按钮" />
8         <ImageButton
9             android:id = "@+id/imagebutton"
10            android:layout_width = "wrap_content"
11            android:layout_height = "wrap_content"
12            android:src = "@drawable/button_icon"
13            android:background = "#000000" />
14   </LinearLayout>
```

第 3 行和第 8 行代码表示在 UI 界面中添加一个 Button 和 ImageButton。

第 7 行代码中的“android: text”是 Button 控件中常用的属性，用于为 Button 添加按钮文字为“普通按钮”。

第 12 行代码的“android: src”是 ImageButton 控件中常用的属性，用于设定 ImageButton 的图片。

第 13 行代码的“android: background”用来设置 ImageButton 的背景颜色为黑色，并且为完全透明。

以上代码是在 Android 中向 UI 添加 Button 和 ImageButton 控件的方法，运行项目得到的结果如图 3-9 所示。在 3.2.1 节中曾提到，设置背景可以使用控件的 background 属性。background 属性值的格式通常有 4 种，分别为“#rgb”“#argb”“#rrggbb”和“#aarrggbb”。其中，“a”表示透明度，取值范围也为 0 ~ 255，0 表示完全透明，255 表示不透明。所以，在本例中把 ImageButton 的 background 属性值设为#000000 就可以使背景完全透明。

图 3-9　按钮控件的添加

3.3.2　Button 与 ImageButton 的 Java 使用

Button 和 ImageButton 除了在 XML 中创建的方法非常相似外，在 Java 代码中的使用也非常相似，其用户单击的响应函数都为 onClick ( )。下面介绍 Button 和 ImageButton 在 Java 代码中的使用。

二维码 3-3

首先在 XML 中添加一个 EditText，并且为其添加 ID 为“edit”，具体代码如下：

二维码 3-4

```
<EditText
    android:id = "@ +id/edit"
    android:layout_width = "match_parent"
    android:layout_height = "wrap_content"
    android:hint = "响应用户点击事件" />
```

切换到 java/目录下的 Java 文件，在 onCreate ( ) 函数中完成 Button、ImageButton 和 EditText 这 3 个控件的关联，具体代码如下：

```
1   public class MainActivity extends Activity{
2       private Button  normalButton;
3       private ImageButton  imageButton;
4       private EditText  editText;
5       public void onCreate(Bundle  savedInstanceState){
6           super.onCreate(savedInstanceState);
7           setContentView(R.layout.activity_main);
8           normalButton = (Button)findViewById(R.id.button);
9           imageButton = (ImageButton)findViewById(R.id.imagebutton);
10          editText = (EditText)findViewById(R.id.edit);
11      }
12  }
```

上面的代码中，第 2 ~ 4 行需要读者特别注意，有些参考书上会把控件的定义放在

onCreate( ) 中，但是在实际应用中，更好的做法是把控件作为一个成员变量来进行定义，这样可以防止控件变量作用域的问题。

当关联的代码都完成后，接下来就要在第 10 行代码之后实现 Button 和 ImageButton 的单击事件。本例中，当用户单击 Button 和 ImageButton 时，EditText 中分别显示“普通按钮的响应事件”和“图片按钮的响应事件”字样。要实现这个功能，首先需要为 Button 和 ImageButton 添加用户单击事件的监听器，然后通过实现监听器中 onClick（）函数来完成修改 EditText 中字样的功能。具体代码如下：

```
1   normalButton.setOnClickListener(new OnClickListener(){
2       public void onClick(View v)
3           editText.setText("普通按钮的响应事件");
4       }
5     });
6     imageButton.setOnClickListener(new OnClickListener(){
7       public void onClick(View v){
8           editText.setText("图片按钮的响应事件");
9       }
10  });
```

第 1 行代码用于为 Button 设置一个 OnClickListener 的监听注册函数。只有当 Button 设置了监听注册函数，其才能响应用户的单击事件，而随后的 onClickListener( ) 函数就是为注册函数注册一个监听器，在这个监听器中用于用户单击事件时的处理过程。

第 2 ~4 行代码是 Button 的用户单击事件的处理函数。在本例中，当用户单击 Button 时，在 EditText 中显示“普通按钮的响应事件”。

以上就是对于按钮响应事件编写的完整过程。对于 ImageButton 来说，它的用户单击事件和 Button 的用户单击事件完全相同，这里不再赘述。Button 的用户单击事件是所有 Android 事件中最基础也是最常用到的事件，因此掌握这个事件的写法和原理对以后的学习和工作会有较大的帮助。以下两点需要注意。

1）第 5 行代码和第 10 行代码末尾的分号，这个分号非常容易被遗漏，因此应多加注意。此外，以 Button 为例，观察第 1 行代码和第 5 行代码中的小括号和大括号，会发现其实从第 1 行代码中的 new OnClickListener 开始到第 5 行代码的大括号结束都是作为 setOnClickListener( ) 函数的参数存在，这也就可以理解为什么在第 5 行代码最后需要加一个分号。

2）依然以第 1 行代码为例，代码中使用 new OnClickListener（）是 Java 程序中的一个技巧，用于产生一个匿名类，即没有明确对象名的对象，但这并不表明没有对象，只是这个对象是由系统进行维护，而不由开发人员来维护。当然有时会出现多个 Button 有相同的处理函数，如果为每个 Button 都重写一个匿名类就显得有些重复，此时就可以单独生成一个 OnClickListener 的对象，从而简化代码，提高可读性，具体代码如下：

```
OnClickListener buttonClickListener = new OnClickListener(){
    public void onClick(View v){
      editText.setText("普通按钮的响应事件");
    }
```

```
5 };
6 normalButton.setOnClickListener(buttonClickListener);
```

第 5 行代码用于产生一个 OnClickListener 的对象，并实现其用户单击事件。

第 6 行代码则把产生的对象注册到 Button 中。

3.3.3　CheckBox 的 XML 使用

CheckBox 即多选按钮，允许用户在一组选项中进行单选和多选。CheckBox 在 UI 中的创建方案依然类似前面控件的创建方法。打开项目“3_02_ButtonControls”中的 UI 布局文件 activity_main.xml，并在 LinearLayout 标签中添加如下代码。

```
1  <LinearLayout
2      android:orientation="vertical">
3  <CheckBox
4      android:id="@+id/meat"
5      android:layout_width="match_parent"
6      android:layout_height="wrap_content"
7      android:text="肉类"
8      android:onClick="onCheckboxClicked"
9      android:checked="true"/>
10 <CheckBox
11     android:id="@+id/cheese"
12     android:layout_width="match_parent"
13     android:layout_height="wrap_content"
14     android:text="芝士"
15     android:onClick="onCheckboxClicked"/>
16 </LinearLayout>
```

第 3 ~7 行代码表示在 UI 中添加一个 CheckBox，并设置该 CheckBox 的 ID 和大小，最后设置 CheckBox 中的文字。

第 8 行代码是设置单击该 CheckBox 的响应事件，这是除了在 Java 中定义用户单击事件外的另一种设置用户单击事件的方法，具体使用方法在后面的章节中将详细说明。

第 9 行代码是设置 CheckBox 为默认选中。

以上是在 Android 的 UI 中添加 CheckBox 的方法。运行项目，得到的结果如图 3-10所示。

图 3-10　CheckBox 的创建

3.3.4　CheckBox 的 Java 使用

二维码 3-5

3.3.3 节中，XML 代码的第 15 行是 CheckBox 的响应事件 onCheckboxClicked，而之前的例子中，使用的响应事件都是由系统提供的，具有特定函数名的响应函数。实际上，Android 也提供了自定义响应函数名的方法来响应用户事件。

使用自定义响应函数的方法和使用系统提供的响应函数的方法略有不同。使用系统响应函数目前都是放在 onCreate 中进行定义和实现，而使用自定义的响应函数则需要把响应函数放在 Activity 中作为一个成员函数来使用，同时这个 Activity 必须包含这个控件。打开 src/目录下的 Java 文件，并添加代码，完成单击 CheckBox 时把 CheckBox 的文字显示在 EditText 中的功能，具体代码如下：

```
1  public void onCheckboxClicked(View view){
2      boolean checked = ((CheckBox)view).isChecked();
3
4      switch(view.getId()){
5      case R.id.meat:
6          if(checked){
7              editText.setText("肉类");
8          }else{
9              editText.setText("");
10         }
11         break;
12     case R.id.cheese:
13         if(checked){
14             editText.setText("芝士");
15         }else{
16             editText.setText("");
17         }
18         break;
19     }
20 }
```

第 1 行代码用于添加 CheckBox 的自定义响应函数，该函数声明必须符合 “public void 自定义函数名（View view）{ }” 的形式，其中 view 表示当前单击的控件。

第 2 行代码中首先把 View 强制转换为 CheckBox，然后保存 CheckBox 的状态至 checked。

第 4 行代码中通过 view. getId( ) 函数就可以得到用户所单击控件的 ID 号。

第 6 ~9 行代码用于实现单击 CheckBox 在 EditText 中显示文字的功能。当 CheckBox 被勾选上时，checked 变量为 true，否则为 false，因此通过 checked 变量就可以在 EditText 中设置对应的文字。

此外，CheckBox 除了使用自定义响应函数来响应用户事件外，Android 也为 CheckBox 提供了系统单击事件，代码如下：

```
1  OnClickListener  checkboxListener = new OnClickListener(){
2      public void onClick(View v){
3          //此处为单击响应事件代码
4      }
5  };
6  CheckBox  meatCheckBox = (CheckBox)findViewById(R.id.meat);
7  meatCheckBox.setOnClickListener(checkboxListener);
8  CheckBox  cheeseCheckBox = (CheckBox)findViewById(R.id.cheese);
9  cheeseCheckBox.setOnClickListener(checkboxListener);
```

第 1 行代码表示定义一个单击事件的变量，并在其中实现 onClick 函数，具体的实现部分和前面自定义的 onCheckboxClicked 相同，这里不再赘述。

第 6 ~ 9 行代码则为每个 CheckBox 设置系统的 OnClickListener 函数来完成对应的功能。以上便是整个 CheckBox 具体功能的实现，效果如图 3-11 所示。

图 3-11　CheckBox 的功能实现

3.3.5　RadioButton 的 XML 使用

二维码 3-6

RadioButton 的功能正好与 CheckBox 相反，它用于在一组选项中进行单项选择，因此 RadioButton 经常与表示一组选项的 RadioGroup 一起使用，即用户只能在已经设定的一组 RadioButton 中选择其中的一项。打开项目“3_02_ButtonControls”中的 UI 布局文件 activity_main.xml，并在 LinearLayout 标签中添加如下代码。

```
1  <RadioGroup
2       android:id = "@+id/radiogroup"
3       android:layout_width = "wrap_content"
4       android:layout_height = "wrap_content"
5       android:orientation = "horizontal">
6  <RadioButton
7       android:id = "@+id/radiobutton1"
8       android:layout_width = "wrap_content"
9       android:layout_height = "wrap_content"
10      android:checked = "true"
11      android:text = "Male"/>
12 <RadioButton
13      android:id = "@+id/radiobutton2"
14      android:layout_width = "wrap_content"
15      android:layout_height = "wrap_content"
16      android:text = "Female"/>
17 </RadioGroup>
```

第 1 行代码表示在 UI 界面中定义一个 RadioGroup 容器，用于包含一组 RadioButton 组件。

第 2 行代码用于设定 RadioGroup 的 ID 号，使该组件可以在 Java 代码中被使用。

第 5 行代码设置在 RadioGroup 中 RadioButton 的排列方式为横向排列。

第 6 ~ 10 行代码表示在 RadioGroup 中定义的 RadioButton 组件，并设定其宽度、高度以及显示的文字。

以上就是 RadioButton 在 XML 中定义的方法，效果如图 3-12 所示。

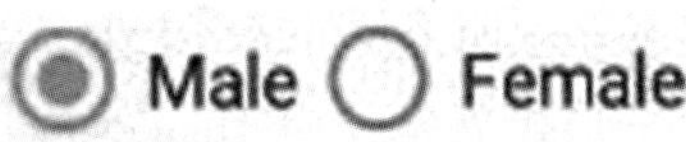

图 3-12　RadioButton 的创建

3.3.6 RadioButton 的 Java 使用

在使用 RadioButton 时，常用的方法有以下 3 种：第一种类似于 3.3.4 节讲述的在 XML 中为每个 RadioButton 设置一个 onClick( ) 函数，然后在 Activity 的成员函数中实现；第二种为每个 RadioButton 绑定一个 onClickListener 的监听器，然后通过监听器来响应用户的单击事件；第三种则是由于一组 RadioButton 属于一个 RadioGroup，因此可以通过 RadioGroup 中的监听事件来判断 RadioButton 是否被单击，从而处理用户的选择事件。本节主要讲述如何实现第三种用户响应事件。

在 Android Studio 中打开项目 "3_02_ButtonControls" 中的 java/目录中的 MainActivity.java，并在其中的 onCreate 函数中添加如下代码。

```
1  RadioGroup  radioGroup = (RadioGroup)findViewById(R.id.radiogroup);
2  radioGroup.setOnCheckedChangeListener(new OnCheckedChangeListener(){
3     public void onCheckedChanged(RadioGroup group,int checkedId){
4        switch(checkedId){
5        case  R.id.maleradio:
6           editText.setText("男");
7           break;
8        case  R.id.femaleradio:
9           editText.setText("女");
10          break;
11       default:
12          break;
13       }
14    }
15 });
```

第 1 行代码表示通过 findViewById 得到 XML 中定义的 RadioGroup 控件。

第 2 行代码用于向 RadioGroup 注册一个监听器，并在这个监听器中完成用户选择响应函数的代码。

第 3 行代码是一个用户选择变更的响应函数，其中 onCheckedChanged 函数有以下两个参数：第一个参数 group 表示当前选择的是哪个 RadioGroup；第二个参数 checkedId 表示用户在当前这个 RadioGroup 中选择的 RadioButton 的 ID。

第 4～12 行代码通过一个 switch 语句来判断用户选择的是哪一个 RadioButton，然后通过所选择的 RadioButton 来修改 EditText 中的文字。

3.4 时间和日期控件的功能与使用方法

Android 系统中，时间和日期的控件共有两大类：第一类是 AnalogClock 和 DigitalClock 控件，这两个控件通过获取系统时间来展示给用户，两者的不同在于 AnalogClock 以模拟时钟的形式展示，而 DigitalClock 以数字时钟的形式向用户展示；第二类是 DatePicker 和 TimePicker，用户可以通过这两个控件设置日期和时间，两者的不同也是显而易见的，DatePicker 用于选择日期，而 TimePicker 用于选择时间。本节主要向读者展示这 4 个控件的基本使用方法。

3.4.1 AnalogClock 与 DigitalClock 的 XML 使用

二维码 3-7

AnalogClock 和 DigitalClock 的使用非常简单，由于这两个控件的时间值都是由系统决定的，因此在使用时只需要在布局文件的 XML 中创建即可，无须任何的 Java 代码的添加。接下来就请读者创建项目“3_ 03_ DateTimeControls”，打开 layout/目录下的 activity_ main 文件，并添加如下代码：

```
1  <AnalogClock
2      android:layout_width = "wrap_content"
3      android:layout_height = "wrap_content" />
4  <DigitalClock
5      android:layout_width = "wrap_content"
6      android:layout_height = "wrap_content"
7      android:textSize = "14sp" />
```

第 1 ~6 行代码分别定义了一个模拟时钟和数字时钟，并设置各个控件的宽度和高度。

第 7 行代码定义了数字时钟的文字大小，除此之外还可以通过定义 textColor 属性来设置文字颜色。

以上就是 AnalogClock 和 DigitalClock 的使用，效果如图 3-13 所示。

图 3-13　模拟和数字时钟的使用

3.4.2 DatePicker 与 TimePicker 的 XML 使用

DatePicker 和 TimePicker 是 Android 系统中用于设定时间和日期的控件，其中 DatePicker 控件会在 Android 4.0 中自动产生一个日历功能，因此如果只需要显示日期选择，就要在布局文件中对 DatePicker 控件进行特别的设定，效果如图 3-14 所示。修改 activity_ main.xml 文件，并添加如下代码：

图 3-14　DatePicker 和 TimePicker 的定义

```
<DatePicker
    android:id = "@ +id/datePicker"
    android:layout_width = "wrap_content"
    android:layout_height = "wrap_content"
    android:calendarViewShown = "false" />
<TimePicker
    android:id = "@ +id/timePicker"
    android:layout_width = "wrap_content"
    android:layout_height = "wrap_content" />
<EditText
    android:id = "@ +id/userInfo"
    android:layout_width = "match_parent"
    android:layout_height = "wrap_content"
    android:textSize = "12sp" />
```

第 1 ~ 5 行代码用于在 UI 中定义 DatePicker 控件，其中第 5 行代码中的 calendarViewShown 属性用于设置 Calendar 是否显示，在本例中该属性值为 false。因此，当 DatePicker 控件显示时，只显示日期信息，而不显示日历。

第 6 ~ 9 行代码表示在 UI 中定义一个 TimePicker 控件，并设定其宽度和高度，以及把 TimePicker 设为水平居中。

第 10 ~ 14 行代码表示在 UI 中添加一个 ID 为 "userInfo" 的 EditText 控件，同时设定其字体大小为 12sp。

3.4.3　DatePicker 与 TimePicker 的 Java 使用

在 Java 代码中使用 DatePicker 控件时，读者应主要掌握 init（）函数的使用，在该函数中会有日期改变时的事件响应函数和年、月、日参数的设定。而使用 TimePicker 控件时，读者则应重点掌握时间改变时的处理事件 onTimeChanged（）函数。打开 java/目录下的 MainActivity. java 文件，并在其中添加如下代码：

二维码 3-8

二维码 3-9

```
public class MainActivity extends Activity{
    private DatePicker  datePicker;
    private int year,month,day,hour,minute;
    protected void onCreate(Bundle savedInstanceState){
        super.onCreate(savedInstanceState);
        setContentView(R.layout.activity_main);
        …
        Calendar calendar = Calendar.getInstance();
        year = calendar.get(Calendar.YEAR);
        month = calendar.get(Calendar.MONTH);
        …
        datePicker.init(year,month,day,new OnDateChangedListener(){
                                public void onDateChanged(DatePicker view,int year,
                    int monthOfYear,int dayOfMonth){
                            MainActivity.this.year = year;
                            …
                            showDate(year,month,day,hour,minute);
                        }
                    });
        timePicker.setOnTimeChangedListener(new OnTimeChangedListener(){
            @ Override
            public void onTimeChanged(TimePicker view,int hourOfDay,
        int minute){
                    MainActivity.this.hour = hourOfDay;
                    MainActivity.this.minute = minute;
                    showDate(year,month,day,hour,minute);
            }
        });
}
}
```

第 3 行代码用于记录当前时间的年、月、日、小时、分钟。

第 8 行代码用于得到一个 Calendar 对象。这里需要注意的是，Calendar 对象不是通过 new 关键字得到的，而是通过 Calendar 的静态成员函数 getInstance( )得到的。

第 12 ~ 19 行代码调用 init( )函数来初始化 DatePicker 对象，同时为 DatePicker 对象创建日期的响应函数 onDateChanged( )。该函数有 4 个参数，其作用分别如下。

1） DatePicker view：表示当前 DatePicker 对象。

2） int year：表示当前 DatePicker 中所显示的年。

3） int monthOfYear：表示当前 DatePicker 中所显示的月。

4） int dayOfMonth：表示当前 DatePicker 中所显示的日。

最后调用自定义成员函数 showDate( )来设置 EditText 中的文字。

第 20 ~ 28 行代码用于为 TimePicker 对象设置一个时间变动的监听函数，时间发生变化就会触发该函数。此段程序中的响应函数 onTimeChanged 有 3 个参数，其作用分别如下。

1） TimePicker　view：表示当前 TimePicker 对象。

2） int hourOfDay：表示当前 TimePicker 中所显示的小时。

3） int minute：表示当前 TimePicker 中所显示的分钟。

最后调用自定义成员函数 showDate( ) 来设置 EditText 中的文字。

以上就是 TimePicker 和 DatePicker 控件在 XML 以及 Java 中的使用。读者需要重点掌握 onDateChanged( ) 和 onTimeChanged( ) 两个响应函数的使用。

3.5　界面布局管理器的使用

界面布局是 Activity 的用户架构，它定义了各个控件元素在布局中的位置，并最终将所有元素“呈现”在用户面前。Android 体系结构中布局的声明分为以下两种方式。

1） XML 中声明布局：Android 提供了简单的 XML 元素来完成各个元素的组合。

2） Java 中实例化布局：通过创建布局对象和对象组来显示对象，并操作相应的属性。

Android 的体系结构提供了灵活的方法来声明和管理 UI 组件。通过 XML 中 UI 的声明可以更好地分离 UI 描述与应用代码。此外，XML 中所提供的元素名称和属性名称也与元素对象的命名及方法名密切相关，因此通过 XML 元素就能够找到对应的类名。

3.5.1　布局文件的使用

使用 Android 中的 XML 标签，可以帮助开发者快速地设计 UI 布局和所包含的元素。创建布局文件类似于 Web 页面中的 HTML 元素，具有一定的层次性。每一个布局文件都必须包含一个根元素，这个根元素可以是一个 View，也可以是 ViewGroup。当定义了根元素后，开发者就可以添加任意的布局对象或者将 UI 组件作为子元素，从而构建出一个具有层次性的布局。例如，下面是一个 XML 文件中利用纵向布局来排列一个 TextView 和一个 Button 控件。

```
<LinearLayout
    android:orientation = "vertical" >
<TextView
```

```
    android:text = "Hello, I am a TextView" />
<Button
    android:text = "Hello, I am a Button" />
</LinearLayout>
```

当 XML 文件创建完成后，开发者就可以在 Java 中进行载入，每一个 XML 布局文件都被编译到资源文件中，然后在 Activity. onCreate( ) 函数中通过 setContentView( ) 实现布局文件的加载，载入的参数形式为 R. layout. layout_ file_ name。

```
protected void onCreate(Bundle savedInstanceState){
    super.onCreate(savedInstanceState);
    setContentView(R.layout.activity_main);
}
```

在 XML 文件中所定义的 View 或者 ViewGroup 对象都有其各自的 XML 属性，这些属性有的继承于其父类，有的则是其独有的属性。每一个 UI 组件都可能具有一个 ID 属性，这个属性用于唯一地标识这个组件。在 XML 中，ID 属性表示为 android:id = "@ +id/text"。其中，@ 符号会“告诉”XML 解析器去解析 ID 字符串，并把它定义为组件的 ID 资源，“+”表示这是一个新的资源名字，系统需要创建并将其添加到资源文件 R. java 中。Android 系统中除了自定义 ID 外，还提供了一部分内部 ID 资源，所以当遇到 Android 内部 ID 时，就不需要添加“+”，而是使用 Android 的包名命名空间—— android:id = "@ android:id/empty"。

3.5.2　线性布局

线性布局是 Android UI 中使用最为频繁的一种，使用类 LinearLayout 进行管理。LinearLayout 属于 ViewGroup，因此在 LinearLayout 中可以包含任意多个子视图，而这些视图在 LinearLayout 管理下所有子元素都是按照垂直或者水平方向一个接一个紧密排列的，如图 3-15 所示。接下来就请读者在 Android Studio 中创建项目“3_04_LayoutControls”，打开 res/layout 目录下的 activity_ main. xml 文件，并按照如下代码进行修改：

图 3-15　LinearLayout 的布局

二维码 3-10

```
<LinearLayout xmlns:android = "http://schemas.android.com/apk/res/
 android"
    xmlns:tools = "http://schemas.android.com/tools"
    android:layout_width = "match_parent"
    android:layout_height = "match_parent"
    android:orientation = "vertical" >

<!--线性布局1_垂直布局 -->
<LinearLayout
    android:layout_width = "match_parent"
    android:layout_height = "wrap_content"
    android:orientation = "vertical" >
```

```
12 <Button
13     android:layout_width="wrap_content"
14     android:layout_height="wrap_content"
15     android:text="垂直1"/>
16 <Button
17     android:layout_width="wrap_content"
18     android:layout_height="wrap_content"
19     android:text="垂直2"/>
20 <Button
21     android:layout_width="wrap_content"
22     android:layout_height="wrap_content"
23     android:text="垂直3"/>
24 </LinearLayout>
25 <!--线性布局2_水平布局 -->
26 <LinearLayout
27     android:layout_width="match_parent"
28     android:layout_height="wrap_content"
29     android:orientation="horizontal">
30 <Button
31     android:layout_width="wrap_content"
32     android:layout_height="wrap_content"
33     android:text="水平1"/>
34 <Button
35     android:layout_width="wrap_content"
36     android:layout_height="wrap_content"
37     android:text="水平2"/>
38 <Button
39     android:layout_width="wrap_content"
40     android:layout_height="wrap_content"
41     android:text="水平3"/>
42 </LinearLayout>
43 </LinearLayout>
```

第 5 行代码表示该界面的总体布局为垂直布局。

第 11 行和第 29 行代码表示两模块分别采用线性布局中的垂直布局和水平布局，效果如图 3-16 所示。

从以上代码中可以看出，LinearLayout 除了自身表示线性布局外，还可以在其中再嵌套线性布局，这就是前面所说的“容器”的作用。除了可以嵌套线性布局，在后面的内容中读者会发现，还可以嵌套任意布局。

线性布局中有 3 个属性最为常用：第一个属性是 orientation，表示线性布局的方向，即水平方向或垂直方向；第二个属性是 weight，表示每个组件所占用空间的比例，如果有 3 个 weight 均为 1 的组件，那么这些组件所占空间分别为 1/3、1/3、1/3，即把空间三等分；第三个属性是 gravity，表示布局管理器内部组件的对齐方式，当使用多种对齐时，则使用“ | ”作为间隔。接下来按照如下代码进行修改：

```
1 <LinearLayout xmlns:android="http://schemas.android.com/apk/res/android"
2 xmlns:tools="http://schemas.android.com/tools"
3 android:layout_width="match_parent"
4 android:layout_height="match_parent"
5 android:orientation="vertical">
6 <!--线性布局3_gravity -->
7 <LinearLayout
8 android:layout_width="match_parent"
9 android:layout_height="wrap_content"
10 android:orientation="vertical"
11 android:gravity="right">
12 …
13 </LinearLayout>
14 <!--线性布局1_weight -->
15 <LinearLayout
16 android:layout_width="match_parent"
17 android:layout_height="wrap_content"
18 android:orientation="horizontal">
19 <Button
20 android:layout_width="0dp"
21 android:layout_height="wrap_content"
22 android:layout_weight="1"
23 android:text="水平1"/>
24 <Button
25 android:layout_width="0dp"
26 android:layout_height="wrap_content"
27 android:layout_weight="1"
28 android:text="水平2"/>
29 <Button
30 android:layout_width="0dp"
31 android:layout_height="wrap_content"
32 android:layout_weight="1"
33 android:text="水平3"/>
34 </LinearLayout>
35 </LinearLayout>
```

第 11 行代码设定 LinearLayout 布局的内部组件的对齐方式为右对齐。

第 20、25、30 行代码设定组件的宽度为 0，这是三等分组件的前提条件。

第 22、27、32 行代码设定各组件的权重为 1，即每个组件都占用 1/3，从而完成了三等分。

最终的效果如图 3-17 所示。

图 3-16　线性布局中的垂直布局和水平布局

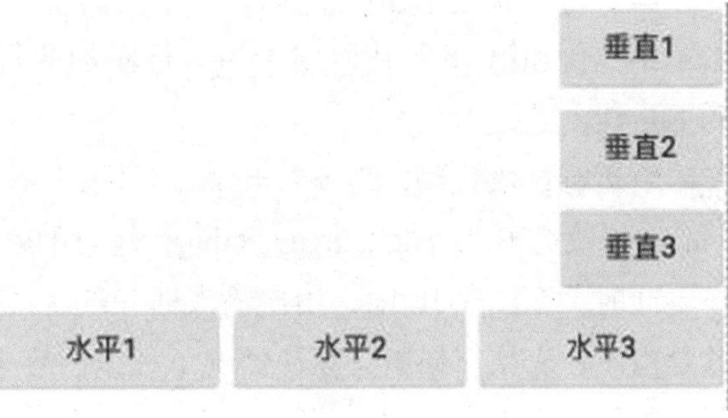

图 3-17　weight 和 gravity 的使用

3.5.3　表格布局

表格布局也是 Android 中较为常用的布局方式，使用 TableLayout 进行管理，在应用中用表格布局绘制登录界面最为常见。需要注意的是，在绘制表格时不必声明表格的列数和行数，而是通过 TableRow 来添加表格的行，通过 TableRow 中定义的组件个数来自动计算表格列数。因此，在绘制表格时如果有 3 行，则应添加 3 个 TableRow。接下来在项目“3_04_LayoutControls”中添加一个新的布局文件 activity_table.xml，并添加如下代码：

二维码 3-11

```
<TableLayout
android:layout_width="match_parent"
android:layout_height="wrap_content">
<!--添加第一行-->
<TableRow>
<TextView
android:layout_width="wrap_content"
android:layout_height="wrap_content"
android:text="用户名:"/>
<EditText
android:layout_width="match_parent"
android:layout_height="wrap_content"
android:hint="请输入用户名"/>
</TableRow>
<!--添加第二行-->
<TableRow>
<TextView
android:layout_width="wrap_content"
android:layout_height="wrap_content"
android:text="密码:"/>
<EditText
android:layout_width="match_parent"
android:layout_height="wrap_content"
android:hint="请输入密码"/>
</TableRow>
</TableLayout>
```

第 1 行代码用于在一个线性布局中添加一个 TableLayout 的表格布局。

第 5 行和第 16 行代码用于为表格添加两行，并在两行中分别添加两列，放置 TextView 和 EditText。

要运行这段代码，需要打开 java/目录中的 MainActivity. java 文件，并把 R. layout. activity _main 修改为 R. layout. activity_table，运行的效果如图 3-18 所示。

此时，在图 3-18 中，用户输入框并没有占满整个空间，而是在右边留了一片空白区域，这是由于在表格布局中，默认情况下根据内容来控制单元格的宽度。所以，为了解决这个问题，需要对表格布局做一些特殊的设定。在表格布局中，除了常规的属性外，还有 3 个属性最为常用，见表 3-1。

表 3-1　TableLayout 属性及说明

XML 属性名	说　明
android: collapseColumns	设置需要隐藏列的序号，多列时使用逗号分隔
android: shrinkColumns	设置需要收缩列的序号，多列时使用逗号分隔
android: stretchColumns	设置需要拉伸列的序号，多列时使用逗号分隔

这里需要注意的是，表格中所说的序号起始值为 0，因此如果需要拉伸 EditText，那么属性的值就要设为 1。如果为 TableLayout 添加一个属性 android：stretchColumns = " 1"，则运行后就可以看到图 3-19 所示的效果。

用户名: 请输入用户名
密码: 请输入密码

图 3-18　TableLayout 布局效果

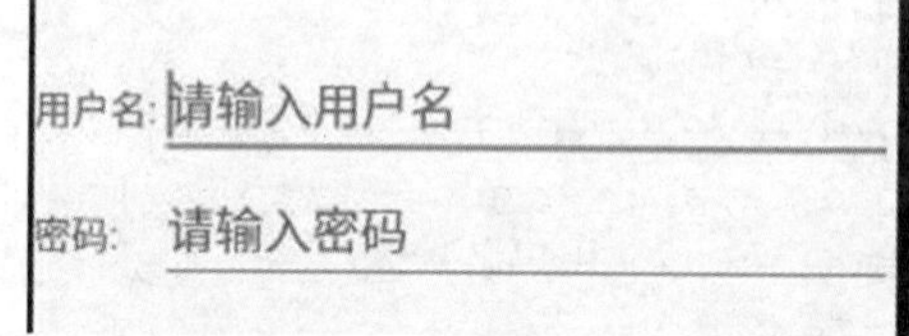

图 3-19　stretchColumns 运行效果

3.5.4　相对布局

相对布局（RelativeLayout）是继线性布局和表格布局之后的另一个常用布局方法。相对布局的特点是：通过组件和组件之间的关系来确定组件的位置，即如果组件 A 的位置在组件 B 的左边，那么在使用相对布局时就需要先定义组件 B，然后才能定义组件 A。在使用相对布局前，先要了解组件在该布局中有几个属性，见表 3-2 和表 3-3。

二维码 3-12

表 3-2　子组件与父组件的位置关系

XML 属性名	说　明
android: layout_ centerHovizontal	控制组件是否水平居中
android: layout_ centerVertical	控制组件是否垂直居中

（续）

XML 属性名	说　明
android: layout_centerInParent	控制组件是否位于中央
android: layout_alignParentButton	控制组件是否位于底部
android: layout_alignParentLeft	控制组件是否位于左边
android: layout_alignParentRight	控制组件是否位于右边
android: layout_alignParentTop	控制组件是否位于顶部

表 3-3　组件与组件的位置关系

XML 属性名	说　明
android: layout_toRightOf	控制指定组件位于指定 ID 的右边
android: layout_toLeftOf	控制指定组件位于指定 ID 的左边
android: layout_above	控制指定组件位于指定 ID 的上方
android: layout_below	控制指定组件位于指定 ID 的下方
android: layout_alignTop	控制指定组件位于指定 ID 的上边界对齐
android: layout_alignBottom	控制指定组件位于指定 ID 的下边界对齐
android: layout_alignLeft	控制指定组件位于指定 ID 的左边界对齐
android: layout_alignRight	控制指定组件位于指定 ID 的右边界对齐

从表 3-2 和表 3-3 中可以看出，这些特有的属性分为以下两大类：第一类是子组件和父组件之间的关系，它们的值只有两个（true 和 false）；第二类是组件和组件之间的关系，它们的值是另一个组件 ID 的应用，因此在使用时必须先为每个组件定义一个 ID。下面就利用相对布局绘制一个登录界面来展示使用这些属性的方法，代码如下：

```
<!--嵌套一个相对布局-->
<RelativeLayout
android:layout_width="match_parent"
android:layout_height="wrap_content">
<TextView
android:id="@+id/userName"
android:layout_width="wrap_content"
android:layout_height="wrap_content"
android:text="用户名:"/>
<!-- layout_below 定义了 EditText 相对于 TextView 在其下方 -->
<EditText
android:id="@+id/userEdit"
android:layout_width="match_parent"
android:layout_height="wrap_content"
android:layout_below="@id/userName"
android:hint="请输入用户名"/>
<TextView
```

```
18 android:id = "@ + id/passwd"
19 android:layout_width = "wrap_content"
20 android:layout_height = "wrap_content"
21 android:layout_below = "@id/userEdit"
22 android:text = "密码:" />
23 <EditText
24 android:id = "@ + id/passwdEdit"
25 android:layout_width = "match_parent"
26 android:layout_height = "wrap_content"
27 android:layout_below = "@id/passwd"
28 android:hint = "请输入密码" />
29 <!-- layout_alignParentRight 定义了 Button 在其父组件的右边 -- >
30 <Button
31 android:id = "@ + id/cancel"
32 android:layout_width = "wrap_content"
33 android:layout_height = "wrap_content"
34 android:layout_below = "@id/passwdEdit"
35 android:layout_alignParentRight = "true"
36 android:text = "取消" />
37 <!-- layout_toLeftOf 定义了 Button 在其 cancel 组件的左边 -- >
38 <Button
39 android:id = "@ + id/ok"
40 android:layout_width = "wrap_content"
41 android:layout_height = "wrap_content"
42 android:layout_below = "@id/passwdEdit"
43 android:layout_toLeftOf = "@id/cancel"
44 android:text = "登录" />
45 </RelativeLayout>
```

第 15 行代码用于将用户名输入框设置在用户名标签的下方。

第 35 行代码用于将取消按钮设置在相对于父界面的右边，即整个界面的右边，同时将其设置在密码输入框的下方。

第 43 行代码用于将登录按钮设置在取消按钮的左边。

需要注意的是，最后的“登录”按钮和“取消”按钮的设置，因为“登录”按钮是在相对于“取消”按钮的左边，所以必须先定义“取消”按钮，最终的效果如图 3-20 所示。

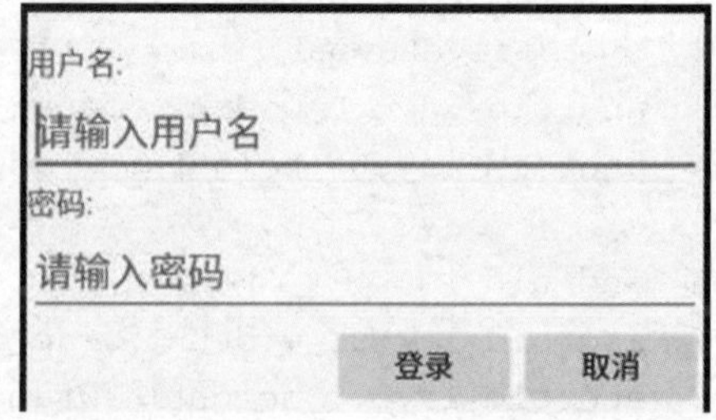

图 3-20　相对布局的效果

3.6　Intent 的概念及使用

二维码 3-13

在 Android 中 Activity 是所有程序的根本，所有程序的流程都运行在 Activity 中。掌握 Activity 的关键首先是对生命周期的把握，其次就是 Activity 之间通过

Intent 的跳转和数据传输。

Android 中提供了一种 Intent 机制来协助应用程序间、组件之间的交互与通信，Intent 负责对应用中一次操作的动作、动作涉及数据、附加数据进行描述，Android 则根据此 Intent 的描述，负责找到对应的组件，将 Intent 传递给调用的组件，并完成组件的调用。Intent 不仅可用于应用程序之间，也可用于应用程序内部组件（如 Activity、Service）之间的交互。Android 中的四大组件是独立的，它们之间可以互相调用、协调工作，最终组成一个真正的 Android 应用。这些组件之间的通信主要就是由 Intent 协助完成的。

Intent 的中文意思就是意图、目的。与此概念相吻合，Intent 在 Android 中起着一个“媒体中介”的作用，指出希望跳转到的目的组件的相关信息，并实现调用者与被调用者之间的信息数据传递。SDK 给出了 Intent 作用的表现形式：

1）通过 startActivity( ) 或 startActivityForResult( ) 启动一个 Activity。

2）通过 startService( ) 启动一个服务 Service，或者通过 bindService( ) 和后台服务进行交互。

3）通过 sendBroadcast( )、sendOrderedBroadcast( ) 或 sendStickyBroadcast( ) 函数在 Android 系统中发布广播消息。

理解 Intent 的关键之一是理解 Intent 的两种基本用法：一种是显式的 Intent，即在构造 Intent 对象时就指定接收者；另一种是隐式的 Intent，即 Intent 的发送者在构造 Intent 对象时，并不知道接收者是谁，有利于降低发送者和接收者之间的耦合。

对于显式的 Intent，Android 不需要去做解析，因为目标组件已经很明确。Android 需要解析的是那些隐式的 Intent，通过解析，将 Intent 映射给可以处理此 Intent 的组件，如 Activity、BroadReceiver 或 Service。

对于隐式的 Intent，Android 是怎样寻找到这个最合适的组件的呢？Intent 解析机制主要是查找已注册在 AndroidManifest. xml 中的所有 Intent Filter（意图过滤器）及其中定义的 Intent。Intent Filter 其实就是用来匹配隐式的 Intent 的，当一个意图对象被一个意图过滤器进行了匹配测试时，只有 3 个方面会被参考到：动作、数据（URI 以及数据类型）和类别。

（1）动作（Action）

一个意图对象只能指定一个动作名称，而一个过滤器可能列举多个动作名称。Intent 常见动作列表见表 3-4。

表 3-4　Intent 常见动作列表

动　作	说　明
ACTION_ANSWER	打开接听电话的 Activity，默认为 Android 内置的拨号盘界面
ACTION_CALL	打开拨号盘界面并拨打电话，使用 URI 中的数字部分作为电话号码
ACTION_DELETE	打开一个 Activity，对所提供的数据进行删除操作
ACTION_DIAL	打开内置拨号盘界面，显示 URI 中提供的电话号码
ACTION_EDIT	打开一个 Activity，对所提供的数据进行编辑操作
ACTION_INSERT	打开一个 Activity，在提供数据的当前位置插入新项

（续）

动　作	说　明
ACTION_PICK	启动一个子 Activity，从提供的数据列表中选取一项
ACTION_SEARCH	启动一个 Activity，执行搜索动作
ACTION_SENDTO	启动一个 Activity，向数据提供的联系人发送信息
ACTION_SEND	启动一个可以发送数据的 Activity
ACTION_VIEW	最常用的动作，对以 URI 方式传送的数据，根据 URI 协议部分以最佳方式启动相应的 Activity 进行处理。对于 http：address 将打开浏览器查看；对于 tel：address 将打开拨号呼叫指定的电话号码
ACTION_WEB_SEARCH	打开一个 Activity，对提供的数据进行 Web 搜索

如果意图对象或过滤器没有指定任何动作，则结果如下：

1）如果过滤器没有指定任何动作，那么将阻塞所有意图，因此所有意图都会测试失败。没有意图能够通过这个过滤器，这种情况就不适用隐式跳转。

2）只要过滤器包含至少一个动作，一个没有指定动作的意图对象也能自动通过这个测试。

表 3-4 中列举的动作通过 3 个 Intent 用法示例来说明，详见表 3-5，其余动作请读者自行体会和探究。

表 3-5　Intent 用法示例

实 现 功 能	代　码　段
跳转并显示网页	Uri uri = Uri. parse("http://www. siso. edu. cn"); Intent it = new Intent(Intent. ACTION_VIEW, uri); startActivity(it);
跳转并进入拨号盘界面	Uri uri = Uri. parse("tel: 10086"); Intent it = new Intent(Intent. ACTION_DIAL, uri); startActivity(it);
跳转并直接拨打电话	Uri uri = Uri. parse("tel: 10086"); Intent it = new Intent(Intent. ACTION_CALL, uri); startActivity(it);

（2）类别（Category）

对于一个能够通过类别匹配测试的意图，意图对象中的类别必须匹配过滤器中的类别。这个过滤器可以列举另外的类别，但它不能遗漏这个意图中的任何类别。

原则上一个没有类别的意图对象应该总能够通过匹配测试，而不管过滤器里有什么。但有一个例外，Android 把所有传给 startActivity( ) 的隐式意图当作它们包含至少一个类别 android. intent. category. DEFAULT（CATEGORY_ DEFAULT 常量）。因此，想要接收隐式意图的活动，必须在它们的意图过滤器中包含 android. intent. category. DEFAULT（带 android.

intent. action. MAIN 和 android. intent. category. LAUNCHER 设置的过滤器是例外）。

（3） 数据 （Data）

当一个意图对象中的 URI 被用来和一个过滤器中的 URI 比较时，比较的是 URI 的各个组成部分。例如，如果过滤器仅指定了一个 scheme，则所有该 scheme 的 URIs 都能够和这个过滤器相匹配；如果过滤器指定了一个 scheme，主机名却没有路径部分，则所有具有相同 scheme 和主机名的 URIs 都可以和这个过滤器相匹配，而不管它们的路径；如果过滤器指定了一个 scheme、主机名和路径，只有具有相同 scheme、主机名和路径的 URIs 才可以和这个过滤器相匹配。当然，一个过滤器中的路径规格可以包含通配符，这样只需要部分匹配即可。

3.7　Activity 的启动和跳转

在 Android 系统中，应用程序一般都有多个 Activity，3.6 节介绍的 Intent 可以帮助实现不同 Activity 之间的切换和数据传递。Activity 的跳转启动的方式主要有两种：显式启动和隐式启动。

显式启动必须在 Intent 中指明启动的 Activity 所在的类；隐式启动，Android 系统根据 Intent 的动作和数据来决定启动哪一个 Activity，也就是说，在隐式启动时，Intent 中只包含需要执行的动作和所包含的数据，而无须指明具体启动哪一个 Activity，选择权由 Android 系统和最终用户来决定。

3.7.1　两种启动和跳转方式

使用 Intent 来显式启动 Activity，首先要创建一个 Intent 对象，并为它指定当前的应用程序上下文以及要启动的 Activity 这两个参数，然后把这个 Intent 对象作为参数传递给 startActivity。

```
Intent intent = new Intent(IntentDemo.this, ActivityToStart.class);
startActivity(intent);
```

二维码 3-14

使用 Intent 来隐式启动 Activity，首先也要创建一个 Intent 对象，不需要指明需要启动哪一个 Activity（匹配的 Activity 可以是应用程序本身的，也可以是 Android 系统内置的，还可以是第三方应用程序提供的），而由 Android 系统来决定，这样有利于使用第三方组件，然后把这个 Intent 对象作为参数传递给 startActivity。

```
Uri uri = Uri.parse("http://www.siso.edu.cn");
Intent intent = new Intent(Intent.ACTION_VIEW, uri);
startActivity(intent);
```

二维码 3-15

下面通过例程 3_04_ ActivityStartDemo 来进行说明，步骤如下。

1）新建一个 Android 项目，这里命名为 ActivityStartDemo。

2）修改程序代码，使之包含 3 个 Activity，这里有 3 个按钮，项目默认启动的是 MainActivity，显式跳转到的是 SecondActivity，隐式跳转到的是 ThirdActivity 和网页浏览器。

3）设置这 3 个 Activity 对应的布局文件，MainActivity 对应的界面有 3 个按钮和 1 个 TextView 控件，其他显式跳转和隐式跳转的界面布局就只有 1 个 TextView 控件，用来显示文字。

4）在 AndroidManifest. xml 文件中注册这 3 个 Activity，并添加网络访问许可，其中隐式跳转启动的 Activity 对应的 Intent - filter 要注意匹配。

5）在模拟器中启动项目进行跳转实验，显示界面如图 3-21 所示。

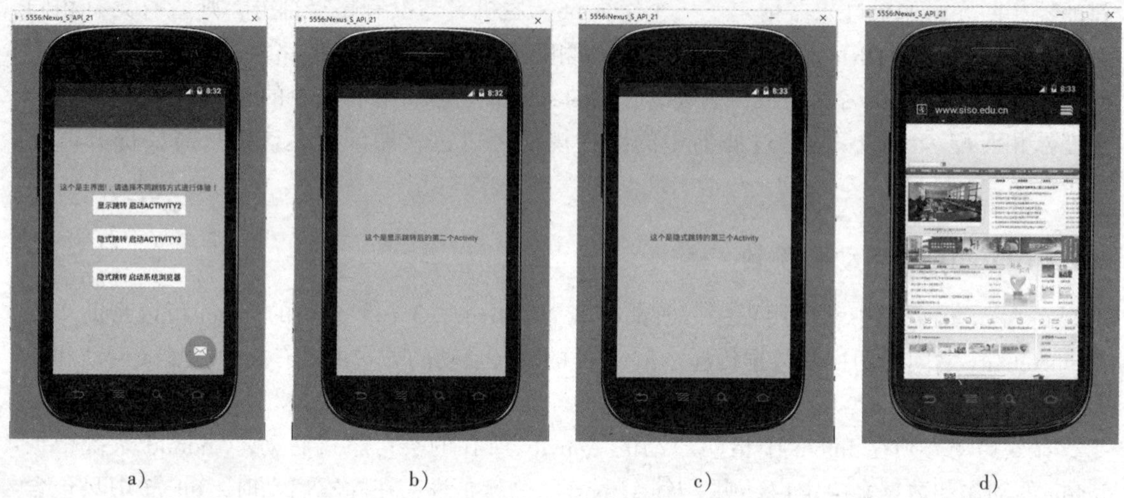

a)　　b)　　c)　　d)

图 3-21　两种启动方式的演示效果

a）项目启动主界面　b）单击第一个按钮显示跳转后的界面
c）单击第二个按钮隐式跳转后的界面　d）单击第三个按钮后进行网站访问的界面

6）对重点代码 MainActivity. java 和 AndroidManifest. xml 文件进行说明和解析。

首先看 MainActivity 的代码片段：这段代码只有 4 个控件对象以及 1 个重写的 onCreate ( ) 函数。4 个控件分别通过 findViewById( ) 函数和 layout 中主界面中对应的 4 个控件一一对应。然后对 3 个按钮分别设置了监听事件 setOnClickListener( )，监听事件中各自重写了 Onclick( ) 函数，利用 Intent 对象实现不同的跳转功能。

```
public class MainActivity extends Activity {
private Button button1;
private Button button2;
private Button button3;
private TextView tv1;

@Override
public void onCreate(Bundle savedInstanceState) {
  super.onCreate(savedInstanceState);
    setContentView(R.layout.activity_main);
    button1 = (Button)findViewById(R.id.button1);
    button2 = (Button)findViewById(R.id.button2);
    button3 = (Button)findViewById(R.id.button3);
    tv1 = (TextView)findViewById(R.id.maintext);

    //button1 实现显式跳转功能,跳转到 Activity2
```

```
        button1.setOnClickListener(new OnClickListener(){
            @Override
            public void onClick(View v) {
                Intent intent = new Intent(MainActivity.this, SecondActivity.class);
                startActivity(intent);
              }
            });
    //button2 实现隐式跳转功能,跳转到 Activity3,此时,必须在 Manifest 文件中 Intent - filter 中进行对应的配置
        button2.setOnClickListener(new OnClickListener(){
            @Override
            public void onClick(View v) {
                Intent intent2 = new Intent("cn.siso.hidestart.START");
                startActivity(intent2);
              }
            });
        //button3 实现隐式跳转功能,启动系统的浏览器,进入 siso 网站
        button3.setOnClickListener(new OnClickListener(){
            @Override //Internet 网络访问需进行网络访问许可设置
              public void onClick(View v) {
              Uri uri = Uri.parse("http://www.siso.edu.cn");
              Intent intent3 = new Intent(Intent.ACTION_VIEW, uri);
              startActivity(intent3);
              }
            });
    }
}
```

看一下 AndroidMenifest. xml 文件，具体代码如下：

```
<manifest xmlns:android = "http://schemas.android.com/apk/res/android"
    package = "cn.siso.edu.activitystartdemo"
    android:versionCode = "1"
    android:versionName = "1.0" >

    <uses - sdk
       android:minSdkVersion = "8"
       android:targetSdkVersion = "15" />
<! -- 这里是 Internet 网络访问许可设置 -- >
<uses - permission android:name = "android.permission.INTERNET"/>

    <application
       android:icon = "@drawable/ic_launcher"
       android:label = "@string/app_name"
       android:theme = "@style/AppTheme" >
<! -- 这里是对启动后显示的主界面 Activity 进行声明 -- >
        <activity
```

```
18              android:name = ".MainActivity"
19              android:label = "@string/title_activity_main" >
20              <intent - filter >
21          <action android:name = "android.intent.action.MAIN" />
22          <category android:name = "android.intent.category.LAUNCHER" />
23              </intent - filter >
24          </activity >
25  <! -- 这里是对显示跳转后的界面进行声明 -- >
26          <activity
27              android:name = ".SecondActivity"
28              android:label = "@string/title_activity_second" >
29          </activity >
30  <! -- 这里是对隐式跳转后的界面进行声明,注意 Intent - filter 的设置 -- >
31          <activity
32              android:name = ".ThirdActivity"
33              android:label = "@string/title_activity_third" >
34              <intent - filter >
35                  <action  android:name = "cn.siso.hidestart.START" />
36                <category android:name = "android.intent.category.DEFAULT" />
37              </intent - filter >
38          </activity >
39      </application >
40  </manifest >
```

下面来分析一下 AndroidManifest. xml 文件，如上面的代码所示，其中“<! --　　-- >”注释的语句分别对 3 个 Activity 进行了声明，并且对网络访问进行了许可，尤其是对第 3 个 Activity 的 Intent - filter 设置条件。第 35 行一定要与 MainActivity. java 第 28 行的代码一致，这样才能保证隐式跳转解析成功并跳转。

另外，实现显式跳转到的 SecondActivity 和隐式跳转到的 ThirdActivity 这两个 Activity 的代码使用默认代码，使用 SetContentView（）指定与之关联的 XML 布局文件即可。

在 Android 应用中需要增加新建 Activity 时，不建议分别增加 Java 文件和对应的 XML 布局文件，这样还需在 AndroidMenifest. xml 中增加新 Activity 的注册，且缺少任何一个步骤都可能导致程序出错，建议直接在菜单新建中选择 Android Activity，根据引导步骤完成，这样 Android 系统会自动地添加 XML 布局文件并在 AndroidManifest. xml 中对本次新建的 Activity 信息自动注册。

3.7.2　带值跳转方式

3.7.1 节中介绍了 Activity 启动和跳转的两种方式，这两种方式都是不带值进行跳转，即没有把第一个 Activity 中的某个值带到第二个 Activity 中。下面介绍常用的两种带值跳转方式。

二维码 3-16

第一种方式是在第一个 Activity 中把一个个的键值对 put 到 Intent 中，这种写法比较方便，而且可以节省代码，是常用的方法。

```
Intent intent = new Intent();
intent.setClass(第一个 Activity.this, 要跳转的 Activity.class);
intent.putExtra("name", "lihua");
startActivity(intent);
```

在跳转后待接收的 Activity 中使用以下代码进行值的获取，然后开发者就可以使用这个变量对象了。

```
Intent intent = getIntent();  //获取返回 Intent 对象
String value = intent.getStringExtra("name");  //传递的键值对中的值
```

第二种写法是采用 Bundle 对象，先把数据放入到 Bundle 对象中，然后再批量地加入到 Intent 中，使用方法如下所示：

```
Bundle _Bundle = new Bundle();
_Bundle.putInt("age", 20);
_Bundle.putString("name","lihua");
intent.putExtras(_Bundle);
```

在跳转后待接收的 Activity 中使用以下代码进行值的获取，然后开发者就可以使用这个变量对象了。

这种使用 Bundle 的方法在有些使用场合更方便，因为 Bundle 的中文原意就是“捆、扎”。例如，现在要从 A 界面跳转到 B 界面或者 C 界面，这种情形就需要写两个 Intent。如果还要涉及传递多个值，则 Intent 就要写两遍添加多个值的方法。这时可以使用 1 个 Bundle，直接把值先存入其中，然后再存到 Intent 中。

```
Bundle bundle = data.getExtras(); //获取返回对象
String value = bundle.getString ("name"); //获取传递的键值对应的值参数
```

3.7.3　跳转并带值返回父界面的方式

二维码 3-17

在 3.7.2 节的示例中，使用 startActivity（Intent）函数启动 Activity 后，启动后的两个 Activity 之间相互独立，没有任何的关联。现在来进一步分析跳转后带值返回的情况，一种常用的情况就是在发短信的状态下，跳转进入地址簿，从地址簿中选择合适的联系人后，带值返回到发短信的父界面中。

按照 Activity 启动的先后顺序，先启动的 Activity 称为父 Activity，后启动的称为子 Activity，如果要将子 Activity 的部分信息返回给父 Activity，则可以使用 Sub - Activity 的方式启动子 Activity。

获取子 Activity 的返回值，一般可以分为以下 3 个步骤：

1）以 Sub - Activity 的方式启动子 Activity。

2）设置子 Activity 的返回值。

3）在父 Activity 中获取返回值。

下面详细介绍每一个步骤的过程和代码实现。

1）以 Sub – Activity 的方式启动子 Activity。以 Sub – Activity 的方式启动子 Activity 时，开发者需要调用 startActivityForResult（Intent, requestCode）函数（注意和前面单程调用的 startActivity（Intent）函数进行区分），参数 Intent 用于决定启动哪个 Activity，参数 requestCode 是唯一标识子 Activity 的请求码。因为一个父 Activity 可以有多个子 Activity，在所有子 Activity 返回时，父 Activity 都会调用同一个处理方法，因此父 Activity 使用 requestCode 来确定数据究竟是哪一个子 Activity 返回的。

显式启动子 Activity 的代码如下（注意启动 Intent 的方法）：

```
int SUBACTIVITY1 =1;
Intent intent =new Intent(this, SubActivity1.class);
startActivityForResult(intent, SUBACTIVITY1);
```

隐式启动子 Activity 的代码如下：

```
int SUBACTIVITY2 =2;
Uri uri =Uri.parse("content://contacts/people");
Intent intent =new Intent(Intent.ACTION_PICK, Uri);
startActivityForResult(intent, SUBACTIVITY2);
```

2）设置子 Activity 的返回值。在子 Activity 调用 finish( ) 函数关闭前，调用 setResult( ) 函数将所需数据返回给父 Activity。setResult( ) 函数有两个参数：一个是结果码；另一个是返回值。结果码表明了子 Activity 的返回状态是正确返回还是取消选择返回，通常为 Activity. RESULT_OK 或者 Activity. RESULT_CANCELED，或自定义的结果码。结果码均为整数类型。返回值封装在 Intent 中，子 Activity 通过 Intent 将需要返回的数据传递给父 Activity。数据主要是 URI 形式，可以附加一些额外信息，这些额外信息用 Extra 的集合表示。

下面的代码说明了如何在子 Activity 中设置返回值。

```
String uriString =editText.getText().toString();
Uri data =Uri.parse(uriString);
Intent result =new Intent(null, data);
setResult(RESULT_OK, result);
finish();
```

3）在父 Activity 中获取返回值。当子 Activity 关闭时，启动其父 Activity 的 onActivityResult( ) 函数将被调用（回调函数由系统自动触发），如果需要在父 Activity 中处理子 Activity 的返回值，则重写此函数即可。

```
public void onActivityResult(int requestCode, int resultCode, Intent)
```

以下代码说明如何在父 Activity 中处理子 Activity 的返回值。

```
   private static final int SUBACTIVITY1 =1;
   private static final int SUBACTIVITY2 =2;
   @Override  //在父 Activity 中进行处理函数的重写
    public void onActivityResult ( int requestCode, int resultCode, Intent
```

```
     data){
5    super.onActivityResult(requestCode, resultCode, data);
6    switch(requestCode){
7      case SUBACTIVITY1: //如果是第一个子 Activity 返回的情况
8        if (resultCode = = Activity.RESULT_OK){
9          Uri uriData = data.getData();
10       }else if (resultCode = = Activity.RESULT_CANCEL){}
11       break;
12       case SUBACTIVITY2: //如果是第二个子 Activity 返回的情况
13         if (resultCode = = Activity.RESULT_OK){
14           Uri uriData = data.getData(); }
15         break;
16         }}
```

onActivityResult( )函数有 3 个参数，第 1 个参数 requestCode 用来表示是哪一个子 Activity 的返回值（在以 Sub-Activity 的方式启动子 Activity 中说明）；第 2 个参数 resultCode 用于表示子 Activity 的返回状态（在设置子 Activity 的返回值中说明）；第 3 个参数 data 是子 Activity 的返回数据，返回数据类型是 Intent。返回数据的用途不同，URI 数据的协议则不同，也可以使用 Extra 方法返回一些原始类型的数据。

下面对代码进行说明：

第 1 行代码和第 2 行代码是两个子 Activity 的请求码。

第 6 行代码对请求码进行匹配。

第 7 行和第 10 行代码对结果码进行判断：如果返回的结果码是 Activity. RESULT_ OK，则在代码的第 9 行使用 getData（ ）函数获取 Intent 中的 URI 数据；如果返回的结果码是 Activity. RESULT_ CANCELED，则不进行任何操作。

在 Android 应用开发过程中，多个 Activity 之间的跳转、带值跳转以及带值返回都是经常使用的技术，请读者务必掌握。

3.8　实训项目与演练

3.8.1　实训一：电话闹钟的首页设计

二维码 3-18

本节将通过“电话闹钟的首页设计”这个实训来帮助读者进一步理解简单组件和布局类的使用，掌握界面绘制的一般步骤。先来看一下本实训的最终效果图（见图 3-22），然后来分析一下要完成这样一个界面需要经过哪些步骤。对于 Android 系统的 UI 设计来说，第一步需从整体上考虑，如整个界面是线性布局还是表格布局，或是相对布局，确定布局之后整个界面的框架搭建和模块分类就完成了。第二步对各个模块再进行拆解和分析，搭建起各个模块内的布局结构，如果模块内还有模块，那么就继续重复第二步，直到所有模块都能够有对应的位置和布局，此时就完成了整个界面

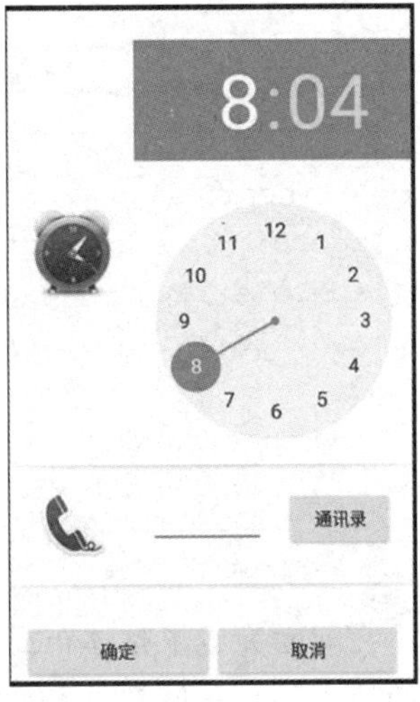

图 3-22　电话闹钟的首页效果

的布局。第三步进行模块细化，收集各种图片、文字和动画资源，然后像填空一样填入界面，这样就最终完成了整个界面的创建。接下来按照以上 3 个步骤一步步地完成“电话闹钟的首页设计”。

1. 整体布局

由图 3-22 可知，该页面分为 3 个部分，第一部分是时间选择，第二部分是电话选择，第三部分是确定和取消，并且这 3 个部分的布局方式是垂直线性布局，所以可以得出图 3-23 所示的布局结构。完成整体布局规划后，请读者在 Android Studio 中创建一个电话闹钟的项目，并修改它的布局文件 activity_ main. xml，具体代码如下：

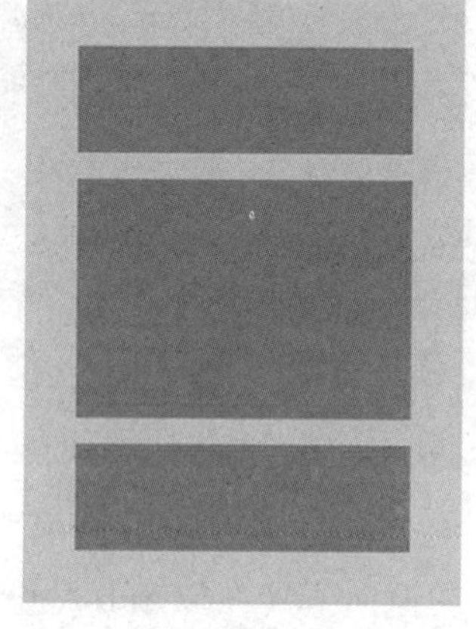

图 3-23　整体布局结构图

```
<LinearLayoutxmlns:android = "..."
xmlns:tools = "..."
android:layout_width = "match_parent"
android:layout_height = "match_parent"
android:orientation = "vertical" >

<!-- 日期选择栏 -->
<LinearLayout
android:layout_width = "match_parent"
android:layout_height = "wrap_content"
android:orientation = "vertical" >

</LinearLayout
<!-- 电话选择栏 -->
<LinearLayout
android:layout_width = "match_parent"
android:layout_height = "wrap_content"
android:orientation = "vertical" >

</LinearLayout >
<!-- 确认栏 -->
<LinearLayout
android:layout_width = "match_parent"
android:layout_height = "wrap_content"
android:orientation = "vertical" >

</LinearLayout >
</LinearLayout >
```

2. 模块布局

在前面完成了整体布局，下面将完成所有子模块的布局。继续观察效果图可以发现，每个模块中的小部件都是水平放置的，因此这是不是意味着所有子模块都是采用线性水平布局呢？细心的读者可能已经发现，模块和模块之间都有一个带阴影的线条，这个线条起到了分隔模块的作用，而它和每个模块之间的位置关系是垂直布局，因此可知模块一和模块二中采用的布局方式是一个垂直布局中嵌套了一个水平布局，而模块三则只采用水平布局就可完成，所以可以得出各个模块的布局如图 3-24 所示。这些模块需要用到一个新的 Android 控件—— ImageView，该控件用于存放时间设定和电话设定的图标。它的使用方法和 ImageButton 非常类似，两者的区别在于 ImageView 只用于显示图片，而 ImageButton 则用于显示图片按钮，因此这里直接使用 ImageView。

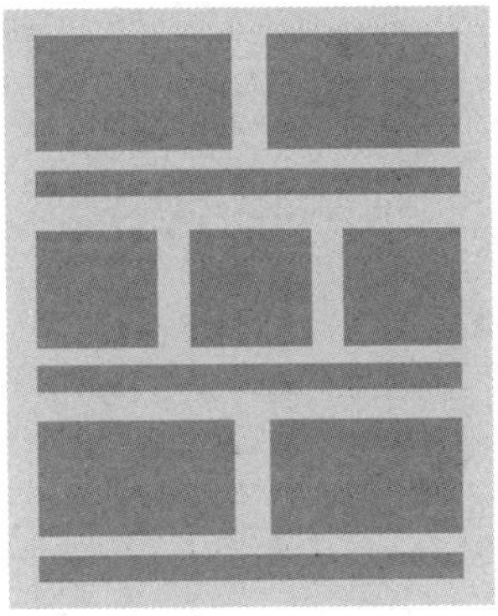

图 3-24　模块布局图

3. 模块细化

在所有框架搭建完毕后就需要寻找各类资源，或者做一些细微的调整。对于本实训来说，需要对以下几个方面进行调整。

1）通过 layout_ margin 属性来调整各组件之间的间距和模块之间的间距。

2）通过 layout_ weight 来调整电话输入框的大小，使其能够占用更多的空间，同时通过该属性使确定按钮和取消按钮进行等分。

3）通过 android：src 和 drawable 属性载入不同的资源。

具体代码如下：

```
<LinearLayout
android:orientation="vertical">
<!--日期选择栏,加图片控件和时间控件-->
<LinearLayout
android:layout_width="match_parent"
android:layout_height="wrap_content"
android:orientation="vertical">
<LinearLayout
android:layout_width="match_parent"
android:layout_height="wrap_content"
android:orientation="horizontal">
...
<TimePicker
android:layout_width="wrap_content"
android:layout_height="wrap_content"
android:layout_marginLeft="10dp"/>
</LinearLayout>
...
</LinearLayout>
<!--电话选择栏 -->
<LinearLayout
android:layout_width="match_parent"
android:layout_height="wrap_content"
android:layout_marginTop="20dp"
android:orientation="vertical">
<LinearLayout
```

```
android:layout_width = "match_parent"
android:layout_height = "wrap_content"
android:orientation = "horizontal" >
<!--电话选择栏 -->
</LinearLayout>
<ImageView
android:layout_width = "match_parent"
android:layout_height = "wrap_content"
android:layout_marginTop = "20dp"
android:src = "@drawable/shadow" />
</LinearLayout>
<!--确认栏,加两个按钮控件 -->
<LinearLayout
android:layout_width = "match_parent"
android:layout_height = "wrap_content"
android:layout_marginTop = "20dp"
android:orientation = "horizontal" >
<!--确认栏,加两个按钮控件 -->
</LinearLayout>
</LinearLayout>
```

4. 总结

本实训主要讲述在构建一般界面时的常用步骤，读者在开发应用程序时需要注意的是：界面的构建一定要从顶层开始，特别是复杂的界面，一定要先理清各模块之间的关系，再动手布局，否则容易被错综复杂的布局扰乱思路；其次，步骤是固定的，但应用的场景千变万化，因此只要掌握由顶至下的构建思路，剩下的就容易开发了。

3.8.2　实训二：新浪微博的登录界面设计

二维码 3-19

本实训通过模拟新浪微博的登录界面，复习和掌握 Android 界面绘制的 3 个步骤，效果如图 3-25所示。从图 3-25 中可以看出，该登录界面也可以分为 3 个部分，并且是垂直线性布局，在布局的最上部为用户登录信息，中部为“登录”和“注册”按钮，下部为一些链接，因此构建的方法类似于实训一。在本实训中，读者可使用以下几个技巧：首先，在本例中的阴影线条除了可以和用户登录按钮融为一体进行布局外，也可以单独布局，通过调节组件间隔达到分隔的效果；其次，除了 ImageView 能够载入图片外，很多组件也可以通过载入图片来充当背景，如本例最后的链接部分就是利用 TextView 的“android：background”属性来完成的。具体代码请到配套电子课件中查看。

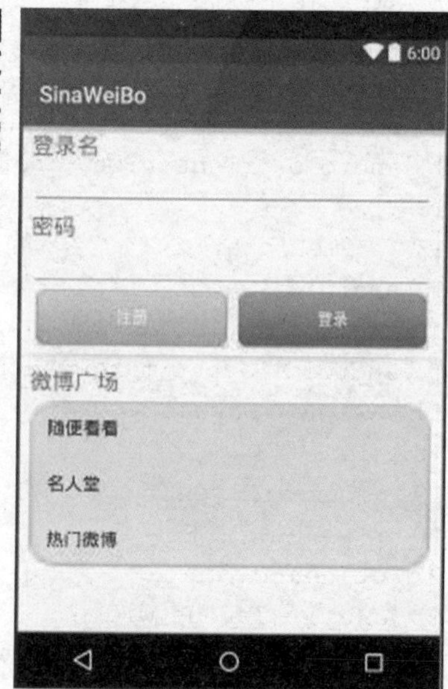

图 3-25　实训二的效果图

3.8.3 实训三：使用断点 Debug 跟踪 Activity 带值返回实训

1. 设计思路和使用技术

二维码 3-20

本实训实现 Activity 跳转并带值返回的功能：在第一个父界面中有两个按钮，它们分别实现跳转到两个子 Activity 中，在第一个子 Activity 中有一个输入框和一个按钮，先在输入框中输入一个信息，然后实现带值返回到父界面中（此时也附加传递开发者附加的信息，如本例中的 name（苏州）和年龄（25）），并把信息显示到父界面的 TextView 控制中；第二个子 Activity 中只有一个关闭按钮，简单地实现了返回父界面的功能。

本实训涉及的技术有 Activity 之间父 Activity 启动子 Activity 的方法、子 Activity 中带值返回父界面技术、在父界面中进行区分处理并显示返回值的技术、Toast 显示技术以及使用 Debug 断点调试的方法。

2. 项目演示效果以及实现过程

项目运行效果如图 3-26 所示。

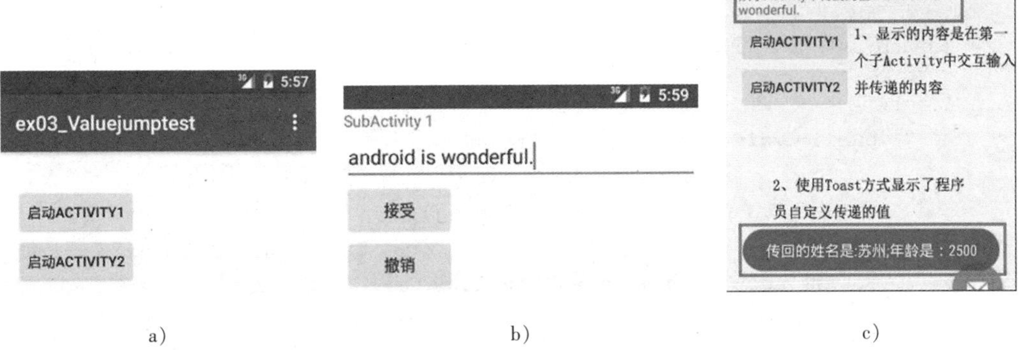

图 3-26　Activity 带值返回并显示

a）项目启动主界面　b）第一个子 Activity 界面　c）带值返回后主界面的显示

项目 ex03_Valuejumptest 的实现过程如下：

1）在 Android Studio 中新建项目，将其命名为 ex03_Valuejumptest。

2）实现本项目的 3 个 Activity 和对应的布局文件，分别是主界面 ActivityCommunication. java（对应布局文件为 main. xml）、第二个界面 Subactivity1. java（对应布局文件是 subactivity1. xml）和第三个界面 Subactivity2. java（对应布局文件是 subactivity2. xml）。

3）修改 AndroidManifest. xml 文件，增加后两个 Activity 的声明。

4）在需要观察的语句处增加断点，并进行 Debug 断点观察。

3. 关键代码

这里只给出关键代码，完整代码请到配套电子课件中查看。

1）ActivityCommunication. java 的关键代码如下：

```
@Override
  protected void onActivityResult(int requestCode, int resultCode, Intent data) {
    super.onActivityResult(requestCode, resultCode, data);
    switch(requestCode){
      case SUBACTIVITY1:
    if (resultCode == RESULT_OK){
    Uri uriData = data.getData();  //取得子 Activity 中输入并传递的值
    textView.setText("从子 Activity 中得到的值:" + uriData.toString());
    //除交互中获取的值可以传递外,还可以将附加程序需要自定义的值进行传递和显示
    Bundle extras = data.getExtras();
    //取得程序设定的另外传回的值
        String messageage = extras.getString("age");
        String messageneme = extras.getString("name") ;
        Toast.makeText(this, "传回的姓名是:" + messageneme + ";年龄是:" + messageage,
          Toast.LENGTH_LONG) .show();
          }
        break;
      case SUBACTIVITY2:
          break;
      }  }
```

2）Subactivity1. java 的关键代码如下：

```
btnOK.setOnClickListener(new OnClickListener(){
          public void onClick(View view){
              String uriString = editText.getText().toString();
              Uri data = Uri.parse(uriString);
                                          //这个 Intent 对应已经放入的需要传递的值
          Intent result = new Intent(null, data);
          result.putExtra("name", "苏州");//发送程序设定的另外需要传回的值
          result.putExtra("age", "25");   //发送程序设定的另外需要传回的值
          setResult(RESULT_OK, result);   //返回跳转指令
          finish();                       //关闭子 Activity 的指令
          }
      });
```

断点调试的方法可以用于在需要观察的语句前设置断点，然后进入 Debug 状态，逐步运行所要观察的变量信息或表达式信息，这个方法和 Java 程序开发是相同的。

3.9　本章小结

本章主要介绍了在 Android 应用程序的界面开发中比较基础的，但非常重要的内容。读者需要深刻理解 View 和 View Group 的关系，并且能够在实际应用中灵活使用。另外，本章中提到的 TextView、Button 以及 3 种最为常用的布局都是需要读者掌握的。读者在掌握这些知识的基础上，还要了解其中基本属性的使用，以便为进一步的学习奠定较为扎实的基础。

本章另外的一个重点是 Intent，要理解 Intent 的内涵和本质。Intent 实际上就是为了到达

一个目的地所需要建立的对象，通过它可以启动新的 Activity、Service 以及 Broadcast 等组件，并可以通过它实现带值传递，这也是 Android 应用开发中的一个很重要的基本功能。

习题

1. 列举 TextView 的常见属性。
2. 在 Java 代码中，如何初始化一个控件？
3. Button 和 ImageButton 的主要区别是什么？
4. 简述线性布局的 weight 的属性含义。
5. 什么是显式意图和隐式意图？

第4章　高级组件开发

1. 任务

通过学习Android系统中高级组件的开发方法和一般使用步骤，完成图片浏览器的设计和新浪微博主页信息显示界面的开发，并创建对应控件的响应事件。

2. 要求

1）掌握ProgressBar、SeekBar等进度条组件的开发和使用方法。

2）掌握Spinner、ListView列表组件以及相关Adapter的开发和使用方法。

3）掌握ImageView、GridView等图片浏览组件的开发和使用方法。

4）掌握Toast和Notification等消息组件的开发和使用方法。

5）掌握Menu、Toolbar等菜单与标签页组件的开发和使用方法。

3. 导读

1）进度条组件的开发和使用方法。

2）列表与Adapter的开发和使用方法。

3）图片浏览组件的开发和使用方法。

4）消息组件的开发和使用方法。

5）菜单与标签页的开发和使用方法。

4.1　进度条组件的开发和使用

4.1.1　进度条的开发与使用

进度条（ProgressBar）在Android应用程序中的使用率非常高，如软件的信息载入、网络的数据读取等相对耗时的操作都会用到进度条组件。通过使用进度条组件可以动态地显示当前进度状态，使应用程序在执行这些耗时操作时不会让用户产生“死机”的感觉，从而提高用户界面的友好性。

二维码4-1

Android系统的进度条通过XML中的style属性可以支持以下6种样式类型。

1）android: style/Widget. ProgressBar. Horizontal：水平进度条。

2）android: style/Widget. ProgressBar. Inverse：普通大小进度条。

3）android: style/Widget. ProgressBar. Large：大进度条。

4）android: style/Widget. ProgressBar. Large. Inverse：反向大进度条。

5）android: style/Widget. ProgressBar. Small：小进度条。

6）android: style/Widget. ProgressBar. Small. Inverse：反向小进度条。

此外，ProgressBar组件中还经常使用以下几种属性和方法进行设定。

1）android: max：设置进度条的最大值。

2）android: progress：设置进度条已完成的进度。

3）android: progressDrawable：设置该进度条的轨道绘制样式。

4）setProgress（int）：设置进度的百分比。

5）incrementProgressBy（int）：当该方法中的参数为正值时，表示进度条增加；当该方法中的参数为负值时，表示进度条减少。

下面通过一个实例来阐释 ProgressBar 的使用方法。在本例中会创建一个线程，在线程中每隔 50ms 就会使进度条的进度增加 1。首先创建项目“4_ 01_ ProgressBar”，并打开布局文件进行修改，具体代码如下：

```
1    <!-- 添加 ProgressBar 组件 -->
2    <ProgressBar
3        android:id = "@ + id/progress"
4        android:layout_width = "match_parent"
5        android:layout_height = "wrap_content"
6        android:max = "100"
7        style = "@android:style/Widget.ProgressBar.Horizontal"/>
```

第 2～7 行代码表示添加一个 ProgressBar 组件，并设置该进度条组件的最大值为 100，其样式为水平进度条。

接下来打开 java/目录下的 MainActivity. java 文件，并添加以下代码：

```
private ProgressBar progressBar; //定义 ProgressBar 组件
private Handler handler;         //定义一个接收线程消息的 Handler
private int progressStatus;      //定义进度条状态

protected void onCreate(Bundle savedInstanceState) {
    super.onCreate(savedInstanceState);
    setContentView(R.layout.activity_main);
    progressBar = (ProgressBar) findViewById(R.id.progress);
    handler = new Handler(){
        public void handleMessage(Message msg) {
            if (msg.what == 0x01) {
                  //接收到线程消息后设置进度条进度
                  progressBar.setProgress(progressStatus);
            }
        }
    };
                  //启动进度条修改线程
    new Thread(){
        public void run() {
            while (progressStatus < 100) {
                //修改 ProgressBar 的进度条
                modifyProgress();
                //子线程发送消息给 UI 线程
```

```
24                  Message msg = new Message();
25                  msg.what = 0x01;
26                  handler.sendMessage(msg);
27              }
28          }
29
30      }.start();
31  }
32          //修改进度条进度
33  protected void modifyProgress() {
34      progressStatus ++; //进度条状态 +1
35      try {
36          //当前线程休眠 50ms
37          Thread.sleep(50);
38      } catch (InterruptedException e) {
39          e.printStackTrace();
40      }
41  }
```

第 9 ~ 16 行代码用于创建一个 Handler，该 Handler 可以接收线程发送来的消息，并在 handlerMessage( ) 中进行处理。当发送的消息为 0x01 时，表示可以更新进度条，此时获取进度条状态值来更新进度条。

第 18 ~ 30 行代码用于创建一个进度条修改线程。在该线程中，当 progressStatus 小于 100 时，表示可以通过调用 modifyProgress( ) 函数来修改进度条状态值，并通过 Message 对象把更新消息发送给 UI 线程。

第 33 ~ 41 行代码表示把进度条状态 +1，并且使当前线程休眠 50ms。

本例最终的效果如图 4-1 所示。

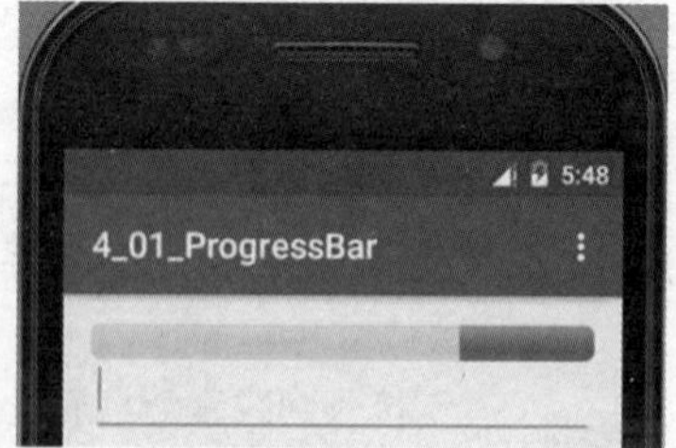

图 4-1　ProgressBar 效果图

4.1.2　滑动条的开发与使用

在 Andriod 系统中，通过移动滑动条（SeekBar）上的滑块来修改某些值或者属性，如修改 Android 手机的声音大小、修改手机的屏幕亮度等。SeekBar 和 ProgressBar 的使用方法极为相似，除了一些与 ProgressBar 类似的属性外，SeekBar 还提供了通过载入 drawable 值来修改滑块外观的属性 android：thumb。

二维码 4-2

继续修改项目“4_ 01_ ProgressBar”中的布局文件，在其中添加如下代码：

```
1    <!-- 添加 SeekBar 组件 -->
2    <SeekBar
3        android:id="@+id/seek"
4        android:layout_width="match_parent"
5        android:layout_height="wrap_content"
6        android:max="100"/>
```

第 2 ~ 6 行代码表示定义一个 SeekBar 组件，该组件的最大值为 100。

下面通过一个示例来展示 SeekBar 的使用过程。在该示例中，当用户拖动 SeekBar 时，SeekBar 上方的 EditText 值会发生改变，具体代码如下：

```
1    //关联 UI XML 文件
2    seekBar = (SeekBar) findViewById(R.id.seek);
3    seekValue = (EditText) findViewById(R.id.seekValue);
4    //滑动 SeekBar 时的响应事件
5    seekBar.setOnSeekBarChangeListener(new OnSeekBarChangeListener() {
6        public void onStopTrackingTouch(SeekBar seekBar) { }
7        public void onStartTrackingTouch(SeekBar seekBar) { }
8        public void onProgressChanged(SeekBar seekBar, int progress,
9                    boolean fromUser) {
10   //TODO Auto-generated method stub
11   //当 SeekBar 改变时,滑动块所在的值会传递到 progress 中
12           seekValue.setText(String.valueOf(progress));
13       }
14   });
```

第 5 行代码用于监听 SeekBar 滑动时的 OnSeekBarChangeListener( ) 事件。

第 12 行代码表示修改 EditText 中的值为 SeekBar 滑动块的当前值。

本例最终的效果如图 4-2 所示。

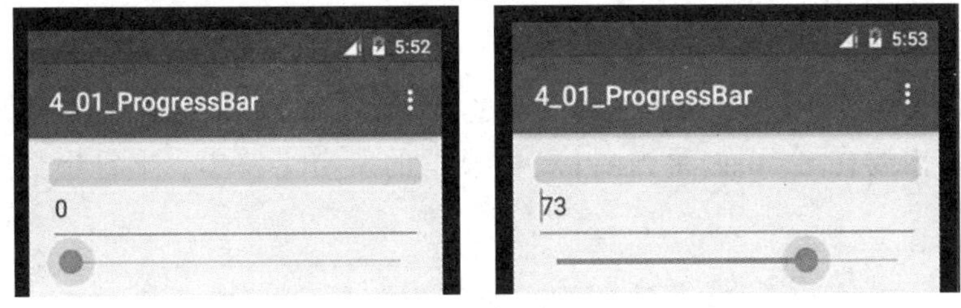

图 4-2　SeekBar 效果图

4.2　列表与 Adapter 的开发和使用

列表组件在 Android 系统中使用得非常广泛，如天气预报中的城市选择界面、Android 系统的设定界面都是由列表项组成的。列表组件有以下两种使用方式：一种是弹出式的列表组件 Spinner；另一种是在界面中直接显示列表项的 ListView 组件。这两种使用方式的核心内容完全相同，只是在一些 UI 属性上稍有差别，因此只要把其中一个学会了，另一个也就熟悉了。

4.2.1　Spinner 和 ListView 的简单使用

Spinner 和 ListView 的创建和使用非常方便，只需要在布局文件中载入 Spinner 和 ListView，并通过公有的 android：entries 属性载入一个已经是现在 string. xml 中创建好的字符串数组即可。该字符串中保存了 Spinner 和 ListView 中需要显示的所有信息。下面通过一个实例来介绍 Spinner 和 ListView 的使用方法。创建“4_02_SpinnerList”项目并修改布局文件，代码如下：

二维码 4-3

二维码 4-4

```
1   <!-- 定义一个显示 Spinner 值的 EditText -->
2   <EditText
3       android:id="@+id/spinnerValue"
4       android:layout_width="match_parent"
5       android:layout_height="wrap_content"/>
6   <!-- 在 entries 属性中载入数组 -->
7   <Spinner
8       android:id="@+id/mobileSpinner"
9       android:layout_width="match_parent"
10      android:layout_height="wrap_content"
11      android:entries="@array/mobileOS"/>
12  <!-- 定义一个显示 List 值的 EditText -->
13  <EditText
14      android:id="@+id/listValue"
15      android:layout_width="match_parent"
16      android:layout_height="wrap_content"/>
17  <!-- 在 entries 属性中载入数组 -->
18  <ListView
19      android:id="@+id/mobileList"
20      android:layout_width="match_parent"
21      android:layout_height="wrap_content"
22      android:entries="@array/mobileOS" />
```

第 8 行和第 19 行代码表示 entries 属性通过 ID 来载入 strings. xml 文件中所定义的数组，该数组中存放了需要在 Spinner 和 ListView 中显示的所有字符串。字符串数组的定义代码如下：

```
<?xml version="1.0" encoding="utf-8"? >
<resources>
    <string name="app_name">4_02_SpinnerList</string>
    <string name="action_settings">Settings</string>
    <string name="hello_world">Hello world! </string>
    <!--定义字符串数组-->
    <string-array name="mobileOS">
        <item>Android</item>
        <item>IOS</item>
        <item>BlackBerry</item>
        <item>Windows Phone</item>
```

```
    </string-array>
</resources>
```

在本例中，用户选择 Spinner 项以及单击 ListView 选项，会修改对应 EditText 中显示的文字，具体代码如下：

```
1   protected void onCreate(Bundle savedInstanceState) {
2       super.onCreate(savedInstanceState);
3       setContentView(R.layout.activity_main);
4
5       spinnerValue = (EditText) findViewById(R.id.spinnerValue);
6       mobileSpinner = (Spinner) findViewById(R.id.mobileSpinner);
7       listValue = (EditText) findViewById(R.id.listValue);
8       mobileList = (ListView) findViewById(R.id.mobileList);
9       //在 strings.xml 中的数组
10      mobileOS = getResources().getStringArray(R.array.mobileOS);
11
12      //选择 Spinner 项时响应事件
13      mobileSpinner.setOnItemSelectedListener(new OnItemSelectedListener() {
14          public void onItemSelected(AdapterView<?> parent, View view,
15                      int position, long id) {
16              //TODO Auto-generated method stub
17              spinnerValue.setText("Spinner 选择:" + mobileOS[position]);
18          }
19          public void onNothingSelected(AdapterView<?> parent) { }
20      });
21      //选择 ListView 项时响应事件
22      mobileList.setOnItemClickListener(new OnItemClickListener() {
23          public void onItemClick(AdapterView<?> parent, View view,
24                      int position, long id) {
25              //TODO Auto-generated method stub
26              listValue.setText("ListView 选择:" + mobileOS[position]);
27          }
28      });
29  }
```

第 5 ~ 8 行代码用于与界面的 XML 文件进行组件关联。

第 10 行代码表示通过 getResources( ) 函数获取资源文件中的数组变量。

第 12 ~ 20 行代码表示当用户修改 Spinner 选项时对应的 EditText 的值会发生改变。其中，onItemSelected( ) 函数中 position 变量表示用户单击的 Spinner 选项索引，该索引从 0 开始。

第 22 ~ 28 行代码表示当用户选择 ListView 选项时 EditText 中的变量会发生改变。其中，onItemClick( ) 函数中的 position 变量表示用户单击的 Spinner 选项索引。

本例的最终效果如图 4-3 所示。

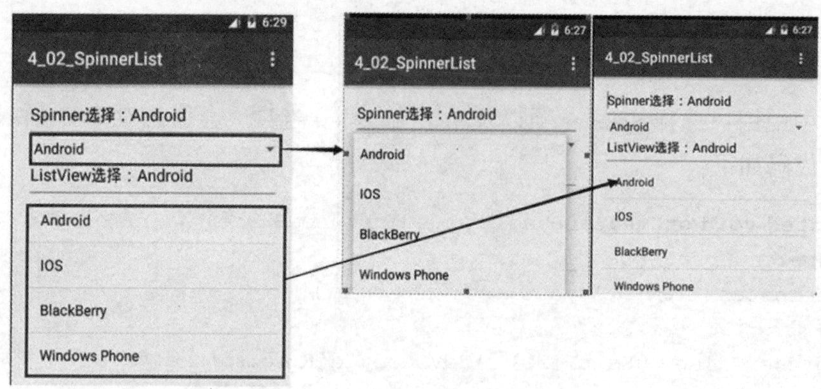

图 4-3　Spinner 和 ListView 的效果图

4.2.2　Adapter 的开发与使用

4.2.1 节中讲述了 Spinner 和 ListView 的使用方法，读者可能已经发现使用其中所述方法产生的 Spinner 和 ListView 样式都相对比较单一，但实际 Android 应用程序中列表组件的样式非常多，而要绘制这些样式就要使用 Android 界面绘制中非常重要的一个类—— Adapter。

常用的 Adapter 有以下两种：ArrayAdapter 和 SimpleAdapter。其中，ArrayAdapter 所创建的 Spinner 和 ListView 以数组作为数据源，按照具有特定的形式进行创建，而 SimpleAdapter 则可以让开发者随意绘制其中每一项的样式。

下面通过实例来介绍 ArrayAdapter 的使用方法。创建项目“4_02_AdapterView”，在本例中，通过在 Adapter 中载入一个字符串数组使 ListView 可以显示对应的列表项，界面布局的代码如下：

```
<ListView
    android:id="@+id/arrayList"
    android:layout_width="match_parent"
    android:layout_height="wrap_content" />
```

二维码 4-5

上面的代码只是在 UI 中载入一个 ListView 组件，接下来是 Java 代码的具体实现：

```
protected void onCreate(Bundle savedInstanceState) {
    super.onCreate(savedInstanceState);
    setContentView(R.layout.activity_main);
    arrayList = (ListView) findViewById(R.id.arrayList);
    //定义一个字符串数组
    String[] mobileOS = {"Android", "IOS", "BlackBerry", "Windows Phone"};
    //把数组载入 ArrayAdapter
    ArrayAdapter<String> arrayAdapter = new ArrayAdapter<String>(
            MainActivity.this,
            android.R.layout.simple_list_item_1, mobileOS);
    //为 ListView 设置 Adapter
    arrayList.setAdapter(arrayAdapter);
}
```

第 6 行代码用于创建一个字符串数组，为后续的 Adapter 提供数据源。

第 8 ~ 10 行代码表示创建一个 ArrayAdapter，该 Adapter 的第一个参数表示当前 Activity 的上下文，第二个参数表示绘制 ListView 采用的数据项布局，第三个参数表示 ListView 所使用的数据源。其中第二个参数除了可以设置为 android. R. layout. simple_ list_ item_ 1 外，还可以设置为以下几个参数。

1）android. R. layout. simple_ list_ item_ 1：表示由文字组成的列表项。

2）android. R. layout. simple_ list_ item_ 2：表示由稍大的文字组成的列表项。

3）android. R. layout. simple_ list_ item_ checked：表示由 CheckBox 组成的列表项。

4）android. R. layout. simple_ list_ item_ multiple_ choice：表示由多选框组成的列表项。

5）android. R. layout. simple_ list_ item_ single_ choice：表示由单选框组成的列表项。

本例的最终效果如图 4-4 所示。

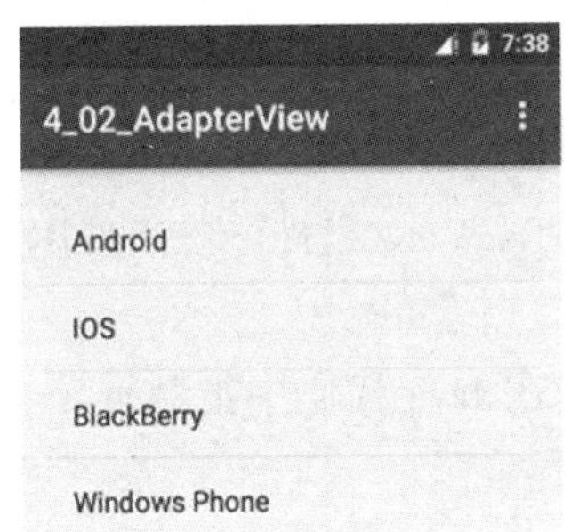

simple_list_item_1

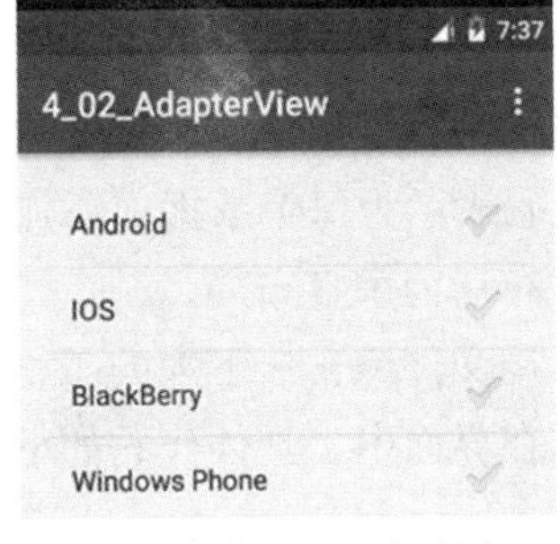

simple_list_item_checked

图 4-4　ArrayAdapter 的效果图

接下来介绍 SimpleAdapter，其使用方法和 ArrayAdapter 完全不同，而且更为复杂。使用时需要用户自己来绘制数据项布局，并且通过数据源和界面 ID 之间的匹配来达到预期的效果。SimpleAdapter 的使用通常分为以下 4 步：

1）在 XML 创建一个 ListView，以及列表项的布局。

2）创建资源集合变量。

3）创建资源序列。

4）SimpleAdapter 绑定数据。

下面通过一个实例来介绍 SimpleAdapter 在 ListView 中的使用方法。修改项目“4_02_AdapterView”中的布局文件，在布局文件中添加一个 ID 为 simpleList 的 ListView，具体代码如下：

```
<ListView
    android:id="@+id/arrayList"
    android:layout_width="match_parent"
    android:layout_height="wrap_content" />
<ListView
    android:id="@+id/simpleList"
    android:layout_width="match_parent"
    android:layout_height="wrap_content" />
```

上面的代码是在 UI 中添加一个 ListView 组件，接下来就要创建一个 ListView 数据项的布局文件 simple_ item. xml。布局文件的具体代码如下：

```
1   <ImageView
2       android:id="@+id/image"
3       android:layout_width="wrap_content"
4       android:layout_height="wrap_content"
5       android:layout_gravity="center_vertical"/>
6   <TextView
7       android:id="@+id/desc"
8       android:layout_width="wrap_content"
9       android:layout_height="wrap_content"
10      android:layout_gravity="center_vertical"
11      android:textSize="30sp"/>
```

第 1 ~ 5 行代码表示为每个数据项添加一个 ImageView 组件。该组件用于存放数据项的图标，并且组件布局为垂直居中。

第 6 ~ 11 行代码表示为每个数据项添加一个 TextView 组件。该组件用于存放数据项的说明文字，并且组件布局为垂直布局。

在完成所有布局文件后，接下来的工作就是在 Java 代码中把数据项布局和所有数据项进行关联，并显示在界面中，具体代码如下：

```
protected void onCreate(Bundle savedInstanceState) {

    //ArrayAdapter 的使用
    ...

    //定义一个图片数组
    int[] image =
        {
            R.drawable.calculator, R.drawable.mail,
            R.drawable.radio
        };
    //定义一个文字数组
    String[] desc = {"计算器", "邮件", "收音机"};
    //创建一个资源序列
    List<Map<String, Object>> simpleItems =
            new ArrayList<Map<String,Object>>();
    for (int i = 0; i < desc.length; i++) {
        Map<String, Object> simpleItem = new HashMap<String, Object>();
        simpleItem.put("image", image[i]);
        simpleItem.put("desc", desc[i]);
        simpleItems.add(simpleItem);
    }
    //为 SimpleAdapter 绑定数据
    SimpleAdapter simpleAdapter = new SimpleAdapter(
```

```
25              MainActivity.this,
26              simpleItems,
27              R.layout.simple_item,
28              new String[]{"image", "desc"},
29              new int[]{R.id.image, R.id.desc});
30        simpleList.setAdapter(simpleAdapter);
31    }
```

第 7～13 行代码表示创建资源合集。该资源合集包括每个数据项对应的图片和文字。

第 15～16 行代码表示创建一个资源序列。该资源序列用于组织 ListView 组件中的图片资源和文字资源。

第 18～21 行代码表示创建一个数据项，该数据项在添加时通过自定义的“image”和“desc”关键字添加文字和图片，最后这个数据项被添加至 List 中。

第 24～30 行通过 SimpleAdapter 的构造函数创建一个对象，并把该对象通过 ListView 的 setAdapter( ) 函数设置到 ListView 中。

本例的最终效果如图 4-5 所示。需要注意的是，SimpleAdapter 的使用关键就是其构造函数的传递值，其构造函数一共有 5 个参数，功能如下。

图 4-5　SimpleAdapter 的效果图

1）context：传递该 SimpleAdapter 所处的 Activity。

2）data：ListView 所需要的数据，即上面代码中第 15 行所示的 simpleItems。该数据需要和 ListView 数据项的绘制一一对应，如果数据项中需要传递 3 个值，那么就要为每个 simpleItems 传递 3 个值。

3）resource：数据项布局 ID，该布局中必须包含需要在列表项中显示的所有组件。

4）from：传递一个字符串数组，该数组就是在构建资源序列时的 Key 值。

5）to：传递一个整型数组，该数组中的数据项就是数据项列表中需要使用的 ID 号。注意，传递 from 数组和 to 数组时必须一一对应，如果 from 中的第一个元素传递的是图片关键字，那么 to 中的第一个元素也必须是图片 ID。

以上是 ArrayAdapter 和 SimpleAdapter 的使用方法，该方法除了适用于 ListView，还可以适用于 Spinner，并且使用方法完全相同，读者可以自行尝试使用。

4.3　图片浏览组件的开发和使用

图片浏览器是智能设备中使用非常广泛的组件。Android 系统中提供了以下两种方式的图片浏览：一种是最为普通的 ImageView 浏览，另一种是使用 GridView 实现网格式的图片浏览。本节主要介绍这两种方式中涉及的组件在 Android 系统中的应用。

4.3.1　ImageView 的开发和使用

ImageView 是 Android 系统中最为基本的图片浏览器，它除了能显示图片外，还能显示任何 Drawable 对象。ImageView 对象的常用属性有以下 4 个。

二维码 4-6

1）android：maxHeight：用于设置图片的最大高度。

2）android：maxWidth：用于设置图片的最大宽度。

3）android：src：用于设置 ImageView 的图像资源 ID。

4）android：scaleType：用于设置所显示的图片缩放方式，以适应 ImageView 的大小。

其中，前 3 个属性的意思非常明确，此处不再赘述。第 4 个属性非常重要，它决定了图片在 ImageView 中的缩放方式，该属性的属性值有以下 8 个。

1）center（ImageView. ScaleType. CENTER）：把图片置于 ImageView 的中间，并且不进行缩放。

2）centerCrop（ImageView. ScaleType. CENTER_ CROP）：保持图片比例，并且覆盖全部 ImageView。

3）centerInside（ImageView. ScaleType. CENTER _ INSIDE）：保持图片比例，并且在 ImageView 中完全显示。

4）fitCenter（ImageView. ScaleType. FIT_ CENTER）：保持图片比例，并且在 ImageView 的中央位置完全显示。

5）fitEnd（ImageView. ScaleType. FIT_END）：保持图片比例，并且在 ImageView 的右下角位置完全显示。

6）fitStart（ImageView. ScaleType. FIT_START）：保持图片比例，并且在 ImageView 的左上角位置完全显示。

7）fitXY（ImageView. ScaleType. FIT_XY）：改变图片比例，使之能完全在 ImageView 中显示。

8）matrix（ImageView. ScaleType. MATRIX）：图片使用矩阵缩放方式进行绘制。

下面通过一个示例来介绍 ImageView 组件在 Android 系统中的使用方法。在本例中一共有 3 个组件，分别为两个 Button 和一个 ImageView。其中，两个 Button 分别负责“上一张图片”和“下一张图片”，而 ImageView 则负责显示响应的图片。界面布局代码如下：

```
<!-- 添加两个按钮,用于显示上一张和下一张图片 -->
<LinearLayout
    android:layout_width="match_parent"
    android:layout_height="wrap_content"
    android:orientation="horizontal">
    <Button
        android:id="@+id/prev"
        android:layout_width="0dp"
        android:layout_height="wrap_content"
        android:layout_weight="1"
        android:text="上一张"/>
    <Button
        android:id="@+id/next"
        android:layout_width="0dp"
        android:layout_height="wrap_content"
        android:layout_weight="1"
```

```
17          android:text="下一张"/>
18    </LinearLayout>
19    <!-- 显示图片 -->
20    <ImageView
21       android:id="@+id/image"
22       android:layout_width="match_parent"
23       android:layout_height="wrap_content"
24       android:scaleType="fitCenter"
25       android:src="@drawable/zhihe_1"/>
```

第24行代码表示该ImageView组件的图片缩放方式采用fitCenter，即保持图片比例，并且在ImageView的中央位置完全显示。

完成界面布局后，接下来完成Java代码，具体如下：

```
1    protected void onCreate(Bundle savedInstanceState) {
2       super.onCreate(savedInstanceState);
3       setContentView(R.layout.activity_main);
4
5       prevButton = (Button) findViewById(R.id.prev);
6       nextButton = (Button) findViewById(R.id.next);
7       imageView = (ImageView) findViewById(R.id.image);
8       prevButton.setOnClickListener(new OnClickListener() {
9          public void onClick(View v) {
10            imageView.setImageResource(images[currentIndex]);
11            //当前图片为第一张图片时,则把索引变为最后一张
12            if (currentIndex <= 0) {
13               currentIndex = images.length -1;
14            } else {
15               currentIndex--;
16            }
17         }
18      });
19      nextButton.setOnClickListener(new OnClickListener() {
20         public void onClick(View v) {
21            imageView.setImageResource(images[currentIndex]);
22            //当前图片为最后一张图片时,则把索引变为第一张
23            if (currentIndex >= images.length -1) {
24               currentIndex = 0;
25            } else {
26               currentIndex++;
27            }
28         }
29      });
30   }
```

第10行和第21行代码表示通过资源的ID载入图片到ImageView中。

第12～26行和第23～27行代码使图片可以滚动播放。

本例的最终效果如图 4-6 所示。

图 4-6　ImageView 的效果

4.3.2　GridView 的开发和使用

GridView 的表现方式和 ImageView 完全不同，GridView 以一种栅格的形式来显示图片，如图 4-7 所示。结合前面所学的知识，读者可以把 ListView 看成特殊的 GridView，即只有一列的 GridView，因此在使用 GridView 时也要与 Adapter 相结合。GridView 有以下 3 个重要的属性。

二维码 4-7

1）android：horizontalSpacing：设置各元素之间的水平间距。

2）android：verticalSpacing：设置各元素之间的垂直间距。

3）android：numColumns：设置 GridView 显示的列数，如果设置为“auto_fit”，则表示由 GridView 自动计算应该显示多少列。

图 4-7　GridView 的效果

下面通过一个示例来介绍 GridView 的具体使用方法。在本示例中将显示一个两行四列的图标矩阵，并且在图标下方显示图标的说明文字，具体布局代码如下：

```
1  <GridView
2      android:id="@+id/imageGrid"
3      android:layout_width="match_parent"
4      android:layout_height="wrap_content"
5      android:horizontalSpacing="5dp"
6      android:verticalSpacing="5dp"
7      android:numColumns="4"/>
```

第 5 ~ 6 行代码表示 GridView 中每个元素之间的水平间距和垂直间距均为 5dp（像素）。

第 7 行代码表示 GridView 以 4 列方式显示。

本例中图标的下方需要显示图标的说明文字，因此需要创建一个自定义的图标布局。该布局中放入图标和文字两个组件，具体代码如下：

```xml
<ImageView
    android:id="@+id/image"
    android:layout_width="wrap_content"
    android:layout_height="wrap_content"
    android:layout_gravity="center_horizontal"
    android:scaleType="fitCenter"
    android:src="@drawable/calendar_year"/>
<TextView
    android:id="@+id/icon_name"
     android:layout_width="wrap_content"
     android:layout_height="wrap_content"
     android:layout_gravity="center"
     android:text="日历"/>
```

完成两个布局文件后，接下来完成 Java 代码，具体如下：

```java
private GridView imageGrid;
private String[] icon_name;
private int[] image =
    {
        R.drawable.calendar_year, R.drawable.call,
        R.drawable.camera, R.drawable.games_control,
        R.drawable.google_plus2, R.drawable.home,
        R.drawable.location, R.drawable.skype
    };
protected void onCreate(Bundle savedInstanceState) {
    super.onCreate(savedInstanceState);
    setContentView(R.layout.activity_main);
    imageGrid = (GridView) findViewById(R.id.imageGrid);
    //载入 ICON 文字信息
    icon_name = getResources().getStringArray(R.array.icon_name);
    List<Map<String, Object>> gridItems =
            new ArrayList<Map<String,Object>>();
    //创建数据资源合集
    for (int i = 0; i < icon_name.length; i++) {
         Map<String, Object> gridItem = new HashMap<String, Object>();
         gridItem.put("image", image[i]);
         gridItem.put("icon_name", icon_name[i]);
         gridItems.add(gridItem);
    }
    //创建 GridView 的 SimpleAdapter
    SimpleAdapter simpleAdapter = new SimpleAdapter(
            MainActivity.this,
            gridItems,
            R.layout.item_icon,
            new String[]{"image", "icon_name"},
```

```
31                new int[]{R.id.image, R.id.icon_name});
32        //为 GridView 设置 Adapter
33        imageGrid.setAdapter(simpleAdapter);
34        }
```

第 3 ~ 9 行代码表示创建一个图片 ID 的数组。第 15 行代码通过 getResources( ) 载入 strings. xml 中的字符数组。第 16 ~ 24 行代码创建一个资源合集，并载入对应的 Key 和 Value。第 26 ~ 33 行代码创建 SimpleAdapter 对象，并把该对象传递到 GridView 中。

本例的最终效果如图 4-8 所示。

图 4-8　GridView 的效果

4.4　消息组件的开发和使用

用户在使用 Android 手机时，如果收到一条短信，那么在 Android 系统的界面顶部就会弹出一个短信图标，提示用户接收到一条短信；或者当手机连接到无线网络时，屏幕的下方会弹出一个连接成功的信息提示框，这些提示消息不仅内容精练、形式直观，而且为用户提供了及时的事务处理提醒。由此可见，消息组件在 Android 系统中起着至关重要的作用。

Android 系统中常用的消息组件有以下两种：一种是 Toast 消息，即在手机屏幕上显示的提示消息；另一种是 Notification，即在 Android 系统的状态栏中显示的消息，如新收到短信和未接来电。

4.4.1　Toast 的开发和使用

Toast 是 Android 系统中非常有用的消息提示组件。首先，该提示信息的特点是可以在其中加入简单的文字，从而起到提醒的作用；其次，Toast 组件不会获得焦点，即用户无法单击 Toast 组件；最后，Toast 组件在固定的一段时间后就会自动消失，而不用人工干预。

二维码 4-8

Toast 组件的使用非常简单，只需以下 4 个步骤就可以实现：

1）调用 Toast. makeText( ) 方法来创建一个 Toast 对象。

2）设置调用 Toast 对象的成员函数来设置 Toast 的显示位置和显示内容。

3）如果需要自定义 Toast 样式，则只需创建对应的 View 组件，并通过 Toast 中的 setView( ) 函数来显示用户自定义的视图布局。

4）调用 Toast 的 show( ) 函数来显示 Toast 信息。

下面通过示例来介绍 Toast 的使用方法。首先创建项目“4_03_ToastNotification”。在本示例中将提供以下两个 Button：一个用于显示普通的文本 Toast；另一个显示用户自定义的视图，具体布局代码如下：

```
<Button
    android:id="@+id/normalToast"
    android:layout_width="wrap_content"
    android:layout_height="wrap_content"
    android:text="普通 Toast"/>
<Button
```

```
    android:id = "@ + id/imageToast"
    android:layout_width = "wrap_content"
    android:layout_height = "wrap_content"
     android:text = "带图片 Toast"/>
```

完成布局文件后，接下来完成 Java 代码，具体如下：

```
1          //显示普通文本 Toast
2   normalToast.setOnClickListener(new OnClickListener() {
3       public void onClick(View v) {
4           //TODO Auto - generated method stub
5           Toast.makeText(MainActivity.this,
6                   "普通的 Toast 信息", Toast.LENGTH_SHORT).show();
7       }
8   });
9           //显示自定义视图 Toast
10          imageToast.setOnClickListener(new OnClickListener() {
11      public void onClick(View v) {
12          //TODO Auto - generated method stub
13          //创建 Toast 对象
14          Toast toast = Toast.makeText(MainActivity.this,
15                  "带图片的 Toast 信息", Toast.LENGTH_SHORT);
16          //获取 Toast 的视图信息
17          View toastView = toast.getView();
18          //创建图片对象
19          ImageView imageView = new ImageView(MainActivity.this);
20          //为图片对象载入图片
21          imageView.setImageResource(R.drawable.important);
22          //创建线性布局
23          LinearLayout linearLayout = new LinearLayout(MainActivity.this);
24          //设置为线性水平布局
25          linearLayout.setOrientation(LinearLayout.HORIZONTAL);
26          //为布局添加图片和 Toast 文字
27          linearLayout.addView(imageView);
28          linearLayout.addView(toastView);
29          //把新的 View 加入到 Toast 中
30          toast.setView(linearLayout);
31          //显示 Toast
32          toast.show();
33      }
34  });
```

第 5 ~ 6 行代码用于显示一个普通的文本 Toast，在 Toast. makeText( ) 函数中一共需要以下 3 个参数：第一个参数是 Context；第二个参数表示 Toast 显示的字符串；第三个参数用于设置 Toast 显示时间的时长。当设置完成后，调用 show( ) 函数就会在界面中显示 Toast。

第 14 ~ 15 行代码通过 Toast. makeText( ) 设置 Toast 的相关参数，并且获取一个 Toast 对象。

第 17 ~ 28 行代码表示通过 Toast 的 getView( ) 获取 Toast 视图，并创建一个线性布局和图像组件的视图，最后把 Toast 和 ImageView 加入到线性布局中组成一个新的视图。

第 28 ~ 29 行代码表示把新创建的视图添加到 Toast 中，并在界面中显示。

本例的最终效果如图 4-9 所示。

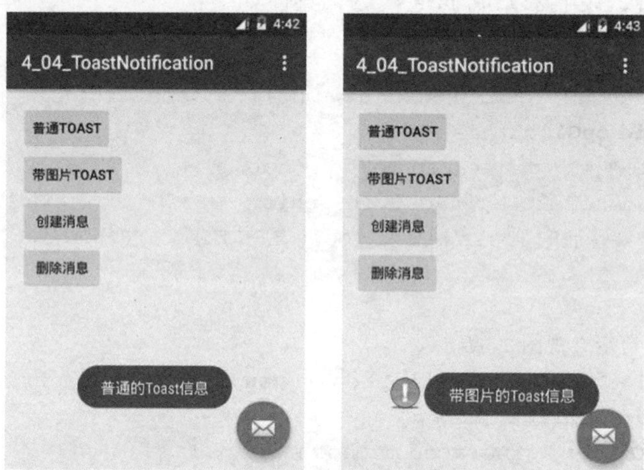

图 4-9　Toast 组件的使用

4.4.2　Notification 的开发和使用

Notification 也是 Android 系统中非常有用的消息组件。当收到消息时，一个小图标和一段文字会显示在界面上方的状态栏中，并伴随声音和振动。例如，手机收到短信时，一个短信图标会显示在状态栏中，来电时一个电话图标也会显示在状态栏中，这些都是 Notification 组件的应用。此外，Notification 的发送和取消通常由 NotificationManager 来管理。

二维码 4-9

Notification 的使用比 Toast 复杂，但是它也可以按照一定的步骤来完成，具体步骤如下：

1）通过 Notification. Builder( ) 函数创建一个 Builder 的对象，通过这个对象可以控制 Notification 图标、文字、开始时间等各类属性。

2）利用创建好的 Builder 对象获取 Notification 对象。

3）通过调用 getSystemService(NOTIFICATION_ SERVICE) 函数获取系统的 Notification Manager 对象。

4）自定义一个 Notification 的消息 ID。

5）通过 NotificationManager 的 notify( ) 函数发送 Notification。

6）如果要取消 Notification，则可以调用 NotificationManager 中的 cancel( ) 函数。

下面通过示例介绍 Notification 的使用方法。在本示例中将提供两个 Button：一个用于发送 Notification；另一个用于取消 Notification。修改后的项目 “4_03_ToastNotification” 的布局代码如下：

```
/** Toast 按键布局 * /
  <Button
     android:id = "@ + id/createNotify"
```

```
        android:layout_width = "wrap_content"
        android:layout_height = "wrap_content"
        android:text = "创建消息"/>
    <Button
        android:id = "@ + id/deleteNotify"
        android:layout_width = "wrap_content"
        android:layout_height = "wrap_content"
        android:text = "删除消息"/>
```

完成布局文件后，接下来完成 Java 代码，具体如下：

```
createNotify.setOnClickListener(new OnClickListener() {
    public void onClick(View v) {
        //TODO Auto - generated method stub
        //创建 Notification 的构建对象
        Builder builder = new Notification.Builder(MainActivity.this);
        //设置 Notification 在状态栏中的图标
        builder.setSmallIcon(R.drawable.sms);
        //设置 Notification 的提示信息
        builder.setTicker("Notification 的提示测试");
        //设置 Notification 在状态栏中的标题
        builder.setContentTitle("Notification 的标题测试");
        //设置 Notification 在状态栏中的内容
        builder.setContentText("Notification 的内容测试");
        //设置 Notification 启动时间
        builder.setWhen(System.currentTimeMillis());
        //创建 Notification
        Notification notification = builder.build();
        //设置 Notification 的声音为默认声音
        notification.defaults = Notification.DEFAULT_SOUND;
        //获取系统的 Notification 服务
        NotificationManager notificationManager =
            (NotificationManager)getSystemService(NOTIFICATION_SERVICE);
        //发送 Notification 消息
        notificationManager.notify(NOTIFICATION_ID, notification);
    }
});
deleteNotify.setOnClickListener(new OnClickListener() {
    public void onClick(View v) {
        //获取系统的 Notification 服务
        NotificationManager notificationManager =
            (NotificationManager) getSystemService(NOTIFICATION_SERVICE);
        //取消通知
        notificationManager.cancel(NOTIFICATION_ID);
    }
});
```

第 15 行代码用于设定 Notification 的发送时间，System.currentTimeMillis( )表示当前时间，即用户单击 createNotify 按钮时，系统立刻发送 Notification 消息。

第 24 行代码用于发送一个 Notification，其中第一个参数是 Notification 的自定义 ID。

第 33 行代码通过定义的 Notification ID 来删除一个 Notification。本例的最终效果如图 4-10 所示。

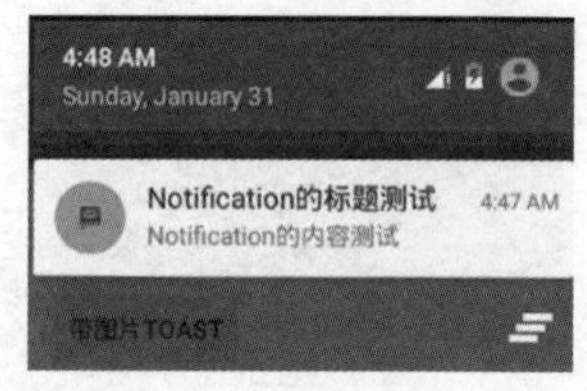

图 4-10 Notification 组件的使用

4.5 菜单与标签页组件的开发和使用

菜单和标签页组件在 Android 系统中起着非常重要的作用，它们能够在有限的屏幕空间中为用户提供更多功能。Android 系统中的菜单有以下 3 种：选项菜单（Operation Menu）、子菜单（SubMenu）和上下文菜单（ContextMenu）。另外，标签页组件也可分为以下两种：一种是标签操作栏（ActionBar），另一种是标签导航栏（Tab）。

4.5.1 Menu 的开发和使用

Android 中菜单项的生成有以下两种方式：一种是编写菜单项 XML 文件，并通过在 onCreateOptionsMenu( )函数中调用 getMenuInflater( ). inflate( )函数来生成一个菜单，使用该方式可以将菜单内容和代码进行分离，有利于后续菜单的调整，但是这种方式在菜单中为选项添加图标比较困难；另一种是在 Java 代码中编写菜单生成代码，这种方式虽然在菜单的生成方式上较前一种稍显复杂，但是可以生成形式更为丰富的菜单项。

接下来运用第一种方法来创建一个简单的菜单。首先创建项目“4_05_AndroidMenu1”，并打开该项目 res/menu 目录中的 menu_main. xml 文件，该文件用于绘制菜单项的 XML 文件，添加如下代码：

```
<menu xmlns:android="http://schemas.android.com/apk/res/android">
    <!--添加一个 Operation 菜单 -->
    <item
        android:id="@+id/menu_app"
        android:title="应用程序">
        <!--添加一个子菜单 -->
        <menu>
            <item
                android:id="@+id/calendar"
                android:title="日历"/>
            <item
                android:id="@+id/paint"
                android:title="画图"/>
            <item
                android:id="@+id/pictures"
                android:title="图片"/>
        </menu>
```

二维码 4-10

```
        </item>
        <!-- 添加一个 Operation 菜单 -->
        <item
            android:id="@+id/menu_settings"
            android:title="程序设置">
        </item>
    </menu>
```

以上代码的含义清晰明了，此处不再赘述。需要注意的是，如果要在一个菜单中添加子菜单，则应添加一个 <menu>… </menu> 标签，然后再在该标签下添加菜单项。当用户单击菜单项时，系统会调用 onOptionsItemSelected（）函数，并通过检测 MenuItem 对象的 ID 来获取用户单击的是哪个菜单，从而进行相应的动作，具体代码如下：

```
1   public boolean onOptionsItemSelected(MenuItem item) {
2       switch (item.getItemId()) {
3           //应用程序菜单单击事件
4           case R.id.menu_app:
5               Toast.makeText(MainActivity.this,
6                       "单击了应用程序菜单", Toast.LENGTH_SHORT).show();
7               break;
8           ...
9       }
10      return super.onOptionsItemSelected(item);
11  }
```

第 1 行代码中的 MenuItem 对象表示用户单击的菜单项对象。

第 2 ~9 行代码通过 MenuItem 对象的 getItemId( ) 函数获取菜单项的 ID，然后利用 switch 语句进行 ID 匹配，并执行不同的菜单动作。

本例的最终效果如图 4-11 所示。

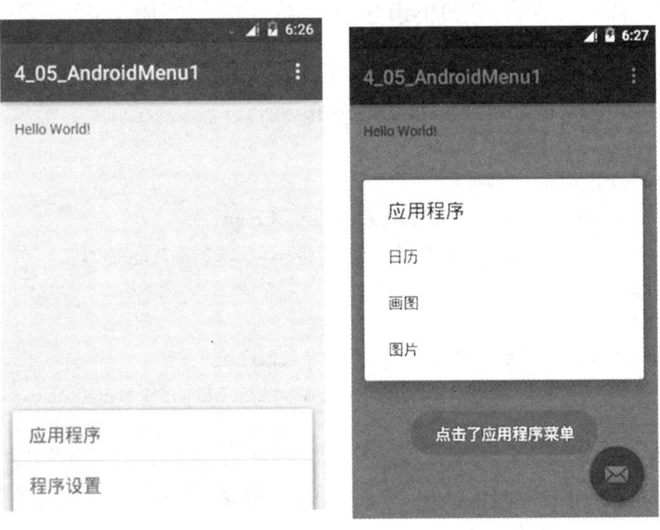

图 4-11　XML 菜单的创建和使用

下面介绍在 Java 代码中创建菜单的方法。创建项目“4_05_AndroidMenu2”，打开 MainActivity. java 文件并修改 onCreateOptionsMenu( )函数中的代码，修改后的代码如下：

二维码 4-11

```
1  public boolean onCreateOptionsMenu(Menu menu) {
2      //Inflate the menu; this adds items to the action bar if it is present.
3      SubMenu menu_0 = menu.addSubMenu(0, MENU_0, 0, "应用程序");
4      menu_0.setHeaderIcon(R.drawable.app); //设置菜单图标
5      //添加应用程序菜单的 3 个子菜单
6      menu_0.add(0, MENU_0_1, 0, "日历");
7      menu_0.add(0, MENU_0_2, 0, "画图");
8      menu_0.add(0, MENU_0_3, 0, "图片");
9
10     SubMenu menu_1 = menu.addSubMenu(0, MENU_1, 0, "程序设置");
11     menu_1.setHeaderIcon(R.drawable.setting); //设置菜单图标
12     //添加程序设置菜单的 1 个子菜单
13     menu_1.add(0, MENU_1_1, 0, "Gmail 设置");
14         return true; }
```

第 3 行代码表示通过调用 menu 对象的 addSubMenu( )函数来添加一个具有子菜单的菜单项，其中 addSubMenu( )函数有以下 4 个参数：第一个参数表示菜单所属组的 ID；第二个参数表示菜单的 ID，该标识由用户自定义，但必须是唯一的标识，即通过这个 ID 只可以找到一个菜单项；第三个参数定义菜单的排列顺序；第四个参数是菜单项显示的标题。

第 4 行代码表示通过调用 setHeaderIcon( )函数为菜单添加一个图标。这里需要注意的是，在 Android 4. 0 中菜单项是没有图标的，图标只会在显示子菜单时的顶部标题栏中显示，因此只需为有子菜单的菜单项设置 HeaderIcon 即可，而其他菜单不需要设置图标。

第 6 ~ 8 行代码表示为菜单 menu_0 添加 3 个子菜单。

创建完菜单后，需要添加菜单的单击事件，其方法与使用 XML 方法添加单击事件完全相同，具体代码如下：

```
public boolean onOptionsItemSelected(MenuItem item) {
    switch (item.getItemId()) {
        case MENU_0:
            Toast.makeText(MainActivity.this,
                    "单击应用程序菜单", Toast.LENGTH_SHORT).show();
            break;
        case MENU_1:
            Toast.makeText(MainActivity.this,
                    "单击程序设置菜单", Toast.LENGTH_SHORT).show();
            break;
        case MENU_0_1:
            Toast.makeText(MainActivity.this,
                  "单击日历菜单", Toast.LENGTH_SHORT).show();
            break;
        default:
```

```
                break;
        }
        return true;
    }
```

本例的最终效果如图 4-12 所示。

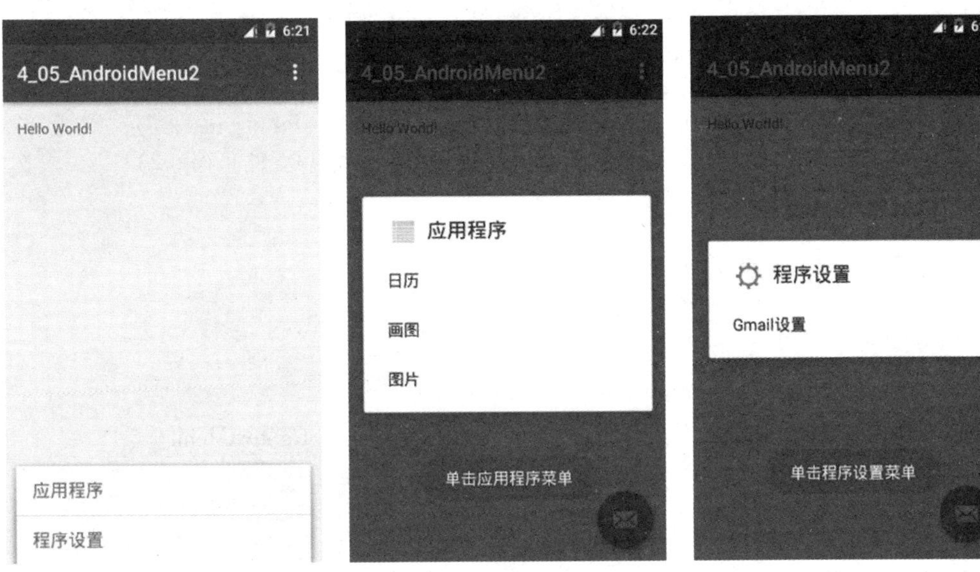

图 4-12　Java 菜单的创建和使用

4.5.2　ContextMenu 的开发和使用

Android 中的 ContextMenu（上下文菜单）类似于 Windows 中的右键快捷菜单，但两者的区别在于 Android 中是用长按来显示一个 ContextMenu 的。ContextMenu 继承于 Menu，所以在创建方法上和 Menu 极为类似，不同的是，Menu 是在 onCreateOptionsMenu( ) 函数中创建菜单，而 ContextMenu 则是在 onCreateContextMenu( ) 中创建上下文菜单。创建一个 ContextMenu 后，就需要让 ContextMenu 的组件向 ContextMenu 注册，从而使该组件具有 ContextMenu 的功能。这里读者可能会问，如果多个组件需要不同的 ContextMenu 该怎么办？此时就要用到 onCreateContextMenu( ) 函数中的参数。onCreateContextMenu( ) 有以下 3 个参数。

二维码 4-12

1）ContextMenu menu：当前组件的 ContextMenu 对象。

2）View v：当前用户单击的组件。

3）ContextMenuInfo menuInfo：ContextMenu 的更多信息。

当用户单击某个组件时，该组件会把自己传递到第二个参数中，此时就可以通过 View 对象中的 getId( ) 函数来得到用户单击组件的 ID，从而创建不同的上下文菜单。下面通过示例来介绍 ContextMenu 的使用方法。

首先完成组件的创建和 ContextMenu 的注册，具体代码如下：

```
private Button buttonContext1;
```

```
2   private Button buttonContext2;
3   //定义 ContextMenu 中各个选项的 ID
4   private final int CONTEXT_MENU_0 = Menu.FIRST;
5   private final int CONTEXT_MENU_1 = Menu.FIRST + 1;
6   private final int CONTEXT_MENU_2 = Menu.FIRST + 2;
7
8   protected void onCreate(Bundle savedInstanceState) {
9       super.onCreate(savedInstanceState);
10      setContentView(R.layout.activity_main);
11      buttonContext1 = (Button) findViewById(R.id.buttonContext1);
12      buttonContext2 = (Button) findViewById(R.id.buttonContext2);
13      //为 Button 注册一个 ContextMenu
14      registerForContextMenu(buttonContext1);
15      //为 Button 注册一个 ContextMenu
16      registerForContextMenu(buttonContext2);
17  }
```

第 4 ~ 6 行代码用于创建 ContextMenu 的菜单项 ID。

第 14 行和第 16 行代码用于为两个 Button 分别注册对应的 ContextMenu。

完成组件的创建和注册后，接下来创建 ContextMenu，具体代码如下：

```
1   public void onCreateContextMenu(ContextMenu menu, View v,
2           ContextMenuInfo menuInfo) {
3       switch (v.getId()) {
4           case R.id.buttonContext1: //为特定组件设定不同的上下文菜单
5               menu.setHeaderTitle("Context1 的 ContextMenu");
6               menu.add(0, CONTEXT_MENU_0, 0, "上下文菜单 0");
7               menu.add(0, CONTEXT_MENU_1, 0, "上下文菜单 1");
8               menu.add(0, CONTEXT_MENU_2, 0, "上下文菜单 2");
9               break;
10          case R.id.buttonContext2:
11              menu.setHeaderTitle("Context2 的 ContextMenu");
12              menu.add(0, CONTEXT_MENU_0, 0, "上下文菜单 0");
13              menu.add(0, CONTEXT_MENU_1, 0, "上下文菜单 1");
14              break;
15          default:
16              break;
17      }
18  }
```

第 3 行代码表示通过调用 View 对象的 getId( ) 函数来获取用户单击组件的 ID。

第 4 行和第 10 行代码表示如果组件 ID 为 buttonContext1，那么就创建第 5 ~ 8 行中设定的菜单；如果组件 ID 为 buttonContext2，那么就创建第 11 ~ 13 行中设定的菜单。

完成 ContextMenu 的创建后，接下来完成单击事件的响应。ContextMenu 的单击事件类似于 Menu，不同的是，Menu 要重载 onOptionsItemSelected( ) 函数，而 ContextMenu 则要重载 onContextItemSelected( ) 函数，具体代码如下：

```
public boolean onContextItemSelected(MenuItem item) {
    switch (item.getItemId()) {
        case CONTEXT_MENU_0:
            Toast.makeText(MainActivity.this,
                    "单击上下文菜单 0", Toast.LENGTH_SHORT).show();
            break;
        case CONTEXT_MENU_1:
            Toast.makeText(MainActivity.this,
                    "单击上下文菜单 1", Toast.LENGTH_SHORT).show();
            break;
        case CONTEXT_MENU_2:
            Toast.makeText(MainActivity.this,
                    "单击上下文菜单 2", Toast.LENGTH_SHORT).show();
            break;
        default:
            break;
    }
    return super.onContextItemSelected(item);
}
```

上面的代码其实与 Menu 中的代码完全相同，即通过 MenuItem 中的 ID 判断用户的选择项来显示不同的信息。

本例的最终效果如图 4-13 所示。

图 4-13　ContextMenu 菜单的创建和使用

4.5.3　Toolbar 的开发和使用

二维码 4-13

Toolbar 是从 Android 5.0 版本开始推出的一个 Material Design 风格的导航控件，Google 推荐大家使用 Toolbar 来作为 Android 客户端的导航栏，以此来取代之前的 ActionBar。与 ActionBar 相比，Toolbar 明显要灵活得多。它不像 ActionBar 一样，一定要固定在 Activity 的顶部，而是可以放到界面的任意位置。除此之外，在设计 Toolbar 时，Google 也留给了开发者很多可定制修改的余地，这些可定制修改的属性在 API 文档中都有详细介绍（见图 4-14），如：

1）设置导航栏图标。

2）设置 App 的 Logo。

3）支持设置标题和子标题。

4）支持添加一个或多个自定义控件。

5）支持 Action Menu。

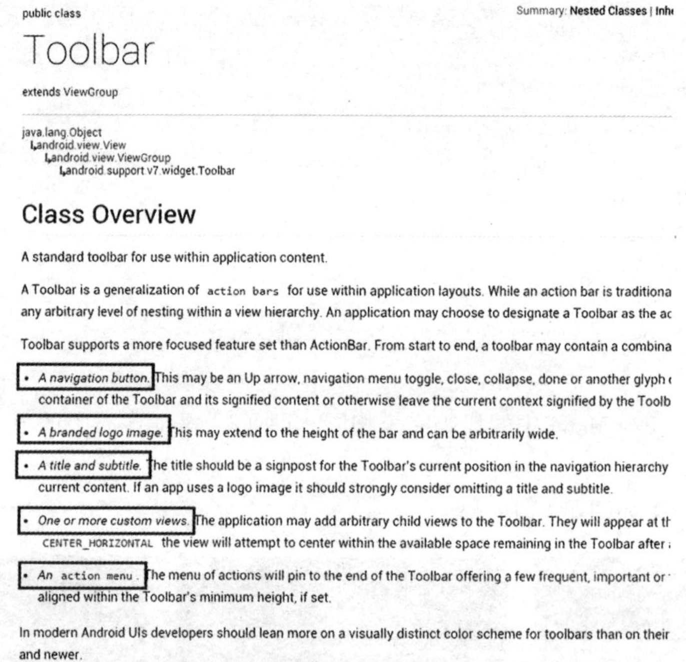

public class

Summary: Nested Classes | Inh

Toolbar

extends ViewGroup

java.lang.Object
↳android.view.View
↳android.view.ViewGroup
↳android.support.v7.widget.Toolbar

Class Overview

A standard toolbar for use within application content.

A Toolbar is a generalization of action bars for use within application layouts. While an action bar is traditiona
any arbitrary level of nesting within a view hierarchy. An application may choose to designate a Toolbar as the ac

Toolbar supports a more focused feature set than ActionBar. From start to end, a toolbar may contain a combina

- *A navigation button.* This may be an Up arrow, navigation menu toggle, close, collapse, done or another glyph
container of the Toolbar and its signified content or otherwise leave the current context signified by the Toolb
- *A branded logo image.* This may extend to the height of the bar and can be arbitrarily wide.
- *A title and subtitle.* The title should be a signpost for the Toolbar's current position in the navigation hierarchy
current content. If an app uses a logo image it should strongly consider omitting a title and subtitle.
- *One or more custom views.* The application may add arbitrary child views to the Toolbar. They will appear at th
CENTER_HORIZONTAL the view will attempt to center within the available space remaining in the Toolbar after
- *An action menu.* The menu of actions will pin to the end of the Toolbar offering a few frequent, important or
aligned within the Toolbar's minimum height, if set.

In modern Android UIs developers should lean more on a visually distinct color scheme for toolbars than on their
and newer.

图 4-14　Toolbar 支持的特性

自行添加元件的 Toolbar 有几个大家常用的元素可以使用，如图 4-15 所示。

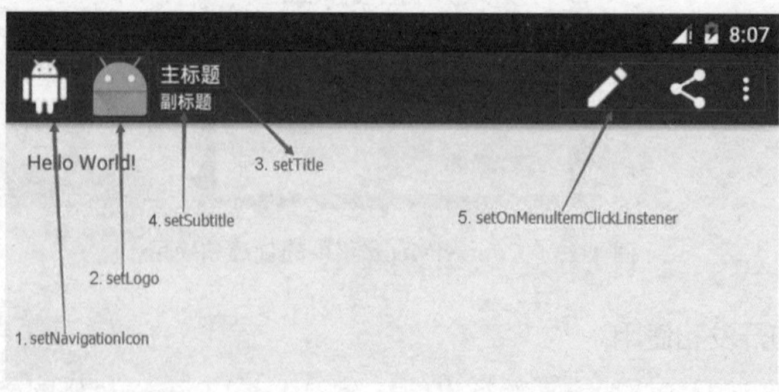

图 4-15　Toolbar 控件常用的元素

依序说明如下：

1）setNavigationIcon：即设定 up button 的图标，因为 Material 的界面，Toolbar 的 up button 样式也就有别于过去的 ActionBar 。

2）setLogo：本方法的功能是进行 App 的图标的设置。

3）setTitle：本方法的功能是进行 App 主标题的设置。

4）SetSubtitle：本方法的功能是进行 App 副标题的设置。

5）setOnMenuItemClickListener：本方法的功能是设定菜单各按钮的动作。

下面通过实例介绍 Toolbar 的使用方法。首先创建项目“4_05_Toolbar”，打开 java/MainActivity. java 并修改代码，修改后的代码如下：

```
Toolbar toolbar = (Toolbar) findViewById(R.id.toolbar);
//App 的图标
toolbar.setLogo(R.mipmap.ic_launcher);
//主标题
toolbar.setTitle("主标题");
//副标题
toolbar.setSubtitle("副标题");
setSupportActionBar(toolbar);
//Navigation Icon 要设定在 setSupoortActionBar 才有作用
//否则会出现 back bottom
toolbar.setNavigationIcon(R.drawable.ab_android);
```

Toolbar 在显示选项时会根据控件和屏幕的特性自动调整不同的显示样式。如果屏幕空间不够，就把多余的部分放在 Menu 中显示；如果空间足够，就全部显示在标题栏中。Toolbar 选项的定义和菜单项非常类似。

下面打开 res/menu/menu_main. xml 并修改代码，修改后的代码如下：

```
<menu xmlns:android = http://schemas.android.com/apk/res/android
    xmlns:app = http://schemas.android.com/apk/res-auto
    xmlns:tools = http://schemas.android.com/tools
    tools:context = ".MainActivity" >
<item android:id = "@+id/action_edit"
    android:title = "@string/action_edit"
    android:orderInCategory = "80"
    android:icon = "@drawable/ab_edit"
    app:showAsAction = "ifRoom|withText" />
......
</menu>
```

上面代码中组件的添加和 Menu 的绘制方法类似，唯一的区别就是 android: showAsAction 值的不同，而该属性正是 Toolbar 的关键所在。android: showAsAction 属性有以下 4 个值。

1）always：这个值会使菜单项一直显示在 Toolbar 上。

2）ifRoom：如果有足够的空间，这个值会使菜单项显示在 Toolbar 上。

3）never：这个值会使菜单项永远都不出现在 Toolbar 上。

4）withText：这个值会使菜单项和它的图标、菜单文本一起显示。

android: showAsAction 属性值为 ifRoom | withText，表示如果有空间，那么就连同文字一起显示在标题栏中，否则就显示在菜单栏中。而当 android: showAsAction 属性值为 never 时，该项作用为 Menu 不显示在菜单组件中。

在 java/MainActivity. java 中加入 OnMenuItemClickListener 的监听来完成菜单项的单击事件。单击事件的具体代码如下：

```
private Toolbar.OnMenuItemClickListener onMenuItemClick = new Toolbar.
  OnMenuItemClickListener() {
@Override
public boolean onMenuItemClick(MenuItem menuItem) {
      String msg = "";
      switch (menuItem.getItemId()) {
            case R.id.action_edit:
               msg + = "单击标签";
               break;
            case R.id.action_share:
               msg + = "单击分享";
               break;
            case R.id.action_new:
               msg + = "单击新建";
               break;
            case R.id.action_settings:
               msg + = "单击退出";
               break;
            }
      if(!msg.equals("")) {
            Toast.makeText(MainActivity.this, msg, Toast.LENGTH_SHORT).show();
            }
         return true;
      }
};
```

本例的最终效果如图 4-16 所示。

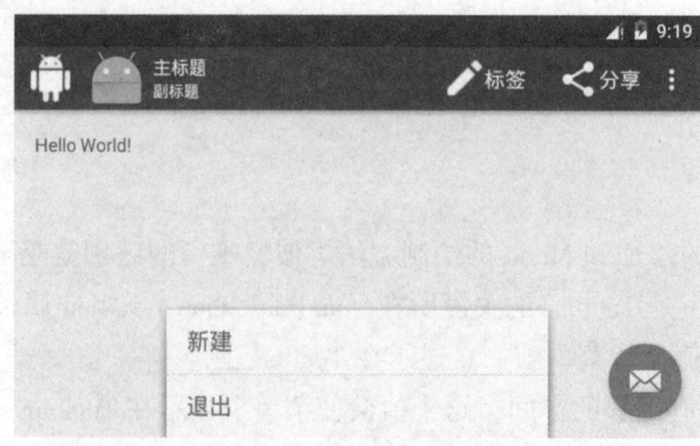

图 4-16　Toolbar 的效果图

4.5.4　Fragment 的开发和使用

二维码 4-14

Fragment 的主要功能是在较大的屏幕或平板电脑上能够划分出多个独立的

功能模块，使之能够放置更多的组件，并且使这些组件可以进行交互。Fragment 在实际应用中是一个独立的模块，并且可以被不断重用，因此它有自己的布局，通过自己的生命周期来管理自己的行为。

要创建一个 Fragment 就必须创建一个 Fragment 的子类。Fragment 具有与 Activity 类似的回调函数（见图 4-17），因此 Activity 向 Fragment 的转化尤为简单，只需把对应回调函数中的内容复制到 Fragment 中即可。Fragment 中的以下 3 个回调函数最为重要。

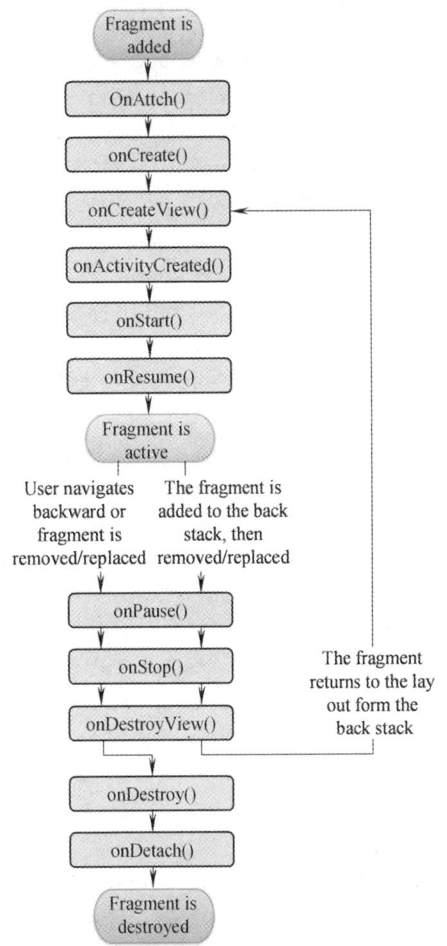

图 4-17　Fragment 的生命周期

1）onCreate( )：类似于 Activity 的 onCreate( ) 函数，用于初始化 Fragment 中必要的各类组件，当 Fragment 暂停或者停止时，系统可以从这里恢复。

2）onCreateView( )：Fragment 第一次绘制用户界面时，系统会调用此函数。因此为了绘制用户界面，此函数必须返回一个 View 对象，如果 Fragment 不提供 UI，那么就返回 null。

3）onPause( )：当用户离开当前 Fragment 时，系统会首先调用这个函数。

对于大多数应用来说，Fragment 应该包含这 3 个函数，如果该应用只需显示界面，那么只包含 onCreateView( ) 函数也可以。有些 Fragment 应用需要更多功能，所以需要处理除以上 3 个回调函数外的其他回调函数。使用 Fragment 时，系统需要为每个 Fragment 分配一个唯一的标识，当 Activity 重启时，通过该唯一的标识恢复特定的 Fragment。Fragment 提供了以下 3 种标识方法。

1）通过 android: id 属性来提供一个唯一 ID。

2）通过 android: tag 属性提供一个唯一的字符串。

3）通过系统提供的 View ID 来标识。

从 Android 3.0 版本后，Tab 标签页的绘制已经不再使用 TabActivity 来实现，而是通过使用 ActionBar 和 Fragment 结合的方式来实现。虽然在 4.5.3 中所述 Toolbar 已经逐渐取代了 ActionBar，但是在一些程序中依然用 ActionBar，绘制的一般步骤如下：

1）获取 Activity 中的 ActionBar 对象，并设置 ActionBar 为 Tab 模式。

2）创建 Tab 切换时的监听类（该类继承于 TabListener），并实现 onTabSelected( )、onTabUnselected( ) 和 onTabReselected( ) 3 个函数。

3）创建 Fragment 的子类，并绘制所需的界面。

4）通过 ActionBar 的 addTab( ) 函数把各个 Fragment 添加到 Activity 中。

下面通过实例介绍 ActionBar 和 Fragment 组成的标签页。在本例中创建“标签页 A”和

“标签页 B”两个标签页，当切换到“标签页 A”时，“FragmentA”显示在界面中；当切换到“标签页 B”时，“FragmentB”显示在界面中。

二维码 4-15

首先介绍 Activity 中的代码，具体如下：

```
1   protected void onCreate(Bundle savedInstanceState) {
2       super.onCreate(savedInstanceState);
3       //setContentView(R.layout.activity_main); //无须载入界面布局
4       //获取 Activity 的 ActionBar
5       ActionBar actionBar = getActionBar();
6       //设置 ActionBar 为标签页
7       actionBar.setNavigationMode(ActionBar.NAVIGATION_MODE_TABS);
8       //创建 ActionBar 标签 FragmentA
9       actionBar.addTab(actionBar.newTab()
10              .setText("标签页 A")
11              .setTabListener(new MyTabListener<FragmentA>(
12                      MainActivity.this, "FragmentA", FragmentA.class)));
13      //创建 ActionBar 标签 FragmentB
14      actionBar.addTab(actionBar.newTab()
15              .setText("标签页 B")
16              .setTabListener(new MyTabListener<FragmentB>(
17                      MainActivity.this, "FragmentB", FragmentB.class)));
18      //读取 ActionBar Tab 当前的索引
19      if (savedInstanceState ! = null) {
20          actionBar.setSelectedNavigationItem(
21                  savedInstanceState.getInt("index", 0));
22      }
23  }
24  protected void onSaveInstanceState(Bundle outState) {
25      //TODO Auto-generated method stub
26      super.onSaveInstanceState(outState);
27      //保存 ActionBar Tab 当前的索引
28      outState.putInt("index", getActionBar().getSelectedNavigationIndex());
29  }
```

第 5 行代码用于获取一个 ActionBar 的对象。

第 7 行代码用于修改 ActionBar 为标签模式。

第 9～12 行代码用于为 ActionBar 添加一个标签页，并设置该标签页的标题为“标签页 A”，最后设置切换标签页时的监听函数。该监听函数包含以下 3 个参数：第一个参数表示 Activity 的对象，第二个参数表示为 Fragment 申请的唯一 Tag，第三个参数表示该标签页对应的 Fragment 子类。

第 19～21 行代码表示当该 Activity 重新绘制时，可以从保存的标签页索引中读取先前保存的状态，使界面恢复原先的状态。

第 24～28 代码表示当该 Activity 退出时，把当前 Tab 的索引保存在 Bundle 中，以便后续进行界面的恢复。

接下来介绍标签切换的监听类 MyTabListener 中的代码，具体如下：

```
1  public class MyTabListener<T extends Fragment> implements TabListener {
2
3      private Fragment mFragment;          //对应的 Fragment
4      private final Activity mActivity;//父 Activity
5      private final String mTag;          标签
6      private final Class<T> mClass;    //Fragment 类
7
8      public MyTabListener(Activity activity, String tag, Class<T> clz) {
9        mActivity = activity;
10       mTag = tag;
11       mClass = clz;
12             //防止屏幕旋转后 Tab 出现重叠
13       mFragment = mActivity.getFragmentManager()
14                   .findFragmentByTag(mTag);
15     if (mFragment ! = null && ! mFragment.isDetached()) {
16            FragmentTransaction fragmentTransaction =
17                       mActivity.getFragmentManager().beginTransaction();
18            fragmentTransaction.detach(mFragment);
19            fragmentTransaction.commit();
20            }
21    }
22     public void onTabSelected(Tab tab, FragmentTransaction ft) {
23            //如果 mFragment 已经清空,那么就创建 mFragment
24            if (mFragment  = = null) {
25                mFragment = Fragment.instantiate(mActivity, mClass.getName());
26                ft.add(android.R.id.content, mFragment, mTag);
27            } else {
28            //加入 mFragment 并显示
29            ft.attach(mFragment);
30            }
31     }
32     public void onTabUnselected(Tab tab, FragmentTransaction ft) {
33          if (mFragment !  = null) {
34               ft.detach(mFragment);
35            }
36     }
37     public void onTabReselected(Tab tab, FragmentTransaction ft) { }
38  }
```

第 3 行代码中的 mFragment 对象表示该 TabListener 对应的 Fragment。

第 4 行代码中的 mActivity 表示该 Fragment 所在的 Activity。

第 5 行代码中的 mTag 表示 Fragment 对应的唯一 Tag。

第 6 行代码中的 mClass 表示用于产生 Fragment 的类。

第 15～20 行代码的作用是：清空原先的 Fragment，防止切换 Fragment 时出现界面重叠的现象。

第 24 ~ 30 行代码的作用是：当 Fragment 对象为空时，创建一个 Fragment 对象，并把该 Fragment 对象添加到 Activity 中。当 Fragment 对象不为空时，那么就直接显示该 Fragment。

第 33 ~ 34 行代码表示当标签页不被选中时，该标签页将被隐藏。

最后介绍 Fragment 子类中的代码，具体如下：

```
public class FragmentB extends Fragment {
    public View onCreateView(LayoutInflater inflater, ViewGroup container,
            Bundle savedInstanceState) {
        //TODO Auto-generated method stub
        return inflater.inflate(R.layout.fragment_b, container, false);
    }
}
```

该 Fragment 子类非常简单，只实现了 onCreateView（）函数，并在其中载入了一个 Fragment 的布局文件。本例的最终效果如图 4-18 所示。

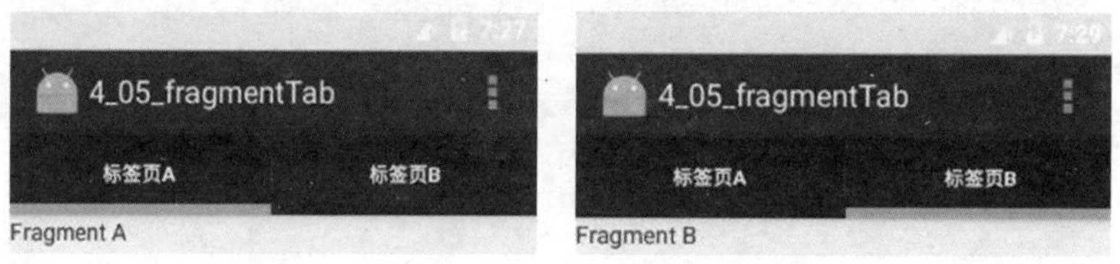

图 4-18　Fragment Tab 组件的开发和使用

4.6　实训项目与演练

4.6.1　实训一：用 Toolbar 实现菜单侧滑栏

本实训通过开发一个菜单侧滑栏来帮助读者巩固和复习 Toolbar、DrawerLayout 的使用，最终效果如图 4-19 所示。首先，在主布局文件中添加 DrawerLayout，其代码如下：

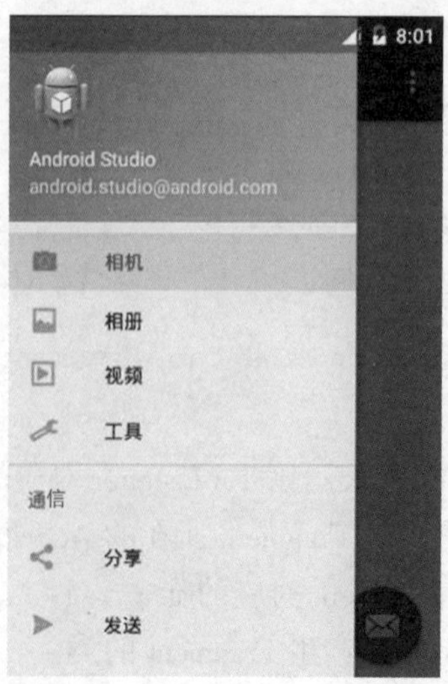

图 4-19　用 Toolbar 实现的侧滑栏

```
<?xml version="1.0" encoding="utf-8"?>
<android.support.v4.widget.DrawerLayout xmlns:android="http://schemas.android.com/apk/res/android"
    xmlns:app="http://schemas.android.com/apk/res-auto"
    xmlns:tools="http://schemas.android.com/tools" android:id="@+id/drawer_layout"
    android:layout_width="match_parent" android:layout_height="match_parent"
    android:fitsSystemWindows="true" tools:openDrawer="start">

    <!--导入 xml 文件布局-->
    <include layout="@layout/app_bar_main" android:layout_width="match_parent"
        android:layout_height="match_parent" />

    <android.support.design.widget.NavigationView android:id="@+id/nav_view"
        android:layout_width="wrap_content" android:layout_height="match_parent"
        android:layout_gravity="start" android:fitsSystemWindows="true"
        app:headerLayout="@layout/nav_header_main" app:menu="@menu/activity_main_drawer" />

</android.support.v4.widget.DrawerLayout>
```

然后添加 Toolbar 控件，由于 Toolbar 继承自 View，因此可以像其他标准控件一样直接在主布局文件中添加 Toolbar。为了提高 Toolbar 的重用效率，可以在 layout 下创建一个 app_bar_main.xml 代码如下：

```
<?xml version="1.0" encoding="utf-8"?>
<android.support.design.widget.CoordinatorLayout
    xmlns:android="http://schemas.android.com/apk/res/android"
    xmlns:app="http://schemas.android.com/apk/res-auto"
    xmlns:tools="http://schemas.android.com/tools"
    android:layout_width="match_parent"
    android:layout_height="match_parent"
    android:fitsSystemWindows="true"
    tools:context=".MainActivity">

    <android.support.design.widget.AppBarLayout
        android:layout_height="wrap_content"
        android:layout_width="match_parent"
        android:theme="@style/AppTheme.AppBarOverlay">
        <android.support.v7.widget.Toolbar
            android:id="@+id/toolbar"
```

```
            android:layout_width="match_parent"
            android:layout_height="?attr/actionBarSize"
            android:background="?attr/colorPrimary"
            app:popupTheme="@style/AppTheme.PopupOverlay" />
    </android.support.design.widget.AppBarLayout>

    <!-- 导入 xml 文件布局 -->
    <include layout="@layout/content_main" />

    <android.support.design.widget.FloatingActionButton android:id="@+id/fab"
        android:layout_width="wrap_content" android:layout_height="wrap_content"
        android:layout_gravity="bottom|end" android:layout_margin="@dimen/fab_margin"
        android:src="@android:drawable/ic_dialog_email" />
</android.support.design.widget.CoordinatorLayout>
```

从上面的代码可以看出，Toolbar 控件的布局非常简单，也了解到该布局引用了下一个 xml 文件 content_main，其中主要就是添加一个 TextView，关键代码如下：

```
<TextView
        android:text="请单击左上角的图标打开侧滑栏!"
        android:layout_width="wrap_content"
        android:layout_height="wrap_content" />
```

接下来在 menu 文件下添加 menu 菜单栏 activity_main_drawer.xml 文件，具体代码如下：

```
<?xml version="1.0" encoding="utf-8"?>
<menu xmlns:android="http://schemas.android.com/apk/res/android">

    <group android:checkableBehavior="single">
        <item android:id="@+id/nav_camara" android:icon="@android:drawable/ic_menu_camera"
            android:title="相机" />
        <item android:id="@+id/nav_gallery" android:icon="@android:drawable/ic_menu_gallery"
            android:title="相册" />
        <item android:id="@+id/nav_slideshow" android:icon="@android:drawable/ic_menu_slideshow"
            android:title="视频" />
        <item android:id="@+id/nav_manage" android:icon="@android:drawable/ic_menu_manage"
            android:title="工具" />
    </group>
```

```

    <item android:title="通信">
        <menu>
            <item android:id="@+id/nav_share" android:icon="@android:drawable/ic_menu_share"
                android:title="分享" />
            <item android:id="@+id/nav_send" android:icon="@android:drawable/ic_menu_send"
                android:title="发送" />
        </menu>
    </item>

</menu>
```

完成布局文件后，接下来就要在 Java 代码中实现侧滑了。首先要继承 AppCompatActivity 实现 OnNavigationItemSelectedListener 接口，并在 onCreate（）函数中调用 Toolbar 和 DrawerLayout，具体代码如下：

```
@Override
protected void onCreate(Bundle savedInstanceState) {
    super.onCreate(savedInstanceState);
    setContentView(R.layout.activity_main);
    Toolbar toolbar = (Toolbar) findViewById(R.id.toolbar);
    setSupportActionBar(toolbar);
    .....
    DrawerLayout drawer = (DrawerLayout) findViewById(R.id.drawer_layout);
    //动作条抽屉切换器绑定正确的交互
    ActionBarDrawerToggle toggle = new ActionBarDrawerToggle(
            this, drawer, toolbar, R.string.navigation_drawer_open, R.string.navigation_drawer_close);
    drawer.setDrawerListener(toggle);
    toggle.syncState();

    NavigationView navigationView = (NavigationView) findViewById(R.id.nav_view);
    navigationView.setNavigationItemSelectedListener(this);
}

    //单独获取 Back 键
@Override
public void onBackPressed() {
    DrawerLayout drawer = (DrawerLayout) findViewById(R.id.drawer_layout);
    //设置 DrawerLayout 的打开与关闭
    if (drawer.isDrawerOpen(GravityCompat.START)) {
        drawer.closeDrawer(GravityCompat.START);
    } else {
```

```
27                super.onBackPressed();
28            }
29        }
30
31        .....
32        @SuppressWarnings("StatementWithEmptyBody")
33        @Override
34        public boolean onNavigationItemSelected(MenuItem item) {
35            //Handle navigation view item clicks here.
36            int id = item.getItemId();
37            if (id == R.id.nav_camara) {
38                //Handle the camera action
39                 Toast.makeText(MainActivity.this,"你单击了相机!",Toast.LENGTH_
                     SHORT).show();
40            } else if (id == R.id.nav_gallery) {
41                Toast.makeText(MainActivity.this,"你单击了相册!",Toast.LENGTH_
                     SHORT).show();
42            } else if (id == R.id.nav_slideshow) {
43                Toast.makeText(MainActivity.this,"你单击了视频!",Toast.LENGTH_
                     SHORT).show();
44            } else if (id == R.id.nav_manage) {
45                Toast.makeText(MainActivity.this,"你单击了工具!",Toast.LENGTH_
                     SHORT).show();
46            } else if (id == R.id.nav_share) {
47                Toast.makeText(MainActivity.this,"你单击了分享!",Toast.LENGTH_
                     SHORT).show();
48            } else if (id == R.id.nav_send) {
49                Toast.makeText(MainActivity.this,"你单击了发送!",Toast.LENGTH_
                     SHORT).show();
50            }
```

第 5 ~ 6 行代码用于 Toolbar 的声明。

第 8 ~ 13 行代码用于 DrawerLayout 的声明，并绑定正确的交互。

第 15 ~ 16 行代码用于 NavigationView 的声明，并设置监听。

第 20 ~ 29 行代码主要用于单独获取 Back 键，并设置 DrawerLayout 的开与关。

第 32 ~ 50 行代码用于应用程序菜单单击事件。

关于上面的代码只取其中关键部分，如果需要查看完整代码，则问参考源程序 ex04_good_ Toolbar。

4.6.2　实训二：MyMusic 播放界面

本实训希望通过开发一个音乐播放器的播放界面来总结前面所学知识，使读者能够更进一步地了解 Android 的各类应用布局和组件参数的使用，最终效果如图 4-20 所示。整个布局采用相对布局的方式，能够灵活地对位置进行调节。该界面布局从上至下可以分为以下 4 个部分：

1）第一部分显示歌手与歌曲信息，还具有调节声音大小和返回歌曲列表的功能。

2）第二部分用于显示歌手图片。

3）第三部分显示音乐进度条。

4）第四部分用于调节音乐播放模式，还设有系统菜单及音乐快进、快退、播放按钮。

下面对这 4 个部分分别进行说明。首先是第一部分的菜单，该布局的位置在整个布局的顶部，播放列表按钮在顶部布局中的左侧，并将内边距设置为 5dp。此外，设置音乐信息在播放列表按钮的左边、音乐声音按钮的右边，同时将音乐信息设置在整个顶部布局的中部，并将文字也设置在中部。把歌手信息设置在音乐信息的下部，最后将音乐声音按钮设置在顶部布局的右边。

图 4-20　播放界面

在完成顶部菜单布局后，接下来要完成的是第二部分的歌曲图片布局。这部分中，歌曲图片应设置在顶部布局的下面、底部布局的上面，同时将该线性布局设置在整个歌曲布局中的中部。下面完成第三部分音乐进度条的布局。将调整时间信息设置在整个布局的右边，并且垂直居中。由于音乐的播放时间是不定的，需要动态改变，因此进度条的最大值需设置为 0。

4.7　本章小结

本章主要介绍了 Android 应用程序界面开发中较为高级的组件，其中需要读者深刻理解的是 Adapter 的使用、Toolbar 的操作和 Fragment 的生命周期。Adapter 是 Android 学习的一个难点，如果读者能够熟练掌握 Adapter，那么其他界面组件使用起来就会容易很多；Toolbar 和 Fragment 是在 Android 3.0 版本之后加入的新特性，通过 Toolbar 和 Fragment 的配合可以组合成许多形式多样的界面，这也是未来 Android 界面的发展趋势。

习题

1. 列举几个常见的适配器。
2. 说明 ImageView 中 scaleType 属性的作用。
3. GridView 通过哪个属性设置每行显示几列？
4. Android 中的菜单有几种？分别是什么？
5. Toolbar 相对于 ActionBar 有何优点？

第5章　后台服务和广播

1. 任务

通过学习 Android 系统中后台服务的相关知识，掌握在合适的场合使用服务和广播的方法。

2. 要求

1）掌握服务的概念。

2）掌握服务的使用方法。

3）了解线程和服务的关系。

4）掌握广播的使用方法。

3. 导读

1）后台服务简介。

2）服务的两种使用方法。

3）使用新线程的后台服务。

4）广播消息和接收。

5.1　后台服务简介

服务（Service）是 Android 系统中的 4 个应用程序组件之一，主要用于两个场合：后台运行和跨进程访问。通过启动一个服务，用户可以在不显示界面的前提下在后台运行指定的任务，这样可以不影响其他任务的运行。通过服务还可以实现不同进程之间的通信，这也是服务的重要用途之一。在实际应用中，很多应用需要使用 Service，一般使用 Service 为应用程序提供一些服务或不需要界面的功能，如从 Internet 下载文件、控制 Video 播放器等。经常提到的例子就是 MP3 播放器，要求从播放器界面切换至电子书阅读界面后，仍能保持音乐的正常播放，这就需要在 Service 中实现音乐播放功能。

二维码 5-1

Service 并没有实际界面，而是一直在 Android 系统的后台运行，这一点和前面章节提到的 Activity 有着极大的差别。Activity 必定是有界面的，是能和用户进行交互的。而 Service 是无须用户干预，但需要较长时间运行的功能。没有用户界面意味着降低了系统资源的消耗，而且 Service 具有比 Activity 更高的优先级，因此在系统资源紧张的情况下，Service 不会轻易被 Android 系统终止。即使 Service 被系统主动终止，在系统资源恢复后，Service 也将自动恢复运行状态。因此可以说，Service 是在系统中永久运行的组件。这一点也从另外一个方面提醒了开发者：在程序中要正确把握好自己开发的后台服务 Service 的生命周期。

除了以上的差别外，Service 与 Activity 使用起来比较类似，下面就一些关键点进行比较：

1）使用Service需要继承Android. App. Service类，并在AndroidManifest. xml文件中使用<service>标签声明，否则不能使用，这一点和Activity一样。

2）实现Service只需Java源文件实现功能，无须XML描述的layout布局文件。

3）启动Service的方法和启动Activity相同，都有显式启动和隐式启动两种方法，如果服务和调用服务的组件在同一个应用程序中，则两种方法都可行；如果服务和调用服务的组件不在相同的应用程序中，则只能使用隐式启动。

4）Service也有一个从启动到销毁的过程，但Service的生命周期过程要比Activity简单得多。Service从启动到销毁的过程一般经历以下3个阶段：创建服务、开始服务和销毁服务。

5）一个Service实际上是一个继承了Android. App. Service的类，当Service经历上面3个阶段时，会分别调用Service类中的以下3个事件进行交互：

```
1.public void onCreate();              //创建服务
2.public void onStartcommend();        //开始服务,替代了原有的onStart()函数
3.public void onDestroy();             //销毁服务
```

一个Service只会创建一次，销毁一次，但可以开始多次，因此onCreate()和onDestroy()函数只会被调用一次，而onStartcommend()函数可以被调用多次。

注意： 和Activity的生命周期函数相比较，Service生命周期中没有onStart()，主要是因为在Service生命周期中onStart()函数被onStartCommand()这个函数给替代了，onStart()函数在SDK 2.3版本后就不推荐使用了。

当应用程序需要做一个长耗时的操作，或者可能需要和别的程序交互时，就需要使用Service，读者除了要明确Service和Activity的区别以外，还要明确Service和进程、线程之间的区别。

Service不是一个单独的进程，除非单独声明，否则它不会运行在单独的进程中，而是和启动它的程序运行在同一个进程中。Service也不是一个线程，这意味着它将在主线程里运行。

可能有的读者会有疑问，既然是长耗时的操作，那么Thread也可以完成啊。没错，在程序里面很多耗时工作也可以通过Thread来完成。接下来就为大家解释Service和Thread的区别。

首先要说明的是，进程是系统的最小资源分配单位，而线程是程序执行的最小单元，可以用Thread来执行一些异步的操作，线程需要的资源通过它所在的进程获取。

Service是Android的一种机制，当它运行时如果是Local Service，那么对应的Service是运行在主进程的main线程上的。如果是Remote Service，那么对应的Service则运行在独立进程的main线程上。

Thread的运行是独立的，也就是说，当一个Activity被finish之后，如果没有主动停止Thread或者Thread里的run方法没有执行完毕，则Thread也会一直执行。因此，这里会出现一个问题：当Activity被finish之后，不再持有该Thread的引用，也就是不能再控制该

Thread。另一方面，没有办法在不同的 Activity 中对同一 Thread 进行控制。

例如，如果一个 Thread 需要每隔一段时间连接服务器校验数据，则该 Thread 需要在后台一直运行。这时候如果创建该 Thread 的 Activity 被结束了，而该 Thread 没有停止，那么将没有办法再控制该 Thread，除非 kill 掉该程序的进程。这时如果创建并启动一个 Service，在 Service 里面创建、运行并控制该 Thread，便解决了该问题（因为任何 Activity 都可以控制同一个 Service，而系统也只会创建一个对应 Service 的实例)。

可以把 Service 想象成一种消息服务，可以在任何有 Context 的地方调用 Context. startService、Context. stopService、Context. bindService、Context. unbindService 来控制它，也可以在 Service 里注册 BroadcastReceiver，通过发送广播来达到控制的目的，这些都是 Thread 做不到的。

5.2　服务的两种使用方法

Service 的使用方法有以下两种：一种为启动方法，另一种为绑定方法。

（1）*启动方法*

启动方法是指在需要启动服务的 Activity 中使用 StartService( ) 函数来进行方法的调用，调用者和服务之间没有联系，即使调用者退出了，服务依然在进行。调用顺序为 onCreate( )→onStartCommand( )→startService( )→onDestroy( )。

当其他组件（如一个 Activity）通过 Context. startService( ) 函数启动 Service 时，系统会创建一个 Service 对象，并顺序调用 onCreate( ) 函数和 onStartCommand( ) 函数。在调用 Context. stopService( )或者 stopService( )之前，Service 一直处于运行状态。这里需要强调的是，如果 Service 已经启动了，当再次启动 Service 时，不会再执行 onCreate( ) 函数，而是直接执行 onStartCommand( ) 函数。同样的道理，无论调用了多少次 stopService( )，只需调用一次 stopService( ) 就可以停止 Service。Service 对象在销毁之前，onDestroy( ) 会被调用，因此与资源释放相关的工作应该在此函数中完成。

（2）*绑定方法*

绑定方式是在相关 Activity 中使用 bindService( ) 函数来绑定服务，即调用者和绑定者“绑”在一起，调用者一旦退出，服务也就终止了，执行顺序为 onCreate( )→onBind( )→onUnbind( )→onDestroy。

调用 Context. bindService( ) 启动方式时，客户端可以绑定到正在运行的 Service 上，如果此时 Service 没有运行，则系统会调用 onCreate( ) 函数来创建 Service，Service 的 onCreate( ) 函数只会被调用一次。如果已经绑定了，那么启动时就直接运行 Service 的 onStartcommand( ) 函数。如果先启动，那么绑定时就直接运行 onBind( ) 函数。如果先绑定上了，就停止不了，也就是说，stopService( ) 函数不能用了，只能先使用 unbindService( )，再用 stopService( ) 函数。所以，先启动还是先绑定，这两者是有区别的。

客户端成功绑定到 Service 之后，可以从 onBind( ) 函数中返回一个 IBinder 对象，并使用 IBinder 对象来调用 Service 的函数。一旦客户端与 Service 绑定，就意味着客户端和 Service 之间建立了一个连接，只要还有连接存在，系统就会一直让 Service 运行下去。

下面通过两个例程分别来说明服务的两种使用方法。

5.2.1　调用 StartService( )函数使用服务

二维码 5-2

项目 StartServiceModeDemo 的项目结构如图 5-1 所示，源程序中分别有一个 Activity 和 Service 对应的 Java 文件。Activity 的对应界面如图 5-2 所示，只有一个 TextView 和两个 Button 按钮，布局文件为 main. xml。通过 Activity 中的单击“启动 Service”按钮调用 StartService( )函数进行启动服务，服务的功能是产生一个随机整数（0～100），并通过 Toast 方式进行显示。通过单击“停止 Service”按钮调用 StopService( )函数停止该后台服务。

项目实现过程如下：

1）在 AS 中新建项目，名称为 StartServiceModeDemo。

2）实现本项目的一个 Activity 和对应的布局文件，即 StartServiceModeActivity. java，对应布局文件为 main. xml，如图 5-1 所示。

3）实现 StartServiceModeService. java 代码，继承自 Service 类，Override 4 个主要的方法。

4）修改 AndroidManifest. xml 文件，增加前两步所实现的 Activity 和 Service 的声明。

5）调试和运行项目。

图 5-1　服务启动的项目结构图

图 5-2　服务启动的项目界面

现在对关键代码段进行分析，首先看 StartServiceModeActivity. java 这个文件的关键代码。

```
public class StartServiceModeActivity extends Activity {
/* * Called when the activity is first created. * /
@ Override
public void onCreate(Bundle savedInstanceState) {
    super.onCreate(savedInstanceState);
    setContentView(R.layout.main);
    Button startButton = (Button)findViewById(R.id.start);
    Button stopButton = (Button)findViewById(R.id.stop);
    //定义显示启动所需要的 Intent 对象,和显示启动 Activity 类似
    final Intent serviceIntent = new Intent(this, StartServiceModeService.class);
```

```
11        //第一个按钮的监听事件,实现启动服务功能
12        startButton.setOnClickListener(new Button.OnClickListener(){
13            public void onClick(View view){
14                startService(serviceIntent);
15            }
16        });
17      //第二个按钮的监听事件,实现停止服务功能
18        stopButton.setOnClickListener(new Button.OnClickListener(){
19            public void onClick(View view){
20      //系统会自动调用服务的生命周期函数停止服务
21                stopService(serviceIntent);
22            }
23        });
24    }
25 }
```

这段代码首先表明继承了 Activity 类，并重写了 onCreate()函数，在此实现了全部功能。

第 7 ~ 8 行代码分别生成两个 Button 变量，并和布局文件中的按钮 ID 进行了关联。

第 10 行代码是关键，定义了显示启动所需要的 Intent 对象，该对象在第 14 行和第 21 行代码中被调用，分别实现了启动服务和关闭服务的功能。

第 12 ~ 16 行代码实现了启动按钮的动作监听功能，当单击该按钮时，设置的监听器 setOnClickListener()会执行 onClick()函数中的内容。这里通过第 14 行的一句代码启动 Service 的 Intent 传递给 startService（serviceIntent）函数即可实现启动服务。

第 18 ~ 23 行代码实现了停止按钮的动作监听功能，当单击该按钮时，设置的监听器 setOnClickListener()会执行 onClick()函数中的内容。这里通过第 21 行的一句代码停止服务。

下面看一下 StartServiceModeService. java 这个文件的关键代码。

```
public class StartServiceModeService extends Service{

@Override  //第一次调用 StartService()时会调用本函数,即实现初始化功能
public void onCreate(){
    super.onCreate();
    Toast.makeText(this, "(1) 调用 onCreate()函数,初始化服务",
          Toast.LENGTH_LONG).show();
}

@Override  //每次调用 StartService()时都会调用本函数,所以具体功能代码一定在这里实现
public int onStartCommand(Intent intent, int flags, int startId){
     Toast.makeText(this, "(2) 调用 onStartCommand()函数,实现服务的具体功能",
          Toast.LENGTH_SHORT).show();
     double randomDouble = Math.random();
     String msg = "产生一个随机数:" + Math.round(randomDouble * 100);
     Toast.makeText(this,msg, Toast.LENGTH_SHORT).show();
    return super.onStartCommand(intent, flags, startId);
}
```

```
19
20 @ Override //调用组件中使用 stopService()时,自动调用本函数来停止 Service
21 public void onDestroy() {
22         super.onDestroy();
23         Toast.makeText(this, "(3) 调用 onDestroy()函数,结束服务",
24               Toast.LENGTH_SHORT).show();
25 }
26
27 @ Override  //在绑定服务时才用到,本启动服务例程无需返回值
28 public IBinder onBind(Intent intent) {
29         return null;
30 }
31 }
```

本段代码首先表明继承了 Service 类，并重写了 3 个函数，在此实现了全部功能，在 onCreate()、onDestroy()函数中插入了一个 Toast 显示的语句，帮助读者理解服务的生命周期函数的调用过程。重点实现本服务的功能代码在第 11 ~ 18 行代码的 onStartCommand()函数中。

第 12 ~ 13 行代码使用 Toast 显示信息，这种方法非常有用，可以把一些必要的提示信息呈现给使用者，而且可以设置显示时间的长短。

第 14 ~ 15 行产生一个随机数并生成一个 String 类型的变量对象 msg，供第 16 行的 Toast 使用。

对于服务的生命周期，用户可以结合本例提供的 Toast 显示，领会以下内容：

1）调用 startService（Intent）函数首次启动 Service 后，系统会先后调用 onCreate()和 onStartcommand()。

2）再次调用 startService（Intent）函数，系统则仅调用 onStartcommand()，而不再调用 onCreate()。

3）在调用 stopService（Intent）函数停止 Service 时，系统会调用 onDestroy()。

4）无论调用过多少次 startService（Intent），在调用 stopService（Intent）函数时，系统仅调用 onDestroy()一次。

最后看一下 AndroidManifest. xml 文件的关键代码。

```
 <activity
android:label = "@ string/app_name"
android:name = "cn.edu.siso.StartServiceMode.StartServiceModeActivity" >
            <intent - filter >
                <action android:name = "android.intent.action.MAIN" />
                <category android:name = "android.intent.category.LAUNCHER" />
            </intent - filter >
 </activity >

 <service
android:name = "cn.edu.siso.StartServiceMode.StartServiceModeService" >
```

```
</service>
```

Activity 和 Service 组件必须在 AndroidManifest. xml 中注册之后，才能正常运行。因此，需要修改 AndroidManifest. xml（加入以上的内容）。<activity>… </activity>标签之间的<intent-filter>是可选的，这里的 Service 没有设置 Intent-filter，所以只能显示调用，如果需隐式调用，则设置好 Intent-filter 即可。这里不再给出隐式启动 Service 的实例代码，请读者自己试着编写完成。

5.2.2　以绑定方式使用服务

二维码 5-3

项目 BindServiceModeDemo 的项目结构如图 5-3 所示，源程序中也是分别有一个 Activity 和 Service 对应的 Java 文件。Activity 的对应界面如图 5-4 所示，布局文件为 main. xml，只有一个 TextView 和 3 个 Button 按钮。

项目创建了 MathService 服务，用来完成简单的数学加法运算，但足以说明如何使用绑定方式，通过调用自定义在 MathService 中的公有方法 add( )，完成对 Activity 中的两个数进行加法运算并显示。

本实例中，要想实现两个随机数的加法，必须先绑定服务。也就是在 Activity 中通过“服务绑定”按钮进行服务绑定，否则直接单击“加法运算”按钮会出现无法调用 MathService 中的公有方法 add( )的错误提示。

在服务绑定后，用户可以单击“加法运算”按钮，将两个随机产生的数值传递给 MathService 服务，并从 MathService 对象中获取加法运算的结果，然后显示在屏幕的上方。

“取消绑定”按钮可以解除与 MathService 服务的绑定关系，取消绑定后将无法通过“加法运算”按钮获取加法运算结果。

以绑定方式使用 Service，能够获取 Service 对象，这样不仅能够正常启动 Service，而且能够调用正在运行中的 Service 实现的公有方法和属性。为了使 Service 支持绑定，需要在 Service 类中重载 onBind( )函数，并在 onBind( )函数中返回 Service 对象。

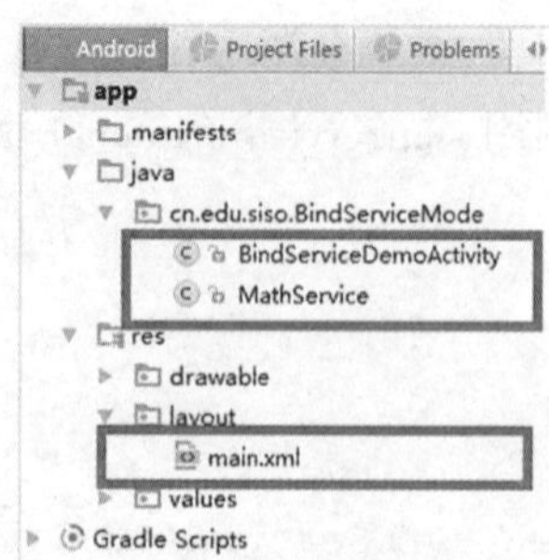

图 5-3　服务绑定的项目结构图

图 5-4　服务绑定的项目界面

项目的构建过程和前一示例非常相似，这里不再赘述，Activity 的完整代码如下：

```
public class BindServiceDemoActivity extends Activity {
    private MathService mathService;
    private boolean isBound = false;      //帮助判断当前状态是否服务绑定状态
    TextView labelView;
```

```
        @ Override
    public void onCreate(Bundle savedInstanceState) {
        super.onCreate(savedInstanceState);
        setContentView(R.layout.main);

        labelView = (TextView)findViewById(R.id.label);
        Button bindButton = (Button)findViewById(R.id.bind);
        Button unbindButton = (Button)findViewById(R.id.unbind);
        Button computButton = (Button)findViewById(R.id.compute);
        //先判断是否服务绑定状态,如果不是,就用 bingService()函数进行服务绑定
        bindButton.setOnClickListener(new View.OnClickListener(){
            @ Override
            public void onClick(View v) {
                if(! isBound){
                    final Intent serviceIntent = new Intent(Bind Service
    Demo Activity.this, Math Service.class);
    bindService(serviceIntent,mConnection,Context.BIND_AUTO_CREATE);
                    isBound = true;
                }
            }
        });
         //先判断是否服务绑定状态,如果在绑定状态,就用 unbingService()函数取消绑定
        unbindButton.setOnClickListener(new View.OnClickListener(){
            @ Override
            public void onClick(View v) {
                if(isBound){
                    isBound = false;
                    unbindService(mConnection);
                    mathService = null;
                }
            }
        });
         //计算功能按钮监听事件
        computButton.setOnClickListener(new View.OnClickListener(){
            @ Override
            public void onClick(View v) {
                    if (mathService = = null){
                labelView.setText("未绑定服务,请先单击绑定服务按钮后才能实现运算");
                        return;
                    }
                    long a = Math.round(Math.random() * 100);
                    long b = Math.round(Math.random() * 100);
        //通过调用 Service 中的公有函数 Add(),完成对 Activity 中的两个数进行加法运算
        并显示
                    long result = mathService.Add(a, b);
                    String msg = String.valueOf(a) + " + " + String.valueOf(b) +
                                                    " = " + String.valueOf(result);
```

```
49                      labelView.setText(msg);
50                  }
51              });
52
53      }
54      //调用者需要声明一个 ServiceConnection,重载内部两个函数
55      private ServiceConnection mConnection = new ServiceConnection() {
56          @ Override
57          public void onServiceConnected(ComponentName name, IBinder service) {
58              mathService = ((MathService.LocalBinder)service).getService();
59          }
60
61          @ Override
62          public void onServiceDisconnected(ComponentName name) {
63              mathService = null;
64          }
65      };
66  }
```

绑定和取消绑定服务的代码都在这个文件中，各个方法的模块功能都已经做了简单注释。

第 19 ~21 行代码，调用者通过 bindService( ) 函数实现绑定服务并设置状态。下面对这个函数做重点说明：在第 1 个参数中将 Intent 传递给 bindService( ) 函数，声明需要启动的 Service；第 3 个参数 Context. BIND_AUTO_CREATE 表明只要绑定存在，就自动建立 Service；同时也告知 Android 系统，这个 Service 的重要程度与调用者相同，除非考虑终止调用者，否则不要关闭这个 Service。bindService( ) 函数的第 2 个参数是 ServiceConnection，当绑定成功后，系统将调用 ServiceConnection 的 onServiceConnected( ) 函数（第 55 ~59 行代码），而当绑定意外断开后，系统将调用 ServiceConnection 中的 onServiceDisconnected( ) 函数（第 62 ~65 行代码）。

由上可知，以绑定方式使用 Service，调用者需要声明一个 ServiceConnection，并重载内部的 onServiceConnected( ) 函数和 onServiceDisconnected( ) 函数。

以下是本例程中 Service 部分的关键代码，重点是 onBind( ) 函数和 public long Add( ) 函数：

```
public class MathService extends Service{
  private final IBinder mBinder = new LocalBinder();

public class LocalBinder extends Binder{
      MathService getService() {
          return MathService.this;
      }
  }

 @ Override
```

二维码 5-4

```
20      public void onCreate() {
21           Toast.makeText(this, "(1) 调用 Oncreate()函数",
22                         Toast.LENGTH_SHORT).show();
23         super.onCreate();
24      }
25
26      @ Override
27      public int onStartCommand(Intent intent, int flags, int startId) {
28         Toast.makeText(this, "(2) 调用 onStartCommand()函数",
29                       Toast.LENGTH_SHORT).show();
30         return super.onStartCommand(intent, flags, startId);
31      }
32   //为了使 Service 支持绑定,需要重载 onBind()函数,并返回 Service 对象
33      @ Override
34      public IBinder onBind(Intent intent) {
35         Toast.makeText(this, "(3) 本地绑定:MathService",
36                       Toast.LENGTH_SHORT).show();
37        return mBinder;
38      }
39
40      @ Override
41      public boolean onUnbind(Intent intent){
42         Toast.makeText(this, "(4) 取消本地绑定:MathService",
43                       Toast.LENGTH_SHORT).show();
44         return false;
45      }
46      @ Override
47      public void onDestroy() {
48         Toast.makeText(this, "(5) 调用 onDestroy()函数",
49                       Toast.LENGTH_SHORT).show();
50         super.onDestroy();
51      }
52      public long Add(long a, long b){     //本公用函数是本服务的核心内容
53         return a + b;
54      }
55   }
```

当 Service 被绑定时，系统会调用 onBind()函数，通过 onBind()函数的返回值，将 Service 对象返回给调用者。

从第 34 行代码中可知，onBind()函数的返回值必须是符合 IBinder 接口的，所以应在代码中声明一个接口变量 mBinder，mBinder 符合 onBind()函数返回值的要求，因此将 mBinder 传递给调用者。IBinder 是用于进程内部和进程间过程调用的轻量级接口，定义了与远程对象交互的抽象协议，使用时通过继承 Binder 的方法实现。

第 13～16 行代码继承 Binder，LocalBinder 是继承 Binder 的一个内部类。

第 14 行代码实现了 getService()函数，当调用者获取到 mBinder 后，通过调用getService()

即可获取 Service 的对象。

第 52 ~ 54 行代码实现了公用方法 Add( ) 函数，调用者调用该函数可返回加法后的值。

本例程如果不使用服务模式，也可以很方便地实现类似的功能，这里只是通过服务绑定的模式来强调说明服务 Service 的使用方法。具体开发程序时，需实现的功能可以通过在服务中自定义的方法来代替现有的 Add( ) 函数。

5.3　在服务中使用新线程更新 UI

5.2 节两个实例中的 Activity 和 Service 都是工作在主线程上的，用户可以将其理解为 UI 线程。当遇到一些耗时操作的情形（如 I/O 读/写的大文件读/写）时，数据库操作以及网络下载需要很长时间，为了不阻塞用户界面，避免出现 ANR（Application Not Responding）提示对话框（见图 5-5），用户可以单击“等待”按钮让程序继续运行，或单击“强制关闭”按钮使程序停止运行。

一般情况下，一个流畅的、合理的应用程序中不应该出现 ANR，即不应让用户每次都要处理这个对话框。因此，程序里对响应性能的设计很重要，应能使系统不显示 ANR 给用户。默认情况下，Android 中 Activity 的最长执行时间为 5s，BroadcastReceiver 的最长执行时间为 10s。

图 5-5　ANR 提示对话框

因此，运行在主线程里的任何方法都尽可能“少做事情”。特别是 Activity，应该在它的关键生命周期方法［如 onCreate( ) 和 onResume( )］里尽可能少地去做创建操作。潜在的耗时操作（如网络或数据库操作）或者高耗时的计算（如改变位图尺寸），应该在一个新的子线程里完成，主线程应该为子线程提供一个 Handler，以便其完成时能够提交给主线程。以这种方式设计应用程序，将能保证主线程保持对输入的响应性，并能避免由于 5s 输入事件的超时而引发的 ANR 提示对话框问题。本节就涉及两个问题：一是如何创建一个新线程；二是如何在子线程和主线程之间通过 Handler 进行数据交互。

5.3.1　创建和使用线程（Thread）

线程（Thread）又被称为轻量级进程（Light Weight Process，LWP），是程序执行流的最小单元。线程是程序中一个单一的顺序控制流程。每一个程序都至少有一个线程，若程序只有一个线程，那就是程序本身；如果在单个程序中同时运行多个线程以完成不同的工作，则称为多线程。

二维码 5-5

一个进程中的多个线程可以并发执行。在这样的机制下，用户可以认为子线程和主线程是相对独立的，且是能与主线程并行工作的程序单元，这样可以把需要完成的一些耗时、影响用户体验的子线程代码，以及一些不需要界面、不需要用户参与也能在后台服务中完成的工作（如网络更新、下载等）放入后台服务中。

在 Android 中创建和使用线程的方法和 Java 编程一样，首先需要实现 Runnable 接口，并重写 run( ) 函数，在 run( ) 函数中实现功能代码，具体如下：

```
private Runnable backgroudWork = new Runnable(){
```

```
        @ Override
        public void run() {
            //功能代码
        }
};
```

其次是创建 Thread 对象，并将上面实现的 Runnable 对象作为参数传递给 Thread 对象。Thread 的构造函数中，第一个参数用来表示线程组，第二个参数是需要执行的 Runnable 对象，第三个参数是线程的名称。

```
private Thread workThread;
workThread = new Thread(null,backgroudWork,"workThread");
```

最后调用 start( ) 函数启动线程，代码如下：

```
workThread.start();
```

当线程在 run( ) 函数返回后，线程就自动终止了，不推荐使用调用 stop( ) 函数在外部终止线程。最好的方法是通知线程自行终止。一般调用 interrupt( ) 函数通知线程准备终止，线程会释放它正在使用的资源，在完成所有清理工作后自行关闭，代码如下：

```
workThread.interrupt();
```

其实，interrupt( ) 函数并不能直接终止线程，仅仅是改变了线程内部的一个布尔字段。用户使用 run( ) 函数能够检测到这个布尔字段，从而知道何时应该释放资源和终止线程。在 run( ) 函数的代码中，一般通过 Thread. interrupted( ) 函数查询线程是否被中断。以下代码的功能是：以 1s 为间隔循环执行功能代码，并检测线程是否被中断。

```
1  public void run() {
2  try {
3          while(true){
4              //过程代码
5          Thread.sleep(1000);
6          }
7      } catch (InterruptedException e) {
8        e.printStackTrace();
9      }
10 }
```

第 5 行代码使线程休眠 1000ms，当线程在休眠过程中被中断时，则会产生 InterruptedException，并且在捕获到 InterruptedException 后，安全终止线程。

5.3.2　使用 Handle 更新用户界面

现在读者已经能设计自己的线程了，但还存在一个问题，那就是如何使用后台线程（Service）中的最新数据去更新用户界面（Activity）。Android 系统提供了多种方法解决这个问题，常用的方法之一是利用 Handler 来实现 UI 线程的更新功能，即利用 Handler 来根据接收的消息，处理 UI 更新。Thread 线程发出 Handler 消息，通知更新 UI。Android 为开发者提供了 Handler 和 Message 机制去实现这些功能，现在对相关编程机制进行说明。

通常在 UI 线程中创建一个 Handler，Handler 相当于一个工作人员，它主要负责处理和绑定到该 Handler 的线程中的 Message。注意，每一个 Handler 都必须关联一个 Looper，并且两者是一一对应的，这一点非常重要。此外，Looper 负责从其内部的 MessageQueue 中“拿”出一个个的 Message 给 Handler 进行处理。因为这里的 Handler 是在 UI 线程中实现的，所以经过这样一个 Handler、Message 机制，就可以回到 UI 线程中了。下面对这里涉及的 4 个概念再次进行说明。

1）Handler：理解为工作人员，在主线程中为处理后台进程返回数据的工作人员。

2）Message：理解为需要传递的消息，就是后台进程返回的数据，里面可以存储 bundle 等数据格式。

3）MessageQueue：理解为消息队列，就是线程对应 Looper 的一部分，负责存储从后台进程中返回的和当前 Handler 绑定的 Message，是一个队列。

4）Looper：理解为一个 MessageQueue 的管理人员，它会不停地循环遍历队列，然后将符合条件的 Message 一个个“拿”出来交给 Handler 处理。

Handler 允许将 Runnable 对象发送到线程的消息队列中，每个 Handler 对象被绑定到一个单独的线程和消息队列中。当用户建立一个新的 Handler 对象，通过 post（）方法将 Runnable 对象从后台线程发送到 GUI 线程的消息队列中，Runnable 对象通过消息队列后，这个 Runnable 对象将被运行，代码如下：

```
1    private static Handler handler = new Handler();  //产生一个新的 Handle 对象
2        //通过系统的 post()方法将 Runnable 对象从后台线程发送到 GUI 线程的消息队列中
3    public static void UpdateGUI(double refreshDouble){
4        handler.post(RefreshLable);
5    } //当 Runnable 对象 RefreshLable 通过消息队列后,这个 Runnable 对象将被运行
6    private static Runnable RefreshLable = new Runnable(){
7        @ Override
8        public void run() {
9       //功能代码
10       }
11   };
```

第 1 行代码建立了一个静态的 Handler 对象，但这个对象是私有的，因此外部代码并不能直接调用这个 Handler 对象。

第 3 行代码中 UpdateGUI( )是公有的界面更新函数，后台线程通过调用该函数，将后台产生的数据 refreshDouble 传递到 UpdateGUI( )函数内部并直接调用 post( )函数，将第 6 行创建的 Runnable 对象传递给界面线程（主线程）的消息队列。

第 7 ~ 10 行代码是 Runnable 对象中需要重载的 run( )函数，一般将界面更新代码放在 run( )函数中。

下面通过一个实例 ThreadModeServiceDemo 来帮助用户对本节的内容进行理解。本实例的功能是持续产生随机数并显示到界面上，本实例的用户界面如图 5-6 所示。单击“启动 Service”按钮后，将启动后台 Service 中的线程，每秒产生一个 0 ~ 1 的随机数，然后通过

Handler将产生的随机数传递到用户界面并进行界面更新显示。单击“停止Service”按钮后，将关闭后台线程，停止显示随机数及更新。

在本实例中，ThreadModeServiceActivity.java是界面Activity文件，用户要特别注意的是其中封装Handler的界面更新函数，具体过程已经在前面进行了说明。ThreadModeService.java是描述Service的文件，实现了创建线程、产生随机数和调用界面更新函数等功能。

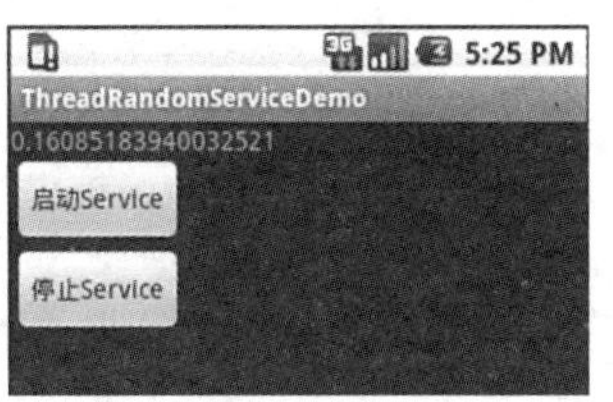

图5-6　ThreadModeServiceDemo的用户界面

ThreadModeServiceActivity.java的关键代码如下，重点注意界面更新函数的代码构成，对两个按钮的监听器设置，只起到启动和停止Service的功能。

```
public class ThreadModeServiceActivity extends Activity {
    //产生一个新的Handle对象
    private static Handler handler = new Handler();
    private static TextView labelView = null;
    private static double randomDouble ;
    //界面更新函数
    public static void UpdateGUI(double refreshDouble){
        randomDouble = refreshDouble;
    //通过系统的post()函数将Runnable对象从后台线程发送到GUI线程的消息队列中
        handler.post(RefreshLable);
    }
    //当Runnable对象RefreshLable通过消息队列后,这个Runnable对象将被自动运行
    private static Runnable RefreshLable = new Runnable(){
        @Override
        public void run() {   //功能代码,即在labelView控件上显示随机数
            labelView.setText(String.valueOf(randomDouble));
        }
    };

        @Override
        public void onCreate(Bundle savedInstanceState) {
            super.onCreate(savedInstanceState);
            setContentView(R.layout.main);

            labelView = (TextView)findViewById(R.id.label);
            Button startButton = (Button)findViewById(R.id.start);
            Button stopButton = (Button)findViewById(R.id.stop);

            final Intent serviceIntent = new Intent(this, ThreadModeService.class);
            //启动Service按钮的监听器设置
            startButton.setOnClickListener(new Button.OnClickListener(){
                public void onClick(View view){
                    startService(serviceIntent);  //启动Service
```

```
                }
            });
            //停止 Service 按钮的监听器设置
            stopButton.setOnClickListener(new Button.OnClickListener(){
                public void onClick(View view){
                    stopService(serviceIntent);  //停止 Service
                }
        });
    }
}
```

ThreadModeService. java 的代码如下，重点注意在服务中建立和使用新线程的方法。

```
public class ThreadModeService extends Service{
    private Thread workThread;
    //产生一个新的线程对象,并将实现的 Runnable 对象作为参数传递给子线程对象
@ Override
    public void onCreate() {
        super.onCreate();
        Toast.makeText(this, "(1) 调用 onCreate()函数进行初始化",
                Toast.LENGTH_LONG).show();
        workThread = new Thread(null,backgroudWork,"workThread");
    }

    @ Override
    public int onStartCommand(Intent intent, int flags, int startId) {
        Toast.makeText(this, "(2) 调用 onStartCommand()函数",
                Toast.LENGTH_SHORT).show();
        if (! workThread.isAlive()){
        workThread.start();  //子线程启动
        }
        return super.onStartCommand(intent, flags, startId);
    }

    @ Override
    public void onDestroy() {
        super.onDestroy();
        Toast.makeText(this, "(3) 调用 onDestroy()函数",
                Toast.LENGTH_SHORT).show();
        workThread.interrupt();  //子线程停止
    }

    @ Override
    public IBinder onBind(Intent intent) {
            return null;
    }
    //实现 Runnable 接口,并重载 run()函数,每秒产生一个随机数,并调用界面更新方法
```

```
    private Runnable backgroudWork = new Runnable(){
        @ Override
        public void run() {
            try {
                while(! Thread.interrupted()){
                    double randomDouble = Math.random();
                    ThreadModeServiceActivity.UpdateGUI(randomDouble);
                    Thread.sleep(1000);
                }
            } catch (InterruptedException e) {
                e.printStackTrace();
            }
        }
    };
}
```

这个实例中的子线程启动、子线程停止等方法都和 Service 的生命周期函数紧密地结合在一起了，只有在充分理解 Activity 和 Service 的生命周期函数的基础上，知道系统自动调用相关方法的时机，才能更好地实现功能代码。

在 Android 系统中，每个应用程序在各自的进程中运行，而且出于对安全因素的考虑，这些进程之间彼此是隔离的。进程之间传递数据和对象，需要使用 Android 支持的进程间通信（Inter-Process Communication，IPC）机制，这可以使应用程序具有更好的独立性和鲁棒性。

AIDL（Android Interface Definition Language）是 Android 系统自定义的接口描述语言，可以简化进程间数据格式转换和数据交换的代码，通过定义 Service 内部的公共方法，允许调用者和 Service 在不同进程间相互传递数据。这部分内容一般在较复杂的程序开发中才会涉及，所以本书就不详细介绍了。

5.4　广播及接收

Activity 与 Service 是 Android 的两个重要组件，在使用过程中开发者遇到最多的是它们之间通信的问题。

二维码 5-6

首先考虑 Activity 向 Service 传递消息的方法：

1）利用 BroadcastReceiver，Activity 发送广播，Service 中定义广播接收者进行接收。

2）利用绑定服务的方式开启服务，暴露服务中的方法，Activity 进行调用。

3）利用 Intent 打开服务（开启服务）的方式，通过 Intent 传递数据。

其次还要考虑 Service 向 Activity 传递消息的方法：

1）利用 BroadcastReceiver，在 Service 中发送广播，Activity 中接收广播。

2）如 5.3 节所述，在 Service 中发送消息，在 Activity 中使用 Handler 进行处理。

Service 需借助 Intent 启动，在 Android 系统中，Intent 还能作用在广播机制中。在 Android 系统中，广播（Broadcast）机制的重要功能就是将 Intent 作为不同进程间传递数据和事件的媒介。应用程序或者 Android 系统在某些事件来临时会将 Intent 广播出去，而注册的 BroadcastReceiver 会监听这些 Intent，并且可以获得 Intent 中的数据。举例来说，在电池电量发生变化、收到短信时，Android 系统会将相关的 Intent 广播出去，所以注册的针对这些事件的 BroadcastReceiver 就可以处理这些事件。

1. 实现 Android 中的广播事件

程序主动广播 Intent 是比较简单的，只需在程序当中构造好一个 Intent，然后调用 sendBroadcast( )函数进行广播即可，代码如下：

```
public static final String NEW_BROADCAST = "cn.siso.action.NEW_BROADCAST";
Intent intent = new Intent(NEW_BROADCAST);
intent.putExtra("data1",someData1);
intent.putExtra("data2",someData2);
sendBroadcast(intent);
```

2. BroadcastReceiver 的注册与注销

不管是系统广播的 Intent 还是其他程序广播的 Intent，如果想接收并且对它进行处理，就要注册一个 BroadcastReceiver，并且一般要给注册的这个 BroadcastReceiver 设置一个 Intent Filter 来指定当前的 BroadcastReceiver 对 Intent 进行监听。

首先介绍如何实现一个 BroadcastReceiver。用户可以通过实现 BroadcastReceiver 类，并重写这个类当中的 onReceive( )方法来实现：

```
public class SisoAndroidRecreiver extends BroadcastReceiver{
@ Override
Public void onReceive (Context context,Intent intent){
//功能代码}
}
```

在 onReceive( )方法中最好不要有执行超过 5s 的代码，否则 Android 系统就会弹出 ANR 提示对话框。如果有执行超过 5s 的代码，请把这些内容按 5.3 节所述的方法放入一个线程中，单独执行。

注册的 BroadcastReceiver 并非一直在后台运行，而是当对应的 Intent 被广播发出时才会被系统选择后进行调用。

其次介绍一下如何注册和注销 BroadcastReceiver。注意，实现 BroadcastReciver 一定要进行注册，否则会出错。一般通过以下两种方法对 BroadcastReceiver 进行注册。

1）在 AndroidManifest. xml 中进行注册，这种方法最常用，代码如下：

```
<receiver android:name = "SisoAndroidReceiver" >
<intent - filter >
<action android:name = "com. sisoandroid.action.NEW_BROADCAST" />
</intent - filter >
</receiver >
```

2）在代码中直接进行注册，这种方法用起来灵活，但初级用户使用时要特别注意。

```
IntentFilter filter = new IntentFilter(NEW_BROADCAST);
SisoAndroidReceiver sisoandroidReceiver = new SisoAndroidReceiver();
RegistrReceiver(sisoandroidReceiver,filter);
```

将已经注册的 BroadcastReceiver 注销很方便，代码如下：

```
unregisterReceiver(sisoandroidReciver);
```

3. 实例分析

下面通过一个实例 BroadcastReceiverDemo 来帮助读者对广播（Broadcast）机制的内容进行理解。本实例将展示 BroadcastReceiver 和 Android 中的广播机制，以及 Notification 提示功能。具体的项目代码结构如图 5-7 所示。

运行程序后，按手机模拟器上的 <Menu> 键，显示图 5-8 所示的程序界面。单击 Menu 中的第一项，利用广播机制呼出 Notification，如图 5-9 所示，注意左上方状态栏的标记。单击 Menu 的第二项，利用广播机制取消 Notification，恢复为启动时的界面。

图 5-7　广播例程的项目代码结构

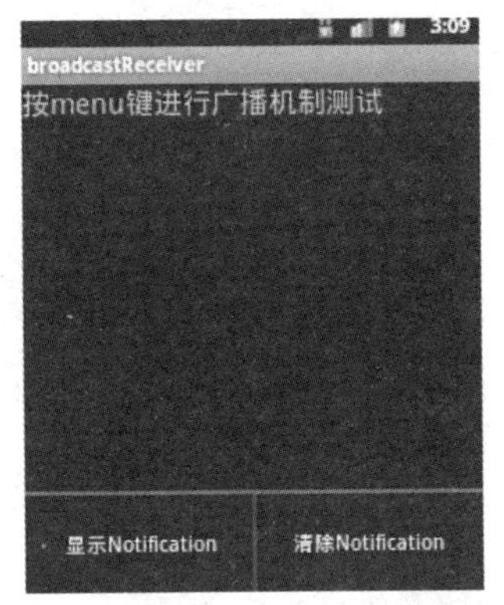

图 5-8　按下 <Menu> 键后的程序界面

图 5-9　带 Notification 状态的界面

首先，看一下 AndroidManifest. xml 文件，关键是注册两个 BroadcastReceiver 的代码：

```
<?xml version="1.0" encoding="utf-8"?>
<manifest xmlns:android="http://schemas.android.com/apk/res/android"
    package="cn.edu.siso.broadcastReceiver">
    <application android:icon="@drawable/icon">
    <activity android:name="cn.edu.siso.broadcastReceiver.ActivityMain"
                                  android:label="@string/app_name">
            <intent-filter>
                <action android:name="android.intent.action.MAIN" />
                <category android:name="android.intent.category.LAUNCHER" />
            </intent-filter>
    </activity>
    <receiver android:name="AndroidReceiver1">
            <intent-filter>
                <action android:name="cn.edu.siso.action.NEW_BROADCAST_1"/>
                </intent-filter>
```

```
16         </receiver>
17         <receiver android:name = "cn.edu.siso.broadcastReceiver.AndroidReceiver2" >
18                  <intent-filter>
19                  <action android:name = "cn.edu.siso.action.NEW_BROADCAST_2"/>
20                  </intent-filter>
21         </receiver>
22         </application>
23  </manifest>
```

第 5 ~ 11 行代码注册了启动界面 ActivityMain。

第 12 ~ 16 行代码注册了第一个广播接收器 AndroidReceiver1，可以接收 Intent-filter 中设置的条件名称为"cn. edu. siso. action. NEW_BROADCAST_1"的 Intent 对象。

第 17 ~ 21 行代码注册了第二个广播接收器 AndroidReceiver2，可以接收 Intent-filter 中设置的条件名称为"cn. edu. siso. action. NEW_BROADCAST_2"的 Intent 对象。

由此，结合图 5-7 所示的项目代码结构图，本项目的代码结构就很清晰了。

下面通过 ActivityMain. java 对启动界面的代码进行分析，这里要重点注意对 Intent 进行广播的方法。

```
public class ActivityMain extends Activity {

    public static final int ITEM0 = Menu.FIRST;
    public static final int ITEM1 = Menu.FIRST + 1;
    static final String ACTION_1 = "cn.edu.siso.action.NEW_BROADCAST_1";
    static final String ACTION_2 = "cn.edu.siso.action.NEW_BROADCAST_2";
    @Override
    protected void onCreate(Bundle bundle) {
            super.onCreate(bundle);
            setContentView(R.layout.main);
    }
public boolean onCreateOptionsMenu(Menu menu) {
            super.onCreateOptionsMenu(menu);
            menu.add(0, ITEM0, 0, "显示 Notification");
            menu.add(0, ITEM1, 0, "清除 Notification");
            menu.findItem(ITEM1);
            return true;
}
public boolean onOptionsItemSelected(MenuItem item) {
            switch (item.getItemId()) {
            case ITEM0:
                  actionClickMenuItem1();
                  break;
            case ITEM1:
                  actionClickMenuItem2();
                  break;
            }
```

```
28              return true;
29      }
30      private void actionClickMenuItem1() {
31              Intent intent = new Intent(ACTION_1);
32              sendBroadcast(intent);
33      }
34      private void actionClickMenuItem2() {
35              Intent cancelintent = new Intent(ACTION_2);
36              sendBroadcast(cancelintent);
37      }
38  }
```

第 12 ~ 29 行代码定义了有两个选择项的菜单 Menu，并实现了菜单两个选择项的监听器。

第 30 ~ 33 行代码通过 new Intent（ACTION_1）新建了一个 Action 为 ACTION_1 的 Intent，在第 32 行用这个 Intent 进行了广播。根据第 5 行代码的定义，不难看出跟本广播匹配的广播接收器是第一个广播接收器 AndroidReceiver1。也就是说，在单击第一个菜单选项，执行完第 32 行代码进行广播后，系统会自动根据接收器的匹配情况，执行 AndroidReceiver1 中的 onReceive( )方法。

第 34 ~ 37 行代码是 Menu 键第二个按钮的单击事件，通过 cancelintent 来进行第二个广播，这个广播中 Intent 的 Action 是"cn. edu. siso. action. NEW_BROADCAST_2"，所以相匹配的广播接收器是 AndroidReceiver2。

第一个广播接收器 AndroidReceiver1 的代码如下：

```
public class AndroidReceiver1 extends BroadcastReceiver {
    Context context;
    public static int NOTIFICATION_ID = 12345;
    @ Override
    public void onReceive(Context context, Intent intent) {
          this.context = context;
          showNotification();
    }
    private void showNotification() {
            NotificationManager notificationManager = (NotificationManager)
        context.getSystemService(android.content.Context.NOTIFICATION_SERVICE);
           @ SuppressWarnings("deprecation")
           Notification notification = new Notification(R.drawable.icon,
                        "这个是 AndroidReceiver1 中的实验", System.currentTimeMillis
                        ());

           PendingIntent contentIntent = PendingIntent.getActivity(context, 0,
                        new Intent(context, ActivityMain.class), 0);
           notification.setLatestEventInfo(context, "这个是 AndroidReceiver1 中的实
           验", null,contentIntent);
           notificationManager.notify(NOTIFICATION_ID, notification);
```

```
    }
}
```

本代码重点重载了 onReceive( ) 函数，将一个 Notification 显示在了状态栏中。ShowNotification( ) 负责显示一个 Notification。

第二个广播接收器 AndroidReceiver2 的代码如下：

```
1  public class AndroidReceiver2 extends BroadcastReceiver {
2     Context context;
3     @ Override
4     public void onReceive(Context context, Intent intent) {
5          //TODO Auto - generated method stub
6          this.context = context;
7          DeleteNotification();
8     }
9     private void DeleteNotification() {
10          NotificationManager notificationManager = (NotificationManager)
             context.getSystemService(android.
    content.Context.NOTIFICATION_SERVICE);
11         notificationManager.cancel(AndroidReceiver1.NOTIFICATION_ID);
12         }
13  }
```

当单击 Menu 的第二个选项后，项目的第二个广播会被第二个广播接收器所匹配，执行本代码中的 onReceive( ) 函数。第 9 ~ 12 行就是 DeleteNotification( )，它负责将刚才第一个广播接收器中生成的 Notification 从状态栏中删除。需要注意的是，每一个 Notification 都有唯一的 ID 进行标示和区分，本程序中的 NOTIFICATION_ID 是自主对应的值 12345。

关于 Notification 的内容在这里简单介绍一下。Notification 就是在桌面的状态通知栏里显示的通知，系统已经应用的有新短信、未接来电等。本程序就实现了在状态栏中显示自定义的通知，涉及以下 3 个主要类。

1）Notification：设置通知的各个属性。

2）NotificationManager：负责发送通知和取消通知。

3）Notification. Builder：负责创建 Notification 对象，能非常方便地控制所有 Flags，同时构建 Notification 的显示风格。

其中，NotificationManager 中的常用方法有以下几个：

```
public void cancelAll()：//移除所有通知(只是针对当前 Context 下的 Notification)
public void cancel(int id)://移除标记为 id 的通知 (只是针对当前 Context 下的所有通知)
public void notify(String tag ,int id, Notification notification)  //将通知加入状态栏,标签为 tag,标记为 id
public void notify(int id, Notification notification)  //将通知加入状态栏
```

一般来说，创建和显示一个 Notification 需要以下 5 个步骤：

1）通过 getSystemService 方法获得一个 NotificationManager 对象。

```
NotificationManager notificationManager = (NotificationManager)
getSystemService(NOTIFICATION_SERVICE);
```

2）创建一个 Notification 对象。每一个 Notification 对应一个 Notification 对象，在这一步用户要设置显示在屏幕上方状态栏中的通知消息、通知消息前方的图像资源 ID 和发出通知的时间，一般默认为当前时间。

```
Notification notification =new Notification(R.drawable.icon,"您有新消息了",
System.currentTimeMillis());
```

3）由于 Notification 可以与应用程序脱离，也就是说，即使应用程序被关闭，Notification 仍然会显示在状态栏中；当应用程序再次启动后，又可以重新控制这些 Notification（如清除或替换它们）。因此，需要创建一个 PendingIntent 对象，该对象由 Android 系统负责维护。在应用程序关闭后，该对象仍然不会被释放。

```
PendingIntent contentIntent = PendingIntent.getActivity(this, 0, getIntent
(),0);
```

4）使用 Notification 类的 setLatestEventInfo( )函数设置 Notification 的详细信息。

```
Notification.setLatestEventInfo(this,"天气预报","晴转多云",contentIntent);
```

5）使用 NotificationManager 类的 notify 方法显示 Notification 消息。在这一步用户需要指定标识 Notification 的唯一 ID。这个 ID 必须相对于同一个 NotificationManager 对象是唯一的，否则就会覆盖相同 ID 的 Notificaiton。

```
notificationManager.notify(R.drawable.icon,notification);
```

希望读者通过以上的实例，能较好地掌握 Android 系统的广播机制以及通知（Notification）机制。

5.5　实训项目与演练

5.5.1　实训一：使用 Service 的音乐播放器

1. 项目设计思路和使用技术

本项目实现一个 Service 的经典应用—— 音乐播放器，其界面如图 5-10b 所示。播放器有两个按钮，第一个按钮是“启动播放服务”按钮，服务中设置了播放歌曲的功能；第二个按钮是“停止播放服务”按钮，单击该按钮也就停止了歌曲的播放。歌曲初始化、启动播放和停止播放的功能都在服务 Service 中实现。

二维码 5-7

在播放期间，用户按 <Home> 键，然后进行其他操作并不会停止音乐的播放。

本项目涉及的技术有 Activity 中的启动服务、停止服务，以及使用 Toast 方法进行必要信息的显示。

2. 项目演示效果及实现过程

项目的运行效果如图 5-10 所示。图 5-10a 所示为项目的代码结构，图 5-10b 所示为项目的运行界面。

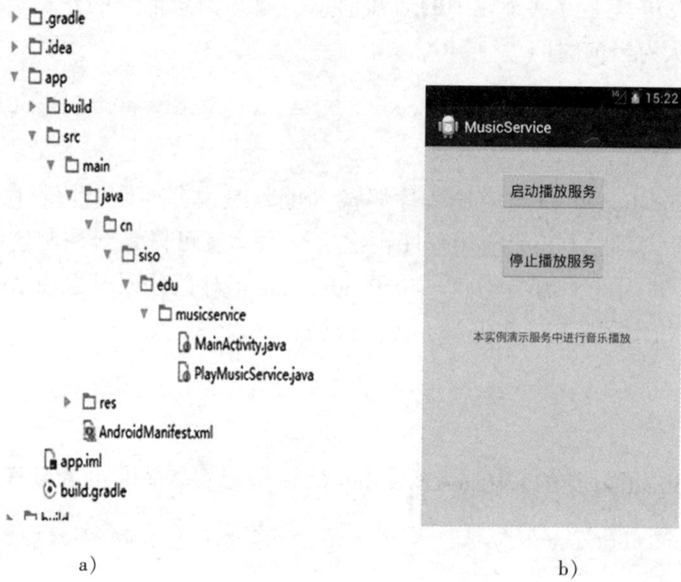

a)　　　　b)

图 5-10　使用 Service 的音乐播放器

a）代码结构　b）运行界面

项目实现过程如下：

1）在 AS 中新建项目，并命名为 MusicService。

2）实现本项目的一个 Activity 和对应的布局文件，即 MainActivity. java（对应布局文件为 activity_main. xml）和 Service 的代码文件，是 PlayMusicService. java。

3）修改 AndroidManifest. xml 文件，增加 Service 的声明。

4）在关键处插入 Toast 语句进行必要信息的输出。

3. 关键代码

这里只给出关键代码，完整代码请在配套资源中查看。

MainActivity. java 中关键是两个按钮的 onclick( ) 函数：

```
startButton.setOnClickListener(new View.OnClickListener() {
    @ Override
    public void onClick(View v) {
    startService(new Intent("cn.edu.siso.SERVICERPlAYER"));
    }
});
stopButton.setOnClickListener(new View.OnClickListener() {
    @ Override
    public void onClick(View v) {
    stopService(new Intent("cn.edu.siso.SERVICERPlAYER"));
```

```
        }
    });
```

Service 中的关键代码如下：

```
public final class PlayMusicService extends Service{
    MediaPlayer mpPlayer;
    @ Override
    public IBinder onBind(Intent intent) {
        //TODO Auto - generated method stub
        return null;
    }
    @ Override                    //初始化媒体播放器的对象
    public void onCreate() {
        Toast.makeText(this, "PlayMusic Service 已经创建", 2000).show();
        super.onCreate();
        mpPlayer = MediaPlayer.create(this, R.raw.test1);
        mpPlayer.setLooping(false);
    }
    @ Override                    //停止播放服务的同时,停止媒体播放器对象
    public void onDestroy() {
        Toast.makeText(this, "PlayMusic Service 已经停止", 2000).show();
        super.onDestroy();
        mpPlayer.stop();
    }
    @ Override                    //启动播放服务的同时,启动媒体播放器对象
    public int onStartCommand(Intent intent, int flags, int startId) {
        Toast.makeText(this, "PlayMusic Service 开始了。", 2000).show();
        mpPlayer.start();
        return super.onStartCommand(intent, flags, startId);
        }}
```

5.5.2　实训二：定时提醒服务

二维码 5-8

1. 项目设计思路和使用技术

本项目的目标是使用系统自带的 Service 来演示定时提醒的功能。

本项目涉及的技术有如何使用系统 Service、BroadcastReceiver，以及 Intent 的多种场合的使用技术等。

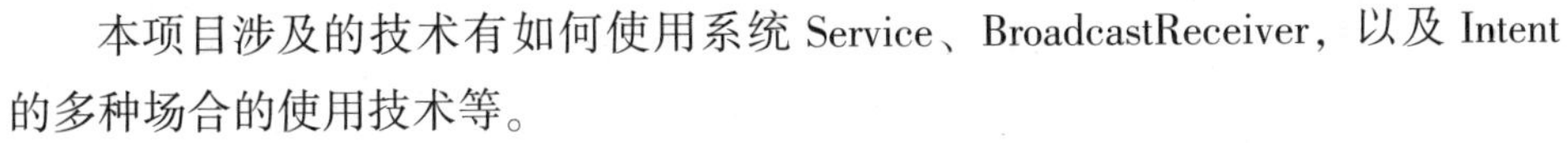

2. 项目演示效果及实现过程

项目的运行效果如图 5-11 所示。图 5-11a 所示为项目的启动界面，图 5-11b 所示为启动 Service 后的界面。

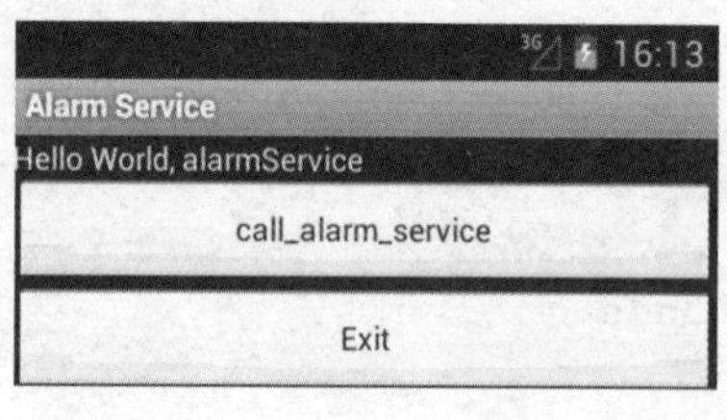

a)

b)

图 5-11　定时服务项目

a）项目的启动界面　b）启动 Service 后的界面

项目的布局文件比较简单，只有两个按钮：单击第一个按钮后，启动一个系统定时服务 Service，然后等待 15s 后自动停止（或者单击“Exit”按钮人工停止）。当 15s 后自动停止（或被人工停止）时会发出一个广播事件，自定义的一个 Service 会被执行。

3. 关键代码

```
public void onClick(View arg0) {  //第一个启动服务按钮的响应事件
  if (arg0 == b_call_service) {
        setTitle("定时提醒:Service15s 后即将结束,请稍等。");
        Intent intent = new Intent(alarmService.this, AlarmReceiver.class);
        PendingIntent p_intent = PendingIntent.getBroadcast(
                    alarmService.this, 0, intent, 0);
        Calendar calendar = Calendar.getInstance();
        calendar.setTimeInMillis(System.currentTimeMillis());
        calendar.add(Calendar.SECOND, 15);
        //得到一个定时的服务实例等待 15s 后启动 p_intent 指定的广播
        AlarmManager am = (AlarmManager) getSystemService(ALARM_SERVICE);
        am.set(AlarmManager.RTC_WAKEUP, calendar.getTimeInMillis(),
                p_intent);
  }
  if (arg0 == b_exit_service) {  //Exit 按钮的响应事件
        Intent intent = new Intent(alarmService.this, AlarmReceiver.class);
        PendingIntent p_intent = PendingIntent.getBroadcast(
                    alarmService.this, 0, intent, 0);
        AlarmManager am = (AlarmManager) getSystemService(ALARM_SERVICE);
        am.cancel(p_intent);
        finish();
  }
}
```

以上是两个按钮的单击事件代码，下面是 AlarmReceiver 代码，继承自 BroadcastReceiver：

```
public class AlarmReceiver extends BroadcastReceiver {
    @Override
    public void onReceive(Context context, Intent arg1) {
      context.startService(new Intent(context, NotifyService.class));
    }
```

启动一个自定义的 NotifyService：

```
public class NotifyService extends Service{
  @Override
  public IBinder onBind(Intent intent) {
      //TODO Auto-generated method stub
      return null;
  }
  @Override
  public void onCreate() {
      alarmService appAlarmService = alarmService.getApp();
      appAlarmService.btEvent("from NotifyService");
      Toast.makeText(this, "定时提醒服务正在执行", 3000).show();
      }
}
```

当这个 Service 启动后，用户可使用 btEvent 改变标题，然后使用 Toast 语句进行提示。

5.6 本章小结

本章学习了 Service 的方法，读者尤其要掌握线程的相关知识。关于 Activity、BroadcastReceiver 以及 Service 之间的关系可以这样理解：Activity 是应用程序的“脸面”，展示给用户，并和用户进行交互；而 BroadcastReceiver 是应用程序的“耳朵”，对匹配的广播事件进行接收 Intent 并处理相关预先设定好的处理内容；Service 则相当于应用程序的“手”，在后台默默地完成工作。

习题

1. 服务有几种启动方法？对应的生命周期方法有哪些？
2. 广播有几种注册方式？有何区别？

第 6 章　多媒体功能的设计

1. 任务

通过学习 Android MediaPlayer，完成音乐播放器的设计与开发，并掌握分析 Android API 的方法。

2. 要求

1）掌握 Android 多媒体文件的播放方法。

2）掌握分析 Android API 的方法。

3）掌握 Android 中媒体录音的方法。

4）掌握 Android 中照相机的使用方法。

3. 导读

1）多媒体文件的格式与编码。

2）音乐播放器的设计。

3）使用 Service 的媒体播放器。

4）录音功能的设计与实现。

5）照相机的调用与实现。

6.1　多媒体文件格式与编码

本章重点介绍 Android 系统的多媒体框架，向读者展示如何使用 Android 提供的音频和视频播放、音频录制等功能开发移动多媒体应用程序。多媒体本身是一个专业性很强的领域，而 Android 平台通过对 API 的精心封装和设计，向开发者提供了友好的编程接口，把底层的文件格式、编码和解码、流媒体等复杂内容屏蔽了。为了让开发者了解隐藏在 API 背后的知识，本章从多媒体的文件格式和编码开始介绍。

目前，被广泛采用的多媒体文件格式非常多，很容易让用户混淆。开发者在面对 MP3、WAV 等音频、视频文件时，应该重点从文件格式和编码两方面考虑，避免只了解如何使用 API，而对媒体的格式、特性等内容一无所知。在多媒体开发中，正确地区分文件格式和编码是非常重要的。

6.1.1　多媒体文件格式

简单地说，文件格式定义了物理文件组织并在文件系统上存储的方法。以一个普通的音频文件为例，它可能主要由以下两部分数据组成：元数据和音频数据。元数据和音频数据的存储位置是根据特定规范设定的，音频数据可能按帧顺序存储，也可能一整块存储在文件的某个位置。文件格式的任务就是定义元数据存储在文件的什么位置（歌曲标题、歌手信息、专辑信息、歌词、风格等存储在哪里），音频数据存储在什么位置。知道了文件格式的定义，用户就可以从文件中读取到任意想要的数据。图 6-1 描述了 MP3 文件的文件结构。

6.1.2　多媒体文件编码

编码、解码针对的是多媒体文件的音频或者视频数据。通过对原始数据编码以达到缩小多媒体文件尺寸的目的，以便降低终端播放器的要求。编码/解码过程实际上也就是原数据的压缩和解压缩的过程。数据压缩算法在缩小多媒体文件尺寸上的贡献非常有限，一般只能压缩到原始文件的 87%。因此，专门针对音频或者视频数据的压缩算法产生了，它们可以将数据压缩到原始文件的 5%～60%。

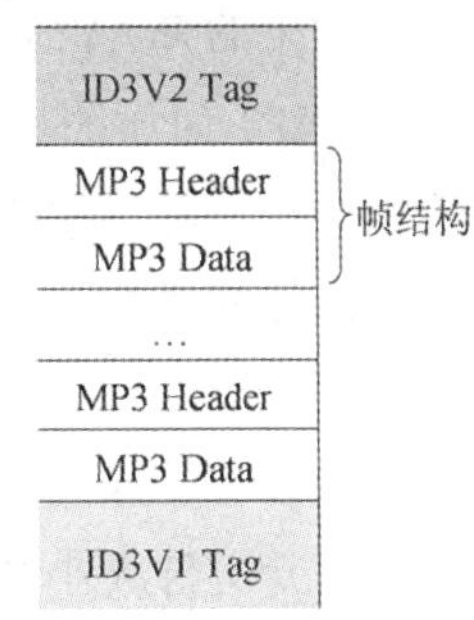

图 6-1　MP3 文件的文件结构

以编码方式为准，多媒体文件可以被分成无压缩、无损压缩和有损压缩 3 类。

1. 无压缩

无压缩意味着没有对音频或者视频数据做任何的处理，维持原来的文件大小不变。WAV 格式就是一种无压缩的音频文件格式，它将任何声音都进行编码，而不管声音是一段美妙的钢琴伴奏还是长时间的静音。这样，同等长度的钢琴伴奏和静音的文件大小是一致的。如果对此音频进行压缩，那么钢琴伴奏的文件会缩小，而静音的片断可能缩小为零。

2. 无损压缩

无损压缩能够在不损失音质的情况下缩小文件。对于音频文件而言，无损压缩可以使文件缩小到原文件的 50%～60%。无损音频压缩包括 APE、LA、FLAC、Apple Lossless、WMA Lossless 等。

3. 有损压缩

有损压缩在一定程度上损失了音质，但是大幅度缩小了文件。对于音频文件而言，有损压缩可以使文件缩小到原文件的 5%～20%。有损压缩的创新之处在于发现了音频数据并非都可以被人耳识别，有些声音人耳是听不到的。如果对此类的音频数据进行编码，如过滤掉人耳不能识别的部分音频数据，那么可以极大地缩小文件尺寸。目前普遍采用的 MP3 文件就是有损压缩的典型代表。有损压缩格式还包括 MPEG audio、Vorbis、WMA、ADX 等。

Android 平台支持 MIDI 媒体格式。这里需要简单说明一下，MIDI 与其他媒体文件不同，它本身并不包含任何音频数据，它是一个协议，只包含用于产生特定声音的指令，而这些指令包括调用何种 MIDI 设备的声音、声音的强弱及持续的时间等。计算机把这些指令交由声卡去合成相应的声音。相对于保存真实采样数据的声音文件，MIDI 文件显得更加紧凑，其文件大小要比 WAV 文件小得多，一般几分钟的 MIDI 文件只有几千字节。

对于手机游戏玩家来说，没有音乐的游戏是不可接受的。那么，面对如此之多的多媒体格式，开发者如何在手机性能和声音效果之间做好平衡呢？这里列出常用的音效文件及音频文件的特性，以供读者参考。

1）WAV 是无压缩的 Windows 标准格式，可以提供最好的音质。一般来说，单声道的 WAV 文件相对较小，对手机性能要求相对较低。如果想获得更好的环境音效，也可以使用立体声效果的 WAV 文件。

2）MP3 为压缩格式，音质比 WAV 差，但是文件尺寸较小，也可以在文件中增加立体声效果。在实际应用中，128kbit/s 的 MP3 文件较为常见，这样的文件在音效和文件大小上做到了最佳的平衡。

3）AAC 文件压缩率更出色，比 MP3 文件更小。如果手机性能是瓶颈，则可以考虑在应用程序的音效中采用 AAC 文件。

总之，文件大小和音质是相互矛盾的，追求高品质势必会提高对终端性能的要求。文件格式本无好坏，只有适合终端设备、适合应用程序的文件格式才是最好的，才是产品设计人员和开发者应该选择的。

6.2　音乐播放器的设计

本节主要介绍音频和视频的播放功能，这也是多媒体应用程序最常用到的功能。

6.2.1　播放 3 种不同的数据源

Android 平台可以通过资源文件、文件系统和网络 3 种方式来播放多媒体文件。无论使用哪种播放方式，基本的流程都是类似的，当然也存在一些细小的差别。例如，直接调用 MediaPlayer. create( ) 函数创建的 MediaPlayer 对象已经设置了数据源，并且调用了 prepare( ) 函数。从网络播放媒体文件，在 prepare 阶段的处理与其他两种方式不同，为了避免阻塞用户，需要异步处理。总之，音乐播放应遵循以下 4 个步骤：

二维码 6-1

1）创建 MediaPlayer 对象。

2）调用 setDataSource( ) 设置数据源。

3）调用 prepare( ) 函数。

4）调用 start( ) 函数开始播放。

1. 从资源文件中播放

多媒体文件可以放在资源文件夹/res/raw 目录下，然后通过 MediaPlayer. create( ) 函数创建 MediaPlayer 对象。由于 create （Context ctx，int file） 函数中已经包含了多媒体文件的位置参数 file，因此无须再设置数据源，调用 prepare( ) 函数这些操作在 create( ) 函数的内部已经完成了。获得 MediaPlayer 对象后直接调用 start( ) 函数即可播放音乐，具体代码如下：

```
private void playFromRawFile() {
//使用 MediaPlayer.create()获得的 MediaPlayer 对象默认设置了数据源并初始化完成
MediaPlayer player = MediaPlayer.create(this, R.raw.test);
```

```
player.start(); }
```

2. 从文件系统播放

开发一个多媒体播放器，一定需要具备从文件系统播放音乐的能力。这时不能再使用 MediaPlayer. create( ) 函数创建 MediaPlayer 对象，而是使用 new 操作符创建 MediaPlayer 对象。获得 MediaPlayer 对象之后，需要依次调用 setDataSource( ) 和 prepare( ) 函数，以便设置数据源，让播放器完成准备工作。从文件系统播放 MP3 文件的代码如下：

```
private void playFromSDCard() {
        try {
            MediaPlayer player = new MediaPlayer();
            //设置数据源
            player.setDataSource("/sdcard/test2.mp3");
          player.prepare();
          player.start();
      } catch (IllegalArgumentException e) {
            e.printStackTrace();
      } catch (IllegalStateException e) {
            e.printStackTrace();
      } catch (IOException e) {
            e.printStackTrace();
      }
}
```

需要注意的是，prepare( ) 函数是同步方法，只有当播放引擎已经做好了准备时，此函数才会返回。如果在 prepare( ) 调用过程中出现问题，如文件格式错误等，prepare( ) 函数将会抛出 IOException。

3. 从网络播放

在互联网时代，移动多媒体业务有着广阔的前景。事实上，开发一个网络媒体播放器并不容易。某些平台提供的多媒体框架并不支持“边下载，边播放”的特性，而是将整个媒体文件下载到本地后再开始播放，用户体验较差。在应用层实现“边下载，边播放”的特性是一项比较复杂的工作，一方面需要处理媒体文件的下载和缓冲，另一方面还需要处理媒体文件格式的解析，以及音频数据的拆包和拼装等操作，项目实施难度较大，项目移植性差，最终的发布程序也会比较“臃肿”。

Android 多媒体框架带来了完全不一样的网络多媒体播放体验。在播放网络媒体文件时，下载、播放等工作均由底层的 PVPlayer 来完成，在应用层，开发者只需设置网络文件的数据源即可。从网络播放媒体文件的代码如下：

```
private void playFromNetwork() {
                String path = "http://website/path/file.mp3";
        try {
                MediaPlayer player = new MediaPlayer();
```

```
                player.setDataSource(path);
                player.setOnPreparedListener(new MediaPlayer.OnPreparedListener() {
                public void onPrepared(MediaPlayer arg0) {
    arg0.start();
                  }
                });
                //播放网络上的音乐,不能调用同步 prepare()函数,只能使用 prepareAsync()函数
                player.prepareAsync();
                } catch (IllegalArgumentException e) {
                    e.printStackTrace();
                } catch (IllegalStateException e) {
                    e.printStackTrace();
                } catch (IOException e) {
                    e.printStackTrace();
                }
    }
```

通过上面的代码可以看出，从网络上播放媒体文件与从文件系统播放媒体文件的不同之处在于：从网络上播放媒体文件需要调用 prepareAsync( ) 函数，而不是 prepare( ) 函数。因为从网络上下载媒体文件、分析文件格式等工作是比较耗费时间的，prepare( ) 函数不能立刻返回，为了不堵塞用户，应该调用 prepareAsync( ) 函数。当底层的引擎已经准备好播放此网络文件时，会通过已经注册的 onPreparedListener( ) 函数通知 MediaPlayer，然后调用start( ) 函数，就可以播放音乐了。短短的几行代码已经可以播放网络多媒体文件了，这就是 Android 平台带给开发者的神奇体验，让人不得不赞叹它的强大之处。

示例 MediaPlayerDemo 实现了 3 种不同位置资源的播放功能，如图 6-2 所示。此示例存在很多不足，如没有提供播放界面，无法控制播放器的状态（暂停、停止、快进、快退等），没有考虑 MediaPlayer 对象的销毁工作。这可能导致底层用于播放媒体文件的硬件这一非常宝贵的资源被占用。解决这些问题的核心是掌握 MediaPlayer 的状态，并根据 MediaPlayer 的状态做出正确的处理。

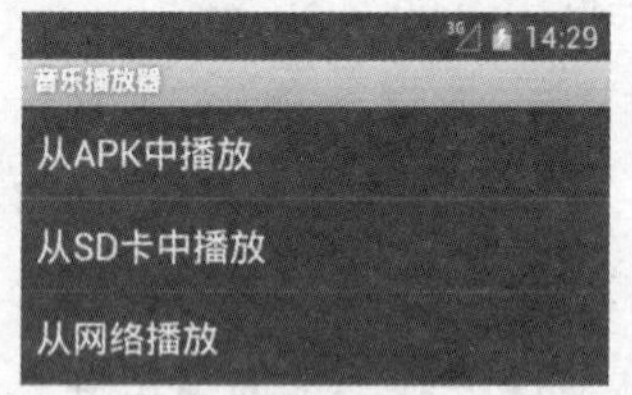

图 6-2　不同位置的资源播放器

6.2.2　MediaPlayer 类解析

音频和视频的播放过程也就是 MediaPlayer 对象的状态转换过程。深入理解 MediaPlayer 类的状态机是灵活驾驭多媒体编程的基础。图 6-3 所示为 MediaPlayer 的状态图，其中 MediaPlayer 的状态用椭圆形标记，状态的切换由箭头表示，单箭头代表状态的切换是同步操作，双箭头代表状态的切换是异步操作。

二维码 6-2

MediaPlayer 类在 SDK 目录/sdk/docs/reference/android/media/MediaPlayer. html 下，这个文档是帮助开发者解读 Android API 的帮助文档，建议在更新 SDK 时勾选。

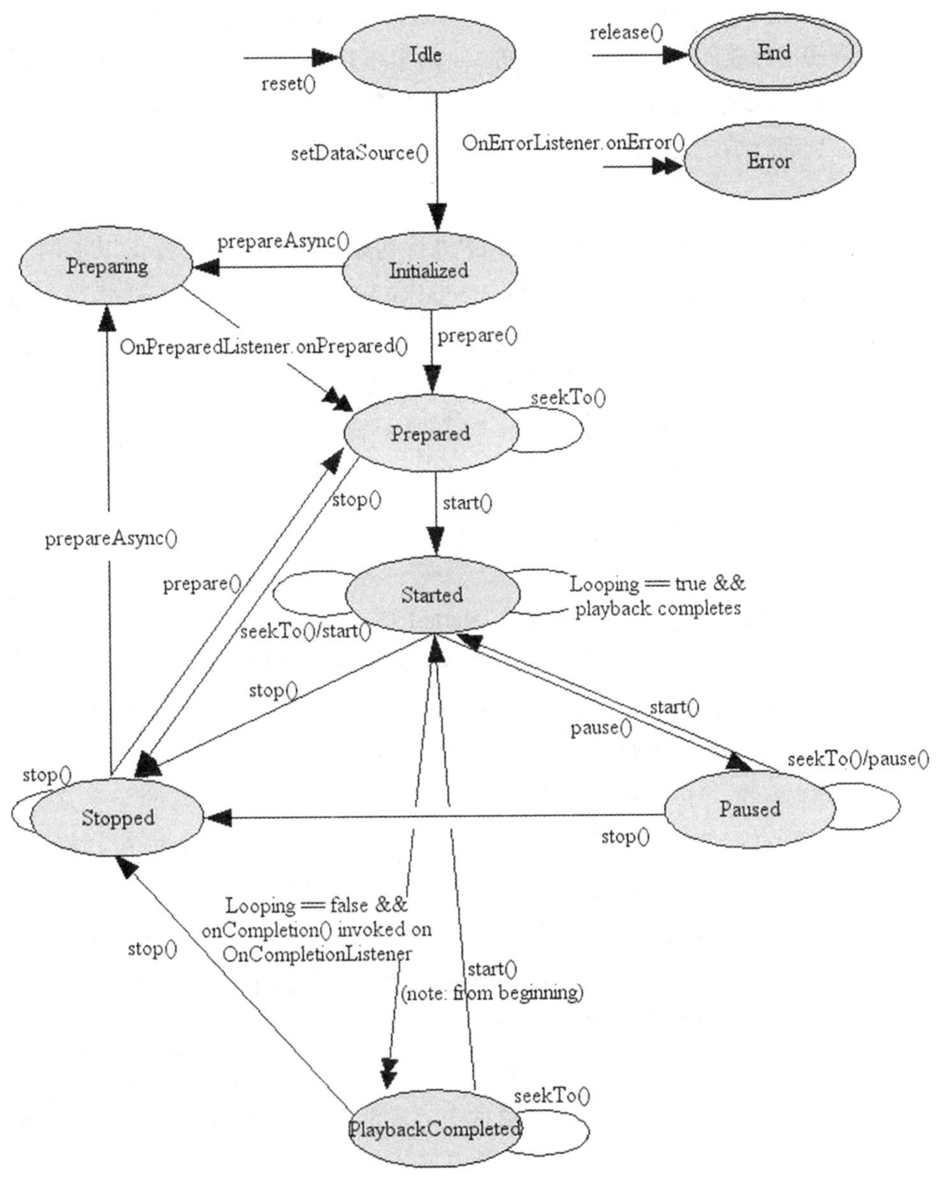

图 6-3　MediaPlayer 的状态图

1. 创建与销毁

MediaPlayer 可以通过静态函数 MediaPlayer. create( )或者 new 操作符来创建。这两种方法创建的 MediaPlayer 对象处于的状态是不同的，使用 create( )函数创建的 MediaPlayer 对象处于 prepared 状态，因为系统已经根据参数的资源 ID 调用了 setDataSource( )和 prepare( )函数；使用 new 操作符创建的 MediaPlayer 对象则处于 idle 状态。除了刚刚构建的 MediaPlayer 对象处于 idle 状态外，调用 reset( )函数后的 MediaPlayer 状态也同样处于 idle 状态。由于处于 idle 状态的 MediaPlayer 还没有设置数据源，无法获得多媒体的时长、视频的高度等信息，因此现在调用下列方法是典型的编程错误。

对于不再需要的 MediaPlayer 对象，一定要通过调用 release( ) 函数使其进入到 end 状态，因为这关系到资源的释放问题。如果 MediaPlayer 对象不释放硬件加速器等资源，随后创建的 MediaPlayer 对象就无法使用这唯一的资源，甚至导致创建失败。处于 end 状态的 MediaPlayer 意味着它的生命周期终结，无法再回到其他状态了。

2. 初始化

在播放音频和视频之前必须对 MediaPlayer 进行初始化操作，这主要由以下两步工作完成：先调用重载的 setDataSource( ) 函数将使 MediaPlayer 对象进入 initialized 状态，随后调用 prepare( ) 或者 prepareAsync ( ) 函数将使 MediaPlayer 对象进入 prepared 状态。由于 prepareAsync( ) 函数是异步调用，因此通常为 MediaPlayer 注册 OnPreparedListener( )，并在 onPrepare( ) 函数中启动播放器。MediaPlayer 对象处于 prepared 状态意味着调用者已经可以获得多媒体的时长等信息，此时可以调用 MediaPlayer 的相关方法设置播放器的属性。例如，调用 setVolume（float leftVolume, float rightVolume）设置播放器的音量。

3. 播放、暂停和停止

调用 start ( ) 函数，MediaPlayer 将进入 started 状态。isPlaying ( ) 函数可以用来判断 MediaPlayer 是否处在 started 状态。当 MediaPlayer 从网络上播放多媒体文件时，可以通过 onBufferingUpdateListener. onBufferingUpdate（MediaPlayer mp, int percent）来监听缓冲的进度，其中 percent 是 0 ~ 100 的整数，代表已经缓冲好的多媒体数据的百分比。

调用 pause ( ) 函数，MediaPlayer 将进入 paused 状态。需要注意的是，从 started 到 paused、从 paused 到 started 状态的转换是异步过程。也就是说，可能经过一段时间才能更新 MediaPlayer 的状态。在调用 isPlaying( ) 来查询播放器的状态时需要考虑这一点。

调用 stop( ) 函数，MediaPlayer 将进入 stopped 状态。一旦 MediaPlayer 进入 stopped 状态，必须再次调用 prepare ( ) 或者 prepareAsyn ( ) 函数才能使其进入 prepared 状态，以便复用此 MediaPlayer 对象，再次播放多媒体文件。

Android 平台允许同时创建两个或者两个以上的 MediaPlayer 播放多媒体文件，这一点给开发者提供了极大的方便。有时应用程序需要同时播放背景音乐和音效，这样的需求在 Android 平台上可以很容易实现。

4. 快进和快退

调用 seekTo ( ) 函数可以调整 MediaPlayer 的媒体时间，以实现快退和快进的功能。seekTo( ) 函数也是异步的，方法会立即返回，但是媒体时间调整的工作可能需要一段时间才能完成。如果为 MediaPlayer 设置了 onSeekCompleteListener，那么 onSeekComplete( ) 函数将被调用。需要说明的是，seekTo ( ) 不仅可以在 started 状态下被调用，还可以在 paused、prepared 和 playbackCompleted 状态下被调用。

5. 播放结束状态

如果播放状态自然结束，则 MediaPlayer 可能进入两种可能的状态。当循环播放模式设置为 true 时，MediaPlayer 对象保持 started 状态不变；当循环播放模式设置为 false 时，MediaPlayer 对象的 onCompletionListener. onCompletion( ) 函数会被调用，MediaPlayer 对象进入 playbackCompleted 状态。对于处于 playbackCompleted 状态的播放器，再次调用start( ) 函数，将重新播放音频/视频文件。需要注意的是，当播放器结束时，音频/视频的时长、视频的尺寸信息依然可以通过调用 getDuration( )、getVideoWidth( ) 和 getVideoHeight( ) 等函数获得。

6. 错误处理

在播放器播放音频/视频文件时，系统可能出现各种各样的错误，如 I/O 错误、多媒体文件格式错误等。正确处理播放过程中的各种错误显得尤为重要。为了监听错误信息，开发者可以为 MediaPlayer 对象注册 onErrorListener 监听器，当错误发生时，onErrorListener. onError( ) 函数会被调用，MediaPlayer 对象进入 error 状态。如果希望复用 MediaPlayer 对象并使其从错误中恢复过来，那么可以调用 reset( ) 函数使 MediaPlayer 再次进入 idle 状态。总之，监视 MediaPlayer 的状态是非常重要的，在错误发生之际提示用户，并恢复播放器的状态才是正确的处理方法。

除了上述的错误之外，如果在不恰当的时间调用了某方法，系统则会抛出 IllegalStateException 异常，在程序中应该使用 try/catch 块捕获此类的编程错误。

6.3　播放器设计

下面通过一个具体的媒体播放器实例 MediaPlayerDemo 向读者介绍如何使用 MediaPlayer 的相关 API，实现歌曲名称列表显示和播放功能。

在模拟器状态下，打开 DDMS 后，单击“File Explorer”选项，选中 mnt/sdcard 目录，可以单击在右上角导入的图标（红色的右箭头指向模拟器的图标），根据提示选择需要导入的 MP3 文件进行导入，也可以直接拖动文件放入对应的 mnt/sdcard 目录。注意，音乐文件一定要用小写英文名，不要有空格（如 shinian. mp3 格式），不支持中文和日文文件名。导入完成后，关闭模拟器重启工程。

二维码 6-3

当 Android 系统启动时，系统会自动扫描 SD 卡内的多媒体文件，并把获得的信息保存在一个系统数据库 MediaStore 中，此后如果用户想要在其他程序中访问多媒体文件的信息，就可以在这个数据库中进行，而不是直接去 SD 卡中读取。理解了这一点以后，问题也随之而来：如果在开机状态下增加、删除 SD 卡内一些多媒体文件，系统会不会自动扫描一次呢？答案是否定的。也就是说，当用户改变 SD 卡内的多媒体文件时，保存多媒体信息的系统数据库文件是不会动态更新的。

图 6-4 所示为 Android 多媒体播放器的运行界面，由音乐列表和播放界面两个 Activity 构成。虽然音乐播放器的功能还不完善，但是其中已经包含了 MediaPlayer 各个状态的转换过程。

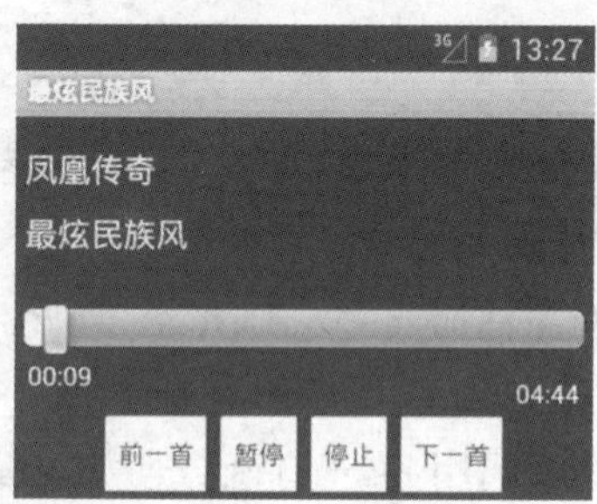

图 6-4　Android 多媒体播放器

运行本实例前请先在 SD 卡的根目录下导入优先准备的 MP3 歌曲。

下面对关键的知识点进行讲解和分析。

1. 音乐列表的实现

音乐列表的实现使用了 ListView 控件，必须解决 3 个问题：列表的数据源如何得到？列表的每一项布局（View）格式如何？适配器（Adapter）如何配置？

Android 系统中使用 ContentProvider 管理所有多媒体文件，其中音频数据结构定义在 android. provider. MediaStore. Audio 内，Audio 包含了 Media、Playlists、Artists、Albums 和 Genres 等子类。Media 类实现了 android. provider. BaseColumns、android. provider. MediaStore. Audio. AudioColumns 和 android. provider. MediaStore. MediaColumns 接口，接口中定义的字段与数据库表的字段对应，如 TITLE 字段与歌曲的名称对应。

音乐播放器列表的每一行包含了歌曲的标题、歌曲的作者和歌曲的长度等信息，其中歌曲的长度信息按照 mm: ss 的格式经过了格式化，这与在数据库中存放的毫秒数是不一样的。为了实现这样的布局，编写了/res/layout/songs_list. xml 文件。这个知识在 ListView 中已经讲过了，用到较复杂的 ListView 时，开发者可以借鉴这种方式。

为了将 Cursor 中的数据映射到 songs_list. xml 中定义的 View 中，MusicActivity 中定义了一个内部类 IconCursorAdapter，它扩展了 SimpleCursorAdatper。在 IconCursorAdapter 中定义了匿名 ViewBinder，将 Cursor 的数据绑定到 View 时，View Binder 的 setViewValue（View view, Cursor cursor, int index）方法会被调用。此方法要求返回一个 boolean 值，如果绑定由自己完成，则需要返回一个 true；如果绑定交给 SimpleCursorAdapter 来处理，那么返回一个 false 即可。IconCursorAdapter 代码如下：

```
class IconCursorAdapter extends SimpleCursorAdapter {
    public IconCursorAdapter(Context context, int layout, Cursor c,
      String[] from, int[] to) {
       setViewBinder(new ViewBinder() {
```

```
        public boolean setViewValue(View arg0, Cursor arg1, int arg2) {
            //如果是 ImageView 类型,则设置其资源为 cmcc_list_music.png,并返回 true
            if (arg0 instanceof ImageView) {
             ImageView v = (ImageView) arg0;
             v.setImageDrawable(getResources().getDrawable(
                    R.drawable.cmcc_list_music));
             return true;
             }
             //判断字段是 ARTIST 还是 DURATION
             String colName = arg1.getColumnName(arg2);
             if (MediaStore.Audio.Media.ARTIST.equals(colName)) {
             //如果字段是 ARTIST 且数据库中无此值,则手动设置其值
             String value = arg1.getString(arg2);
             if (value == null) {
                    TextView v = (TextView) arg0;
                    v.setText(R.string.noartist);
                    return true;
             }
            return false;
           } else if (MediaStore.Audio.Media.DURATION.equals(colName)) {
            long duration = arg1.getLong(arg2);
            //如果字段是 DURATION,则格式化此字段
            String time = StringUtil.timeToString(duration);
            if (duration > 0) {
                  TextView v = (TextView) arg0;
                  v.setText(time);
                  return true;
            }
            return false;
            }
            //如果返回 TITLE 字段,则交给父类处理
            return false;
        }
      });
  }
    }
   }
```

2. 音乐播放

二维码 6-4

当用户单击 MusicActivity 列表中的歌曲后，MusicActivity 会跳转启动 PlayingActivity 界面，并在 Intent 中包含了歌曲在 ListView 中的 position。PlayingActivity 从 Intent 中获得 position 后，将 Cursor 定位到歌曲处，从 Cursor 中读取歌曲在 SD 卡上的路径并开始播放。

PlayingActivity 的界面布局相对简单，可以显示歌曲的歌手信息和专辑信息，还包括 1 个可以随播放时间滚动的 SeekBar 以及 4 个 Button（用于控制暂停、播放、停止、上一首、

下一首等行为)。PlayingActivity 的界面初始化工作在 onCreate( )函数中完成，实现代码如下：

```
@ Override
protected void onCreate(Bundle savedInstanceState) {
    super.onCreate(savedInstanceState);
    setContentView(R.layout.playing);
    //初始化播放按钮
    play = (Button) findViewById(R.id.play);
    play.setOnClickListener(new Button.OnClickListener() {
        public void onClick(View arg0) {
            if (player.isPlaying()) {
                    pause();
            } else {  start(); }
        }
    });
    //初始化停止按钮
    stop = (Button) findViewById(R.id.stop);
    stop.setOnClickListener(new Button.OnClickListener() {
        public void onClick(View arg0) {
            stop();  }
    });
    //初始化上一首按钮
    pre = (Button) findViewById(R.id.pre);
    pre.setOnClickListener(new Button.OnClickListener() {
        public void onClick(View arg0) {
            pre();  }
    });
    //初始化下一首按钮
    next = (Button) findViewById(R.id.next);
    next.setOnClickListener(new Button.OnClickListener() {
        public void onClick(View arg0) {
            next();  }
    });
    //设置进度条
    bar = (SeekBar) findViewById(R.id.progress);
    bar.setMax(1000);
    bar.setProgress(0);
    bar.setOnSeekBarChangeListener(seekListener);
    current = (TextView) findViewById(R.id.current);
    total = (TextView) findViewById(R.id.total);
    artist = (TextView) findViewById(R.id.artist);
    album = (TextView) findViewById(R.id.album);
    //从 Content Provider 中读取音乐列表
    ContentResolver resolver = getContentResolver();
    cursor = resolver.query(MediaStore.Audio.Media.EXTERNAL_CONTENT_URI,
            null, null, null, MediaStore.Audio.Media.DEFAULT_SORT_ORDER);
```

```
        Intent i = getIntent();
        int position = i.getIntExtra("position", -1);
        if (cursor ! = null & cursor.getCount() > 0)
             cursor.moveToPosition(position);
        //开始播放歌曲
        play();
    }
```

一旦 Cursor 已经指向了选中的歌曲，就可以调用 play( ) 函数来播放音乐了。在 play( ) 函数中创建 MediaPlayer 对象，为 player 注册了 OnCompletionListener、OnPreparedListener 和 OnErrorListener，以便在发生播放错误、歌曲播放结束等事件时回调监听器中的函数。当 player 处于 prepared 状态时，onPreparedListener( ) 函数会被调用，此时已经可以调用相关函数获得 player 的时长和当前媒体时间了。play( ) 函数和几个监听器的代码如下：

```
private void play() {
    String path = cursor.getString(cursor
            .getColumnIndexOrThrow(MediaStore.Audio.Media.DATA));
    try {
        if (player = = null) {
            //创建 MediaPlayer 对象并设置 Listener
            player = new MediaPlayer();
            player.setOnCompletionListener(compListener);
            player.setOnPreparedListener(preListener);
            player.setOnErrorListener(errListener);
        } else
            //复用 MediaPlayer 对象
        player.reset();
        player.setDataSource(path);
        player.prepare();
    } catch (IllegalArgumentException e) {
        e.printStackTrace();
    } catch (IllegalStateException e) {
        e.printStackTrace();
    } catch (IOException e) {
        e.printStackTrace();
    }
}
//当前歌曲播放结束后,播放下一首歌曲
private OnCompletionListener compListener = new OnCompletionListener() {
    public void onCompletion(MediaPlayer arg0) {
        next(); }
};

//MediaPlayer 进入 prepared 状态开始播放
private OnPreparedListener preListener = new OnPreparedListener() {
    public void onPrepared(MediaPlayer arg0) {
```

```
            handler.sendMessage(handler.obtainMessage(UPDATE));
            player.start();
            state = PLAYING; }
    };
    //处理播放过程中的错误,结束当前 Activity
    private OnErrorListener errListener = new OnErrorListener() {

        public boolean onError(MediaPlayer arg0, int arg1, int arg2) {
            Toast.makeText(PlayingActivity.this, R.string.error,
                    Toast.LENGTH_SHORT).show();
            finish();
            return true; }
    };
```

在 onPrepared()函数中，Handler 发送消息 UPDATE，在接收到 UPDATE 消息后开始刷新播放器屏幕，包括更新播放进度，然后间隔 300ms 再次发送 UPDATE 消息，这样就实现了循环更新播放器界面的功能。更新播放器的代码如下：

二维码 6-5

```
private Handler handler = new Handler() {
    @ Override
    public void handleMessage(Message msg) {
        switch (msg.what) {
        case UPDATE: {
            update();
            break;
        }
        default:
            break;
        }
    }
};

private void update() {
    long duration = player.getDuration();
    long pos = player.getCurrentPosition();
    bar.setProgress((int) (1000 * pos /duration));
    current.setText(StringUtil.timeToString(pos));
    total.setText(StringUtil.timeToString(duration));
    String _artist = cursor.getString(cursor
            .getColumnIndexOrThrow(MediaStore.Audio.Media.ARTIST));
    artist.setText(_artist);
    String _album = cursor.getString(cursor
            .getColumnIndexOrThrow(MediaStore.Audio.Media.ALBUM));
    album.setText(_album);
    String song_name = cursor.getString(cursor
            .getColumnIndexOrThrow(MediaStore.Audio.Media.TITLE));
    setTitle(song_name);
```

```
        //循环更新播放器的界面
        handler.sendMessageDelayed(handler.obtainMessage(UPDATE), 300);
    }
```

音乐播放器还支持播放上一首/下一首、暂停和停止等功能。为了记录 MediaPlayer 所处的状态，定义了成员变量 state。MediaPlayer 可以处于 IDLE、PREPARED、PLAYING、PAUSE 和 STOP 等状态。在本例中，播放和暂停是在一个按钮上实现的，因此记录 MediaPlayer 的状态是非常重要的。对于处于暂停状态的 MediaPlayer，只需调用 player. start( ) 函数即可从暂停位置开始播放，如果在之前调用 prepare( ) 函数，则将抛出 IllegalStateException。而对于处于 STOP 状态的 MediaPlayer，必须调用 prepare( ) 函数，此时直接调用 start( ) 将会出现错误，具体代码如下：

```
private void start() {
        if (state == STOP) {
            try {
                player.prepare();
            } catch (IllegalStateException e) {
                e.printStackTrace();
            } catch (IOException e) {
                e.printStackTrace();
            }
        } else if (state == PAUSE) {
            player.start();
            state = PLAYING;
        }
        play.setText(R.string.pause);
    }
```

音乐播放器界面虽然不够完美，但是这已经达到了一个基本播放器的要求。当然也存在遗憾，此版本的音乐播放器不支持后台播放，当单击“返回”按钮后，MediaPlayer 对象就被销毁了，音乐播放也就停止了。下一节将使用 Service 组件对音乐播放器进行改进，以实现后台播放的功能。

6.4　使用 Service 的播放器设计

如果 MP3 的播放在 Activity 内进行，那么当 Activity 退出之后，播放也就停止了。对用户而言，这并非是友好的用户体验，因为用户退出播放器，可能只是为了去发送一条短信。下面将通过一个例子演示如何使用 Service 让程序在后台运行。Service 的概念在前面的章节已经介绍过了，本实例重点在实际的应用开发上进行设计。

MusicService 类扩展了 android. app. Service 类，并在 onStart( ) 函数中使用 MediaPlayer 播放 SD 卡上的一首 MP3。在 onDestroy( ) 函数中清理资源，释放 MediaPlayer 对象。由于不希望其他的客户端绑定到此 Service，因此直接在 onBind( ) 函数中返回 null。MusicService 的源码如下：

```
public class MusicService extends Service {
public static final String MUSIC_COMPLETED = "MUSICPLAYERINSERCICE.MUSIC_COMPLETED";
    private class ServiceHandler extends Handler {
        //在构造器中为 Handler 指定 Looper
        public ServiceHandler(Looper looper) {
            super(looper);
        }
        @ Override
        public void handleMessage(Message msg) {
            switch (msg.what) {
            case START:
                play();  break;
            case STOP:
                stop(); break;
            default:    break;
            }
        }
    }
    @ Override
    public IBinder onBind(Intent arg0) {
        //不能被其他客户端绑定,返回 null
        return null;
    }
    @ Override
    public void onCreate() {
        super.onCreate();
        //在单独线程中播放 MP3 文件
        HandlerThread thread = new HandlerThread("MusicService",
                HandlerThread.NORM_PRIORITY);
        thread.start();
        //获得新线程的 Looper 对象
        looper = thread.getLooper();
        //默认情况下,Handler 的 Looper 是创建在它的线程中的
        //这里将新线程的 Looper 传递给 Handler
        handler = new ServiceHandler(looper);
    }
    @ Override
    public void onDestroy() {
        super.onDestroy();
        //取消 Notification
        nMgr.cancel(R.string.service_started);
        //停止播放
        handler.sendEmptyMessage(STOP);
    }

    @ Override
    public void onStart(Intent intent, int startId) {
```

```
            //开始播放音乐
            handler.sendEmptyMessage(START);
            showNotification();
        }
        MediaPlayer.OnCompletionListener listener = new MediaPlayer.OnCompletionListener() {
            public void onCompletion(MediaPlayer arg0) {
                //MusicService 使用广播方式向 MainActivity 发送数据
                Intent intent = new Intent(MUSIC_COMPLETED);
                intent.putExtra("msg", getText(R.string.music_completed));
                sendBroadcast(intent);
            }
        };

        private void play() {
            if (player == null)
                //如果使用 BlockPlayer,则它的 prepare()函数可能会阻塞用户界面
                player = new MediaPlayer();
            try {
                //在 SD 卡上放一个 MP3 文件,然后修改此行代码
                player.setDataSource("/sdcard/test2.mp3");
                player.prepare();
                player.setOnCompletionListener(listener);
                player.start();
            } catch (IllegalArgumentException e) {
                e.printStackTrace();
            } catch (IllegalStateException e) {
                e.printStackTrace();
            } catch (IOException e) {
                e.printStackTrace();
            }
        }

        private void stop() {
            if (player != null)
                player.release();
            //一定要让 Looper 退出,以节约资源
            looper.quit();
        }
    }
```

虽然后台播放的功能实现了，但是应用程序还不够“友好”。当 Service 启动并开始播放音乐时，系统应该通知用户后台正在播放音乐，即使用户退出了 Activity，还可以重新返回到播放界面。想实现上面的功能就必须使用 Notification 和 NotificationManager。

Notification 用来通知用户某个事件发生了，如手机收到了短信。Notification 可以配置一个图标，因此把它显示在手机的状态栏再合适不过了。Notification 还允许设置标题，这样可

以在“通知”窗口中浏览通知列表。当用户从通知列表中单击某个通知时，Notification 中设置的 Intent 就会被触发，大多数时候，这个 Intent 可能是用来启动某个 Activity 的。

Notification 的管理是通过 NotificationManager 来完成的。NotificationManager 是 Android 平台的系统服务，通过 getSystemService（Context. NOTIFICATION_SERVICE）可以获得 NotificationManager 对象。调用 notify（id，notification）函数可以将 Notification 对象通知用户，参数中的 id 用来唯一标识 Notification 对象，以便再次调用 cancel(id)函数来取消通知。需要注意的是，必须要保证 id 的唯一性，以免出现错误。

为了在后台播放音乐时能够通知用户，给 MusicService 类增加 showNotification( )函数，在音乐开始播放后调用此方法，在 onDestroy( )函数中取消通知并停止音乐播放，代码如下：

```
private void showNotification() {
        CharSequence text = getText(R.string.service_started);
        Notification notifi = new Notification(R.drawable.stat_sample, text,
                System.currentTimeMillis());
        //用户可以从下拉列表中重新回到 MainActivity
        PendingIntent pIntent = PendingIntent.getActivity(this, 0, new Intent(
                this, MainActivity.class), 0);
        notifi.setLatestEventInfo(this, getText(R.string.notification_title),
                text, pIntent);
        if (nMgr = = null)
            nMgr = (NotificationManager) getSystemService(NOTIFICATION_SERVICE);
        //使用 R.string.service_started 作为 id 保证了 id 的唯一性,且很方便
        nMgr.notify(R.string.service_started, notifi);
}
```

本实例还有一个实用的建议，那就是如果要处理耗时的任务，则应该在 Service 中启动新的线程，而不是在主线程中处理。在 Android 平台中处理线程的问题，一般都离不开 Handler 类，这里也不例外。为了解决堵塞用户的问题，需要修改 MusicService 类，在 onCreate( )函数中启动一个线程，只不过不是使用 Thread，而是使用其子类 HandlerThread，然后调用start( )函数启动此线程。在默认情况下，Thread 并不直接创建一个 Looper，而是使用子类 HandlerThread 更加方便，因为创建 HandlerThread 时已经在线程中创建了一个 Looper 对象。Looper 用于在线程中运行一个消息队列，所有消息都放在此队列中处理。接下来，使用 HandlerThread 创建的 Looper 创建一个 ServiceHandler。这样，ServiceHandler 接收到的消息都是在新线程中执行的，因此把音乐播放放到刚创建的 HandlerThread 中来执行，就不会堵塞用户了。需要注意的是，在 Service 结束之后，应该退出 Looper 并释放 MediaPlayer 对象。

6.5　录音功能的设计与实现

播放和录制是两个截然不同的过程。播放时，播放器需要从多媒体文件中解码，将内容输出到设备，如扬声器；而录制时，录制器需要从设定的输入源采集数据，以设定的文件格式输出文件，还要按照设置的编码格式对音频内容进行编码。

二维码 6-6

在 Android 平台中，多媒体的录制由 MediaRecorder 类完成，其 API 设计与 MediaPlayer 极为相似。相比 MediaPlayer，MediaRecorder 的状态图更简单，如图 6-5 所示。

创建 MediaRecorder 对象只能使用 new 操作符，刚刚创建的 MediaRecorder 处于 idle 状态。MediaRecorder 同样会占用宝贵的硬件资源，因此在不再需要它时，应该调用 release( ) 函数销毁 MediaRecorder 对象。在其他状态调用 reset( ) 函数，可以使得 MediaRecorder 对象重新回到 idle 状态，以达到复用 MediaRecorder 对象的目的。

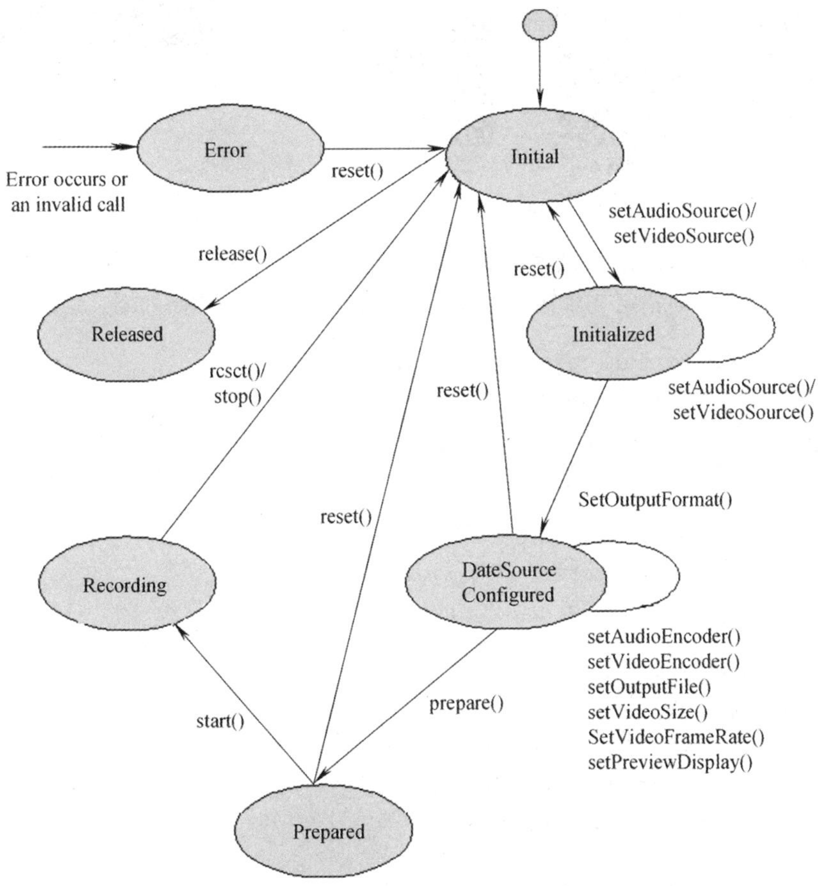

图 6-5　Android MediaRecorder 的状态图

调用 setVideoSource( ) 或者 setAudioSource( ) 之后，MediaRecorder 将进入 initialized 状态。对于音频录制，目前 OPhone 平台支持从传声器或者电话两个音频源录入数据。在 initialized 状态的 MediaRecorder 还要设置编码格式、文件数据路径、文件格式等信息，设置之后 MediaRecorder 进入 DataSourceConfigured 状态。此时调用 prepare( ) 函数，MediaRecorder 对象将进入 prepared 状态，录制前的状态已经就绪。

调用 start( ) 函数，MediaRecorder 进入 recording 状态。声音录制可能只需要一段时间，这时 MediaRecorder 一直处于录制状态。调用 stop( ) 函数，MediaRecorder 将停止录制，并将录制内容输出到指定文件。

MediaRecorder 定义了两个内部接口 OnErrorListener 和 OnInfoListener 来监听录制过程中

的错误信息。例如，当录制的时间长度达到了最大限制或者录制文件的大小达到了最大文件限制时，系统会回调已经注册的 OnInfoListener 接口的 onInfo( ) 函数。

本节通过一个简单的录音程序来演示 MediaRecorder 的用法。运行项目 RecordDemo，如图 6-6 所示。录音器包含录制、停止和播放 3 个按钮，并在按钮的下方提供了一个计时器，用以记录录音的时间。

图 6-6　Android 下的简单录音器

二维码 6-7

二维码 6-8

二维码 6-9

当用户单击“录音”按钮后，创建一个 MediaRecorder 对象并配置数据源的数据，这里数据源来自麦克风，存储文件格式是 MPEG4，文件扩展名为 . mp4，音频内容编码是 AMR_NB。每次录音时，系统都临时指定一个输出路径。RecorderActivity 的代码如下：

```
public class RecorderActivity extends Activity {
        public static final int UPDATE = 0;
        private ImageButton play;
        private ImageButton stop;
        private ImageButton record;
        private TextView time;
        private MediaRecorder recorder;
        private MediaPlayer player;
        private String path = "";
         private int duration = 0;
         private int state = 0;
         private static final int IDLE = 0;
         private static final int RECORDING = 1;
         private Handler handler = new Handler() {
        @Override
        public void handleMessage(Message msg) {
              if (state == RECORDING) {
              super.handleMessage(msg);
              duration++;
              time.setText(timeToString());
              //循环更新录音器的界面
              handler.sendMessageDelayed(handler.obtainMessage(UPDATE), 1000);
              }
        }
         };
         @Override
         public void onCreate(Bundle savedInstanceState) {
           super.onCreate(savedInstanceState);
           setContentView(R.layout.main);
```

```
    //初始化播放按钮
    play = (ImageButton) findViewById(R.id.play);
    play.setOnClickListener(new View.OnClickListener() {
        public void onClick(View arg0) {
        play();
        }
    });
    //初始化停止按钮
    stop = (ImageButton) findViewById(R.id.stop);
    stop.setOnClickListener(new View.OnClickListener() {
        public void onClick(View arg0) {
        stop();
        }
    });
    //初始化录音按钮
    record = (ImageButton) findViewById(R.id.record);
    record.setOnClickListener(new View.OnClickListener() {
        public void onClick(View arg0) {
        record();
        }
    });
    time = (TextView) findViewById(R.id.time);
      }
      //播放刚刚录制的音频文件
       private void play() {
      if ("".equals(path) || state = = RECORDING)
          return;
      if (player = = null)
          player = new MediaPlayer();
      else
          player.reset();
      try {
          player.setDataSource(path);
          player.prepare();
          player.start();
      } catch (IllegalArgumentException e) {
          e.printStackTrace();
      } catch (IllegalStateException e) {
          e.printStackTrace();
      } catch (IOException e) {
          e.printStackTrace();
      }
        }
        private void record() {
      try {
          if (recorder = = null)
          recorder = new MediaRecorder();
```

```
            //设置输入为传声器
            recorder.setAudioSource(MediaRecorder.AudioSource.MIC);
            //设置输出的格式为 MPEG4 文件
            recorder.setOutputFormat(MediaRecorder.OutputFormat.MPEG_4);
            //音频的编码采用 AMR
            recorder.setAudioEncoder(MediaRecorder.AudioEncoder.AMR_NB);
            //临时的文件存储路径,就在 SD 卡根目录下
            path = "/sdcard/" + System.currentTimeMillis() + ".mp4";
            recorder.setOutputFile(path);
            recorder.prepare();
            recorder.start();
            state = RECORDING;
            handler.sendEmptyMessage(UPDATE);
        } catch (IllegalStateException e) {
            e.printStackTrace();
        } catch (IOException e) {
            e.printStackTrace();
        }
    }
    private void stop() {
        //停止录音,释放 recorder 对象
        if (recorder != null) {
            recorder.stop();
            recorder.release();
        }
        recorder = null;
        handler.removeMessages(UPDATE);
        state = IDLE;
        duration = 0;
    }
    @Override
    protected void onDestroy() {
        super.onDestroy();
        //Activity 销毁后,释放播放器和录音器资源
        if (recorder != null) {
            recorder.release();
            recorder = null;
        }
        if (player != null) {
            player.release();
            player = null;
        }
    }
    //时间格式转换方法
    private String timeToString() {
        if (duration >= 60) {
            int min = duration / 60;
```

```
            String m = min > 9 ? min + "" : "0" + min;
            int sec = duration % 60;
            String s = sec > 9 ? sec + "" : "0" + sec;
            return m + ":" + s;
    } else {
            return "00:" + (duration > 9 ? duration + "" : "0" + duration);
    }
            }
}
```

6.6 照相机的调用与实现

二维码 6-10

Android 中实现拍照有以下两种方法：一种是调用系统自带的照相机，然后使用其返回的照片数据；另一种是自己用 Camera 类和其他相关类实现照相机功能，这种方法定制度比较高，实现比较复杂，一般平常的应用只需使用第一种即可。

用 Intent 启动照相机的代码如下：

```
Intent intent = new Intent(MediaStore.ACTION_IMAGE_CAPTURE);
startActivityForResult(intent, 1);
```

拍完照后就可以在 onActivityResult（int requestCode，int resultCode，Intent data）中获取 Bitmap 对象了。

```
Bitmap bitmap = (Bitmap) data.getExtras().get("data");
```

要将图像存储到 SD 卡之前，最好先检查一下 SD 卡是否可用：

```
 String sdStatus = Environment.getExternalStorageState();
         if (! sdStatus.equals(Environment.MEDIA_MOUNTED)) { //检测 SD 卡是否可用
             Log.v("TestFile",
                     "SD card is not avaiable/writeable right now.");
             return;
         }
```

以下代码可以实现将图像文件存储到“sdcard/myImage/”文件夹下，名称为“111.jpg”。

```
File file = new File("/sdcard/myImage/");
file.mkdirs();//创建文件夹
String fileName = "/sdcard/myImage/111.jpg";
try {
      b = new FileOutputStream(fileName);
      bitmap.compress(Bitmap.CompressFormat.JPEG, 100, b);//把数据写入文件
} catch (FileNotFoundException e) {
      e.printStackTrace();
} finally {
```

```
        try {
            b.flush();
            b.close();
        } catch (IOException e) {
            e.printStackTrace();
        }
    }
```

要注意的是，读写 SD 卡文件首先必须在 Manifest. xml 文件中配置权限：

```
<uses-permission android:name="android.permission.WRITE_EXTERNAL_STORAGE" />
<uses-permission android:name="android.permission.MOUNT_UNMOUNT_FILESYSTEMS" />
```

具体代码请查看源代码。

6.7 本章小结

音乐播放器中的大部分功能（如播放、暂停和停止）都是读者很熟悉的功能状态，本章通过学习多媒体播放类的相关知识，通过 MediaPlayer 这个类的状态图和对各种方法的分析说明，帮助读者学会阅读和理解 Android 的帮助文档。

在实际项目的多媒体应用开发中，还会涉及音乐的各种参数（如音量、均衡、重低音等）的控制，以及视频的播放和录制，包括 Android 5.0 之后增加的屏幕捕捉功能。

习题

1. 简述播放 SD 卡中某一首音乐文件的步骤。
2. 录音需要哪些权限？

第7章　数据存储与数据共享

1. 任务

通过学习 Android 系统提供的本地数据的各种存储方式，掌握 Android 系统中数据的传递和保存方式，并完成通讯录的读/写实训。

2. 要求

1）掌握 Android 数据存储的多种方式和读/写步骤。

2）掌握文件和流的操作方法。

3）掌握 SQLite 的用法。

3. 导读

1）配置文件的存储 SharedPreferences。

2）普通文件的存储与读/写。

3）SQLite 数据库的访问与读/写操作。

7.1　配置文件的存储 SharedPreferences

无论是对于 Android 系统的应用程序还是对于普通的桌面应用程序，用户在使用过程中经常要对应用程序做一个个性化或者区别化的配置，如在公共场合时就需要对网络下载器进行限速操作，以防止大量占用带宽。又如对于手机来说，可能要设置默认的手机铃声、WiFi 是否保持开启等，然而这些配置信息大部分可能只是一个简单的数字或者一个字符串，对于这一类配置信息的存储，Android 系统通常采用的做法是使用 SharedPreferences 方式进行存储。

SharedPreferences 是 Android 系统中特有的存储方式，它能够通过非常简单的操作来完成对小数据的永久保存，并能通过简单的操作完成对数据的修改，所以 SharedPreferences 这种存储方式特别适用于软件配置信息的保存。

7.1.1　SharedPreferences 的数据操作

SharedPreferences 本身并不是一个类，而是一个接口。熟悉面向对象的读者一定知道，在面向对象里接口是不能产生对象的，而只能引用一个对象，所以要获取 SharedPreferences，首先要引用一个真正的 SharedPreferences 对象，这一步可以通过 Activity 提供的 getSharedPreferences（String name，int mode）来完成。

getSharedPreferences（String name，int mode）中有以下两个参数，第一个参数 name 表示配置文件的名称，第二个参数 mode 表示配置文件的读取权限。mode 一共支持以下 3 种权限。

1）Context. MODE_PRIVATE：指定 SharedPreferences 数据为本应用程序所独有，即对于其他应用程序来说是不可见的。

2）Context. MODE_WORLD_READABLE：指定本应用程序的 SharedPreferences 能够被其他应用程序读取但不能修改。

3）Context. MODE_WORLD_WRITEABLE：指定本应用程序的 SharedPreferences 能够被其他应用程序读取并修改。

当通过 getSharedPreferences（String name，int mode）获取到对象后，就可以利用其所提供的成员函数来获取 SharedPreferences 数据文件中的值。SharedPreferences 数据有其自身的特点，它采用键值对（Key-Value）的方式来保存数据，即一个 Key 对应一个 Value，而且一个 Key 只能唯一对应一个值，这类似于 Java 数据类型中的 Map 方式。SharedPreferences 有 3 个非常常用的函数来帮助用户获取存储值。

1）boolean contains（String key）：检查 Preference 中是否包含指定的 Key。

2）abstract Map < String，？ > getAll（）：获取 Preference 中所有的值。

3）get × × ×（String key，× × × defValue）：获取 Preference 中指定 Key 所对应的 Value，如果 Key 不存在，则返回 defValue。其中 × × × 表示 boolean、float、int、long、String、Set < String > 这几种类型。

从上面的说明可以看出，SharedPreferences 并没有提供对数据写入的方式，而是通过 Editor 对象来完成。要获得 Editor 对象就需要使用 SharedPreferences 对象中的 edit( ) 函数，该函数返回一个 SharedPreferences. Editor 对象，有了 Editor 对象就可以对存储数据进行写入。Editor 对象中提供以下几个常用的函数来帮助开发者完成数据的写入和删除。

1）SharedPreferences. Editor clear( )：清除所有 Preference 中的值。

2）boolean commit( )：完成所有数据的编辑后提交到 Preference 中。

3）SharedPreferences. Editor put × × ×（String key，× × × value）：设置 Preference 中对应 Key 的值，其中 × × × 表示 boolean、float、int、long、String、Set < String > 这几种类型。

4）SharedPreferences. Editor remove(String key)：删除指定 Key 的数据值。

7. 1. 2　SharedPreferences 在程序中的应用

二维码 7-1

前面已经介绍了 SharedPreferences 的使用方法，本节将重点描述在实际的应用程序编写中如何使用 SharedPreferences 进行数据的存储，最终的界面效果如图 7-1 所示。

图 7-1　SharedPreferences 效果图

至此，界面的搭建已经完成，现在回到 Java 代码部分。要完成一个 SharedPreferences 的应用，其思路是首先通过 Context 中的 SharedPreferences( ) 获取对应的 SharedPreferences 对象，其次通过 SharedPreferences 对象中的 edit( ) 函数获取 Preference 编辑对象 Editor，最后通过这两个对象对 SharedPreferences 数据进行任意读写，步骤如下。

1）在 onCreate( ) 函数中实现界面组件的关联，并获取 SharedPreferences 和 Editor 对象。

```
1   protected void onCreate(Bundle savedInstanceState){
2       super.onCreate(savedInstanceState);
3       setContentView(R.layout.activity_main);
4
5       username = (EditText)findViewById(R.id.username);
6       passwd = (EditText)findViewById(R.id.passwd);
7       mail = (EditText)findViewById(R.id.mail);
8       save = (Button)findViewById(R.id.save);
9       load = (Button)findViewById(R.id.load);
10
11      //从 Context 中获取 SharedPreferences,并设置为私有模式
12      sharedPreferences = getSharedPreferences("usersetting", MODE_PRIVATE);
13      //获得 Editor 用于数据的写入
14      editor = sharedPreferences.edit();
```

第 12 行代码表示通过 Context 获取一个 SharedPreferences 对象，同时创建一个名叫“usersetting”的 Preference 文件，并设置该 Preference 文件为私有模式。

第 14 行代码表示获取这个 SharedPreferences 对象的 Editor 对象，该对象用于实现对数据的写入和删除。

2）完成保存按钮的单击事件，通过 Editor 对象的 put×××()函数和 commit()函数把界面数据保存至 Preference 文件。

```
save.setOnClickListener(newOnClickListener(){
@ Override
public void onClick(View  v){
        //TODO Auto-generated method stub
        String  userString = username.getText().toString();
        String  passwdString = passwd.getText().toString();
        String  mailString = mail.getText().toString();
        //往 Editor 里面存入数据
        editor.putString("username",userString);
        editor.putString("passwd",passwdString);
        editor.putString("mail",mailString);
        //递交至 SharedPreferences 文件
        editor.commit();
        //显示消息提示
        Toast.makeText(MainActivity.this,
                        "数据保存完毕",Toast.LENGTH_SHORT).show();
    }
});
```

3）完成读取按钮的单击事件，通过 SharedPreferences 对象的 get×××（）函数从 Preference 文件获取数据，并显示在界面组件中。

```
load.setOnClickListener(new OnClickListener(){
public  void  onClick(View  v){
```

```
        //TODO Auto - generated method stub
        //从 SharedPreferences 中获取数据
        String  userString = sharedPreferences.getString("username",null);
        String  passwdString = sharedPreferences.getString("passwd",null);
        String  mailString = sharedPreferences.getString("mail",null);
        username.setText(userString);
        passwd.setText(passwdString);
        mail.setText(mailString);
        Toast.makeText(MainActivity.this,
                "读取数据完毕",Toast.LENGTH_SHORT).show();
    }
});
```

以上是 SharedPreferences 读/写方式的操作。当程序启动后，填入数据就可以自动地把这些信息写入 Preference 文件，并且在 DDMS 中也可以看到所写文件。单击“Tools”菜单，选择 Android 中的 Android Device Monitor，打开 DDMS，切换到 File Export 面板，在根目录下展开 data/data/project_package_ name/shared_prefs 目录。其中 project_package_name 是应用程序被创建时确定的包名，打开后发现有一个名为 usersetting. xml 的文件，该文件名和初始化 SharedPreferences 时的名字相同，如图 7-2 所示。

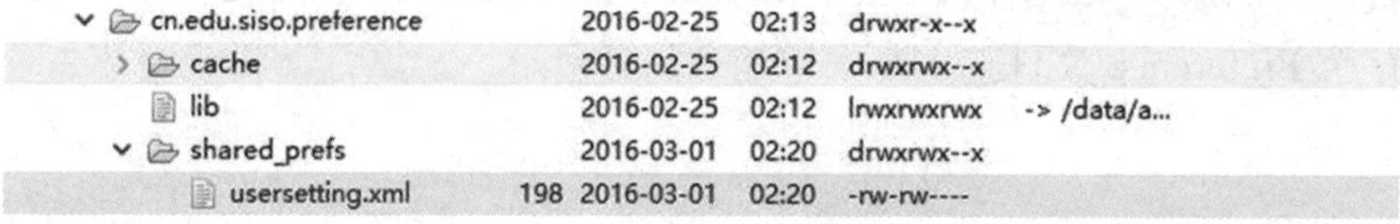

Name	Size	Date	Time	Permissions	Info
cn.edu.siso.preference		2016-02-25	02:13	drwxr-x--x	
cache		2016-02-25	02:12	drwxrwx--x	
lib		2016-02-25	02:12	lrwxrwxrwx	-> /data/a...
shared_prefs		2016-03-01	02:20	drwxrwx--x	
usersetting.xml	198	2016-03-01	02:20	-rw-rw----	

图 7-2　usersetting. xml 的目录信息

现在通过 DDMS 右上角的提供的“Pull a file from the device”功能，导出 usersetting. xml 文件，并用文本编辑工具打开所显示的信息，如图 7-3 所示。

```
<?xml version="1.0" encoding="UTF-8" standalone="true"?>
- <map>
    <string name="username">zhangsan</string>
    <string name="passwd">123456</string>
    <string name="mail">zhangsan@163.com</string>
  </map>
```

图 7-3　usersetting. xml 的文件信息

从图 7-3 中不难发现，SharedPreferences 在读取和写入时不仅遵循键值对原则，而且在数据存储时也遵循键值对原则。

7.2　普通文件的存储与读取

SharedPreferences 是 Android 系统中存储小数据量的一种方式。本节将介绍 Android 系统中另外一种数据存储的方式—— 普通文件的存储。这种存储方式的应用场合非常广泛，如从计算机中复制一个 APK（Android 安装包）并安装到手机中应用，或者从网络上下载数据更新包，这些都要经过 Android 系统的文件读/写操作才能完成，所以对文件进行读/写操作时，数据存储、更新和读取是非常重要的一部分。

7.2.1 Android 中的文件操作

在 Android 体系结构中，文件或者文件夹均被抽象为一个 File 类。底层操作系统对文件所进行的创建、删除、修改、查找等复杂操作被屏蔽了，因为简单的 File 类便可完成这些操作，所以用户只要掌握 File 类就可以完成对文件和文件夹的操作。

二维码 7-2

File 类的常用构造函数和成员函数有以下几种。

1）public File（String pathname）：通过将给定路径名字符串转换为抽象路径名来创建一个新 File 实例。

2）public File（String parent，String child）：根据 parent 路径名字符串和 child 路径名字符串创建一个新 File 实例。

3）public File（File parent，String child）：根据 parent 抽象路径名和 child 路径名字符串创建一个新 File 实例。

4）public long lastModified( )：得到文件最后修改的时间。

5）public long length( )：得到以字节为单位的长度。

6）public boolean canRead( )：判断文件是否为可读。

7）public boolean canWrite( )：判断文件是否为可写。

8）public boolean exists( )：判断文件是否存在。

9）public boolean isDirectory( )：判断文件是否为目录。

10）public boolean isFile( )：判断是否为文件。

11）public boolean isHidden( )：判断文件是否隐藏。

12）public String getName( )：得到文件名。

13）public String getPath( )：得到文件的路径。

14）public String getAbsolutePath( )：得到文件的绝对路径。

15）public String getParent( )：得到文件的父目录路径名。

16）public boolean mkdir( )：创建此 File 所指定的目录。

17）public boolean mkdirs( )：创建此 File 指定的目录，包括所有父目录。

18）public boolean createNewFile( )：文件不存在时，创建 File 所代表的空文件。

19）public boolean delete( )：删除文件，如果是目录，则必须是空目录。

20）public boolean renameTo( )：重命名此文件所代表的文件。

此外，在 Android 系统中，数据部分和代码部分是分开存储的，所以 Android 系统本身还提供了 4 个较为常用的函数来访问 Android 应用程序的数据文件夹。

1）File getDir（String name，int mode）：在该应用程序的数据文件夹下获取或创建 name 对应的子目录。

2）File getFilesDir( )：获取该应用程序的数据文件夹的绝对路径。

3）String [ ] fileList（）：返回该应用程序的数据文件夹下的全部文件。

4）boolean deleteFile（String name）：删除该应用程序的数据文件夹下的指定文件。

下面在 Android Stdio 中创建一个新的 Android 项目“7_02_FileControl”。这个示例主要完成在数据文件夹下创建新文件夹和文件，打印其目录结果，以及把创建的文件全部删除这 3 个功能。最终的界面如图 7-4 所示。

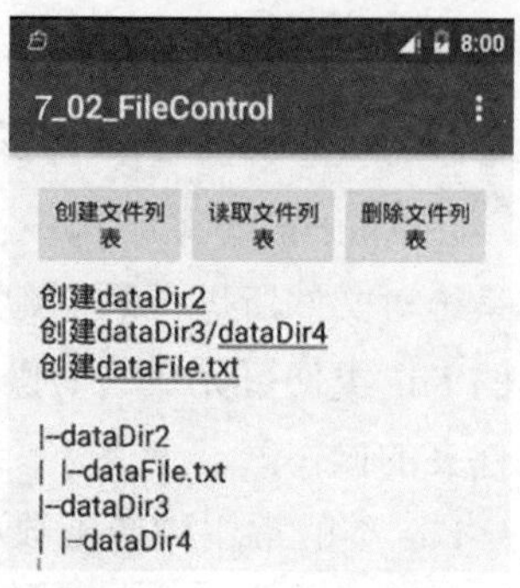

图 7-4　文件控制效果图

UI 布局完成并与 Java 代码进行关联后，首先实现“创建文件列表”按钮的功能，即单击该按钮后系统自动在数据文件夹下创建一系列的文件和文件夹，具体代码如下：

```
1   createFileList.setOnClickListener(newOnClickListener(){
2       @ Override
3       public void onClick(View v){
4           //TODO Auto-generated method stub
5           //获得数据文件夹 File 对象
6           File dataDir = getFilesDir();
7           //判断 dataDir 对象是否存在,如果不存在,则创建
8           if(! dataDir.exists()){
9               fileList.append("创建 dataDir \n");
10              dataDir.mkdir();
11          }
12          File dataDir2 = new File(dataDir, "dataDir2");
13          if(! dataDir2.exists()){
14              fileList.append("创建 dataDir2 \n");
15              dataDir2.mkdir();
16          }
17          File dataDir4 = new File(dataDir, "dataDir3/dataDir4");
18          if(! dataDir4.exists()){
19              fileList.append("创建 dataDir3/dataDir4 \n");
20              dataDir4.mkdirs();
21          }
22          File dataFile = new File(dataDir2, "dataFile.txt");
23          if(! dataFile.exists()){
24              try{
25                  fileList.append("创建 dataFile.txt \n");
26                  dataFile.createNewFile();
27              }catch(IOExceptione){
28                  //TODO Auto-generated catch block
29                  e.printStackTrace();
30              }
31          }
32      }
33  });
```

第 12 行代码表示的是 File 构造函数的另外一种形式，dataDir 表示父路径，dataDir2 表

示当前路径，即在dataDir目录下创建一个dataDir2目录。

第20行代码中的mkdirs表示在创建当前目录的同时创建该目录中不存在的父目录，即如果系统在创建dataDir4目录时发现dataDir3目录不存在，那么除了创建dataDir4目录外，还会一并创建dataDir3目录。

从上面的代码可以看出，创建文件或者文件夹时，主要通过exists()函数判断文件或者文件夹是否存在。如果不存在，则利用createNewFile()、mkdir()或mkdirs()函数来创建文件或者文件夹。

接下来实现“读取文件列表”按钮的功能。读取文件列表就是读取数据文件夹下的目录结构并将其显示在EditText中。读取文件列表的过程采用递归方式完成，直到没有子文件或者子目录才跳出递归并显示信息，具体代码如下：

```
1    readFileList.setOnClickListener(newOnClickListener(){
2
3        @ Override
4        public void on Click(Viewv){
5            //TODO Auto-generated method stub
6            listChilds(getFilesDir(),0);
7        }
8    });
```

第6行代码表示通过Android提供的getFilesDir()函数获得数据文件夹的File对象，并传递给listChilds（File dir1，int level）函数进行目录查询，listChilds（File dir1，int level）的具体代码如下：

```
1    private void listChilds(Filedir1,intlevel){
2        //TODO Auto-generated method stub
3        StringBuilder sBuilder = new StringBuilder("|--");
4        //生成文件对应的结构框架
5        for(int i=0;i<level;i++){
6            sBuilder.insert(0,"|  ");
7        }
8        //获得文件夹下一级的所有文件
9        File[] childs = dir1.listFiles();
10       //判断下一级是否有文件,如果没有文件,则表示本级递归结束
11       int length = (childs == null? 0:childs.length);
12       for(int i=0;i<length;i++){
13           fileList.append(sBuilder.toString()+childs[i].getName()+"\n");
14           //如果为目录,则进入到下一级
15           if(childs[i].isDirectory()){
16               listChilds(childs[i],level+1);
17           }
18       }
19   }
```

第6行代码表示在“|--”符号前插入level级空格，使得最终结果具有一定的层次

结构。

第 11 行代码是本递归函数的核心，用于判断跳出递归的时机，即当不再有子文件或者子目录时，本级的查询完成。

第 16 行代码表示每进入下一级目录，文件夹的级数 level 就加 1。

最后实现“删除文件列表”按钮的功能。删除文件列表就是删除数据文件夹下创建的所有文件和目录。删除的方式和读取同样采用递归方式完成，具体代码如下：

```
deleteFileList.setOnClickListener(new  OnClickListener(){

        @ Override
        public void onClick(View v){
    //TODO Auto - generated method stub
              deleteAll(getFilesDir());
              fileList.setText("删除所有创建的文件");
        }
});
```

deleteAll（File file）函数进行删除操作，deleteAll（File file）的具体实现如下：

```
  private void deleteAll(File file){
  //TODO Auto - generated method stub
  //判断是否为文件,如果是文件,则直接删除
  if(file.isFile()){
          Log.i(TAG,"删除文件:" + file.getAbsolutePath());
          file.delete();
          return;
  }
  //如果是目录,则递归到最底层开始往上层删除文件
  File[] lists = file.listFiles();
  for(int i = 0;i < lists.length;i + +){
          deleteAll(lists[i]);
  }
  Log.i(TAG,"删除目录:" + file.getAbsolutePath());
  file.delete();
}
```

以上就是“7_02_ FileControl”示例的全部代码，以及 File 对象在具体应用编程中的使用方法。本示例展示的是如何在应用程序的数据文件夹下对文件进行操作，而应用程序除了可以把数据保存在数据文件夹下，还可以把数据存入 SD 卡。Android 系统中如果要对 SD 卡进行操作，首先要赋予应用程序能够操作 SD 卡的权限，即在 AndroidManifest 文件中添加如下内容：

```
 <uses - permission
android:name = "android.permission.MOUNT_UNMOUNT_FILESYSTEMS" />
 <uses - permission
android:name = "android.permission.WRITE_EXTERNAL_STORAGE" />
```

其次判断 Android 手机是否已经插入 SD 卡，并且对 SD 卡是否具有读/写权限，这部分只需一条 if 语句即可完成，具体代码如下：

```
if(Environment.getExternalStorageState().
            equals(Environment.MEDIA_MOUNTED)){
        //TODO Auto-generated method stub

}
```

如果 if 语句判断为真则表示 Android 手机已经插入 SD 卡，并且对 SD 卡具有读/写权限，接下来就可以通过 Environment. getExternalStorageDirectory( ) 函数获取 SD 卡的 File 对象，最后完成应用程序所需的操作。

7.2.2　Android 中的内部存储

二维码 7-3

7.2.1 节中通过示例向读者展示了 File 对象在 Android 系统中的应用，但 File 对象只能完成对文件的创建、删除等工作，而没有提供任何对文件内容操作的函数，这只是实现对文件的初步操作。

Android 系统允许应用程序创建仅能够自身访问的私有文件，文件保存在设备的内部存储器上，在 Android 系统下的 data/data/ <project_package_name>/files 目录中。Android 系统不仅支持标准 Java 的 IO 类和方法，还提供了能够简化读/写流式文件的函数。这里主要介绍 openFileOutput( )和 openFileInput( )两个函数。

openFileOutput( )函数为写入数据做准备而打开文件。如果指定的文件存在，则直接打开文件准备写入数据；如果指定的文件不存在，则创建一个新的文件。

openFileOutput( )函数的语法格式如下：

```
public FileOutputStream opentFileOutput (String name, int mode)
```

第 1 个参数是文件名称，这个参数不可以包含描述路径的斜杠。第 2 个参数是操作模式，Android 系统支持 4 种文件操作模式，见表 7-1。函数的返回值是 FileOutputStream 类型。

表 7-1　4 种文件操作模式

模　式	说　明
MODE_PRIVATE = 0	私有模式，默认模式，文件仅能够被创建文件的程序访问，或具有相同 UID 的程序访问
MODE_APPEND = 32768	追加模式，如果文件已经存在，则在文件的结尾处添加新数据
MODE_WORLD_READABLE = 1	全局可读模式，允许任何程序读取私有文件
MODE_WORLD_WRITEABLE = 2	全局可写模式，允许任何程序写入私有文件

使用 openFlieOutput( )函数建立新文件的示例代码如下：

```
//定义新文件的名称为"fileDemo.txt"
String FILE_NAME =  "flieDemo.txt"
//以私有模式建立文件
FileOutputStream  fos = openFileOutput(FILE_NAME,Context.MODE_APPEND);
```

```
String text = "Some data";
//将数据写入文件
fos.write(text.getBytes());
//强制将缓冲中的数据写入文件
fos.flush();
//关闭 FileOutputStream
fos.close();
```

为了提高文件系统的性能，一般调用 write( )函数时，如果写入的数据量较小，则系统会把数据保存在数据缓冲区中，等数据量积攒到一定程度时再将数据一次性写入文件。因此，在调用 close( )函数关闭文件前，务必要调用 flush( )函数，将缓冲区内所有的数据写入文件。如果开发人员在调用 close( )函数前没有调用 flush( )，则可能导致部分数据丢失。

openFileInput( )函数为读取数据做准备而打开文件，其语法格式为：

```
public FileInputStream opentFileInput (String name)
```

第 1 个参数也是文件名称，同样不允许包含描述路径的斜杠。使用 openFileInput( )函数打开已有文件，并以二进制方式读取数据的示例代码如下：

```
//定义新文件的名称为"fileDemo.txt"
String  FILE_NAME ="fileDemo.txt"
//以私有模式建立文件
FileInputStream  fis = openFileInput(FILE_NAME);
//通过数组来获取文件内容的长度
byte[]  readBytes = new byte[fis.available()];
//读取文件中的内容
while(fis.read(readBytes)! = -1){}
```

上面的两部分代码在实际使用过程中会遇到错误提示，这是因为文件操作可能会遇到各种问题而最终导致操作失败，因此在代码中应使用 try/catch 捕获可能产生的异常。

下面在 Andriod Studion 中创建一个新的 Android 项目“7_02_InternalFileDemo”。这个示例用来演示在内部存储器上进行文件写入和读取。用户界面如图 7-5 所示，用户将需要写入的数据添加在 EditText 中，通过“写入文件”按钮将数据写入到/data/data/cn. edu. siso. internalfiledemo/ files/fileDemo. txt 文件中。如果用户选择“追加模式”，则数据将会添加到 fileDemo. txt 文件的结尾处。通过“读取文件”按钮，程序会读取 fileDemo. txt 文件的内容，并显示在界面下方的白色区域中。

图 7-5 InternalFileDemo 效果图

添加“写入文件”按钮的用户单击事件，具体代码如下：

```
//为 write 绑定事件监听器
View.OnClickListener writeButtonListener = new View.OnClickListener() {
    @ Override
    public void onClick(View v) {
        //定义文件输出流
```

```
6               FileOutputStream fos = null;
7               try {
8               //判断 CheckBox 是否以追加模式打开文件输出流
9                   if (appendBox.isChecked()) {
10                      fos = openFileOutput(FILE_NAME, Context.MODE_APPEND);
11                  } else {
12                      fos = openFileOutput(FILE_NAME, Context.MODE_PRIVATE);
13                  }
14              //获取 EditText 组件中的信息
15                  String text = entryText.getText().toString();
16              //将 text 中的内容写入到文件中
17                  fos.write(text.getBytes());
18                  labelView.setText("文件写入成功,写入长度:" + text.length());
19                  entryText.setText("");
20              } catch (FileNotFoundException e) {
21                  e.printStackTrace();
22              } catch (IOException e) {
23                  e.printStackTrace();
24              } finally {
25              //判断输出流是否存在
26                  if (fos ! = null) {
27                      try {
28              //刷新文件资源
29                          fos.flush();
30              //关闭文件资源
31                          fos.close();
32                      } catch (IOException e) {
33                          e.printStackTrace();
34                      }
35                  }
36              }
37          }
38      };
```

第6行代码定义文件的输出流。

第8~13行代码通过 CheckBox 组件来判断是否要进入“追加模式”。

第15~19行代码利用组件来完成一些文件内容的显示。

第26~35行代码是 Java 中的 try…catch 语句，当 I/O 操作流发现文件不存在时，就会抛出异常，主要功能是进行文件资源的刷新与关闭。

添加“读取文件”按钮的用户单击事件，具体代码如下：

```
//为 read 绑定事件监听器
View.OnClickListener readButtonListener = new View.OnClickListener() {
    @ Override
    public void onClick(View v) {
```

```
5           displayView.setText("");
6           //定义文件输入流
7           FileInputStream fis = null;
8           try {
9           //获取指定文件对应的存储目录
10              fis = openFileInput(FILE_NAME);
11              if (fis.available() = = 0) {
12                      return;
13              }
14          //定义临时缓冲区
15              byte[] readBytes = new byte[fis.available()];
16          //读取文件的内容
17              while (fis.read(readBytes) ! = -1) {
18              }
19          //获取文件中的信息并显示
20              String text = new String(readBytes);
21              displayView.setText(text);
22              labelView.setText("文件读取成功,文件长度:" + text.length());
23          } catch (FileNotFoundException e) {
24              e.printStackTrace();
25          } catch (IOException e) {
26              e.printStackTrace();
27          }
28      }
29  };
```

第 6 ~ 7 行代码用于定义文件的输入流。

第 10 ~ 13 行代码通过输入流获取文件对应的存储位置以及判断。

第 15 行代码用于获取文件长度。

第 16 ~ 17 行代码通过一个 while 循环来读取文件中的内容。

程序运行后，在/data/data/cn. edu. siso. internalfiledemo/files/fileDemo. txt 目录下找到新建的 fileDemo. txt 文件，如图 7-6 所示。从文件权限上分析 fileDemo. txt 文件，-rw-rw—表明文件仅允许创建者和同组用户进行读/写，其他用户无权使用。

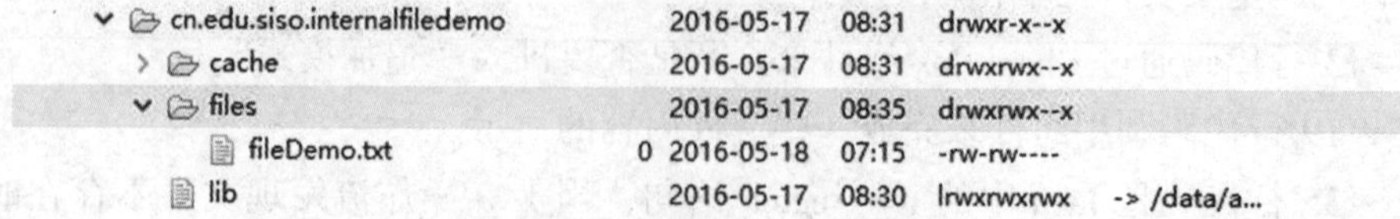

图 7-6　fileDemo. txt 文件

7.2.3　Android 中的外部存储

二维码 7-4

Android 的外部存储设备一般指 Micro SD 卡（又称 T-Flash），是一种广泛用于数码设备中的超小型记忆卡。图 7-7 所示为东芝出品的 64GB Micro SD 卡。

Micro SD 卡适用于保存大尺寸的文件或者是一些无须设置访问权限的文件。如果用户希望保存录制的视频文件和音频文件，因为 Android 设备的内部存储空间有限，所以使用 Micro SD 卡是非常适合的选择。如果需要设置文件的访问权限，则不能使用 Micro SD 卡，因为 Micro SD 卡使用 FAT（File Allocation Table）文件系统，不支持访问模式和权限控制。Android 的内部存储器使用的 Linux 文件系统，则可通过文件访问权限的控制保证文件的私密性。

图 7-7　Micro SD 卡

Android 模拟器支持 SD 卡的模拟，在模拟器建立时可能选择 SD 卡的容量，在模拟器启动时会自动加载 SD 卡，如图 7-8 所示。正确加载 SD 卡后，SD 卡中的目录和文件被映射到/mnt/sdcard 目录下。因为用户可以加载或卸载 SD 卡，所以在编程访问 SD 卡前首先需要检测/mnt/sdcard 目录是否可用。如果不可用，则说明设备中的 SD 卡已经被卸载。如果可用，则直接通过使用标准的 java. io. File 类进行访问。

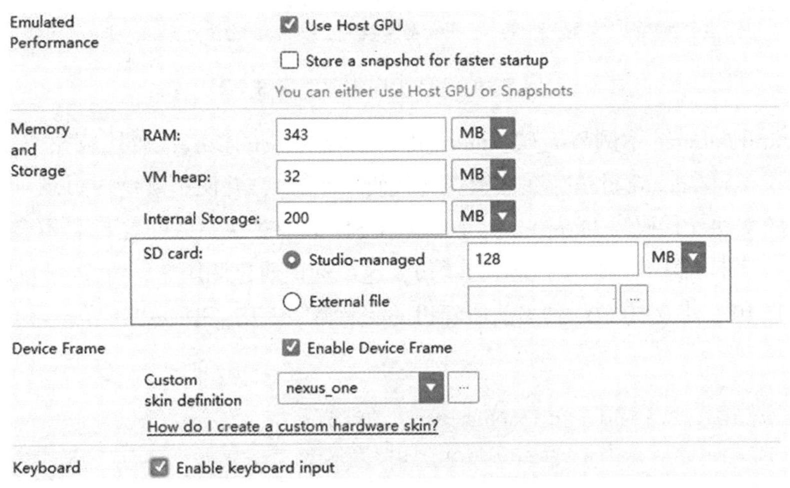

图 7-8　在 AVD 管理器中的模拟 SD 卡

7_02_SDcardFileDemo 示例用来说明如何将数据保存在 SD 卡中。首先通过“生成随机数列”按钮生成 10 个随机小数，然后通过“写入 SD 卡”按钮将生成的数据保存在 SD 卡的根目录下（也就是 Android 系统的/mnt/sdcard 目录下）。

二维码 7-5

图 7-9　7_02_SDcardFileDemo 效果图

7_02_SDcardFileDemo 示例的用户界面如图 7-9 所示。

7_02_SDcardFileDemo 示例运行后，在每次单击“写入 SD 卡”按钮后，都会在 SD 卡中生成一个新的文件，文件名各不相同，如图 7-10 所示。

Name	Size	Date	Time	Permissions
mnt		2016-05-19	03:49	drwxrwxr-x
asec		2016-05-19	03:49	drwxr-xr-x
media_rw		2016-05-19	03:49	drwx------
sdcard		2016-05-19	04:38	drwxrwx---
360		2016-04-21	08:20	drwxrwx---
360Download		2016-05-19	02:02	drwxrwx---
360Log		2016-05-12	04:45	drwxrwx---
360sicheck.txt	38	2016-04-21	08:22	-rwxrwx---
Alarms		2015-12-12	06:55	drwxrwx---
Android		2015-12-15	07:45	drwxrwx---
DCIM		2015-12-12	06:55	drwxrwx---
Download		2015-12-12	06:55	drwxrwx---
LOST.DIR		2015-12-12	06:55	drwxrwx---
Movies		2015-12-12	06:55	drwxrwx---
Music		2015-12-12	06:55	drwxrwx---
Notifications		2015-12-12	06:55	drwxrwx---
Pictures		2015-12-12	06:55	drwxrwx---
Podcasts		2015-12-12	06:55	drwxrwx---
Ringtones		2015-12-12	06:55	drwxrwx---
SdcardFile-1463632292975	199	2016-05-19	04:31	-rwxrwx---
SdcardFile-1463632691457	195	2016-05-19	04:38	-rwxrwx---
SdcardFile-1463632693281	193	2016-05-19	04:38	-rwxrwx---

图 7-10　SD 卡中生成的文件

7_02_SDcardFileDemo 示例与 7_02_InternalFileDemo 示例的核心代码比较相似，不同之处是，在代码中添加了/mnt/sdcard 目录存在性检查（代码第 9 行），并使用“绝对目录 + 文件名”的形式表示新建立的文件（代码第 11 行）。为了保证在 SD 卡中多次写入时文件名不会重复，在文件名中使用了唯一且不重复的标识（代码第 6 行），这个标识通过调用 System. currentTimeMillis( ) 函数获得，表示从 1970 年 00:00:00 到当前所经过的毫秒数。7_02_SDcardFileDemo 示例的核心代码如下。

```
1    private static String randomNumbers String = "";
2    View.OnClickListener writeButtonListener = new View.OnClickListener() {
3            @ Override
4            public void onClick(View v) {
5                  //定义文件名称并调用 System.currentTimeMillis()函数来获取毫秒数
6                  String fileName = "SdcardFile - " + System.currentTimeMillis() + ".txt";
7                  File dir = new File("/sdcard/");
8                  //检查/mnt/sdcard 目录是否存在
9                  if (dir.exists() && dir.canWrite()) {
10                 //新建立的文件
11                        File newFile = new File(dir.getAbsolutePath() + "/" +
                          fileName);
12                       FileOutputStream fos  = null;
13                       try {
14                             newFile.createNewFile();
15                 //在写入文件前对文件的存在和可写入性进行检查
16                             if (newFile.exists() && newFile.canWrite()) {
17                                   fos  = new FileOutputStream(newFile);
18                                   fos.write(randomNumbersString.getBytes());
```

```
                    TextView labelView = (TextView)findViewById
                    (R.id.label);
                    labelView.setText(fileName + "文件写入 SD 卡");
                }
            } catch (IOException e) {
                e.printStackTrace();
            } finally {
                if (fos != null) {
                    try {
                        fos.flush();
                        fos.close();
                    }
                    catch (IOException e) { }
                }
            }
        }
    }
};
```

程序在模拟器中运行前，还必须在 AndroidManifest.xml 中注册两个用户权限，分别是加载/卸载文件系统的权限和向外部存储器写入数据的权限。AndroidManifest.xml 的核心代码如下：

```
<uses-permission
android:name="android.permission.MOUNT_UNMOUNT_FILESYSTEMS"/>
<uses-permission
android:name="android.permission.WRITE_EXTERNAL_STORAGE"/>
```

7.2.4 Android 中的资源文件

开发人员除了可以在内部和外部存储设备上读/写文件外，还可以访问在/res/raw 和/res/xml 目录中的原始格式文件和 XML 文件，这些文件是程序开发阶段在工程中保存的文件。

二维码 7-6

原始格式文件可以是任何格式的文件，如视频格式文件、音频格式文件、图像文件或数据文件等。在应用程序编译和打包时，/res/raw 目录下的所有文件都会保留原有格式不变。/res/xml 目录下一般用来保存格式化数据的 XML 文件，会在编译和打包时将 XML 文件转换为二进制格式，用以降低存储器空间占用率和提高访问效率，在应用程序运行时会以特殊的方式进行访问。

7_02_ResourceFileDemo 示例演示了如何在程序运行时访问资源文件。当用户单击“读取原始文件”按钮时，程序将读取/res/raw/raw_file.txt 文件，并将内容显示在界面上，如图 7-11a 所示。当用户单击“读取 XML 文件”按钮时，程序将读取/res/xml/people.xml 文件，也将内容显示在界面上，如图 7-11b 所示。

读取原始格式文件首先需要调用 getResource() 函数获得资源实例，然后调用资源实例的 openRawResource( ) 函数，以二进制流的形式打开指定的原始格式文件。在读取文件结束后，调用 close( ) 函数关闭文件流。

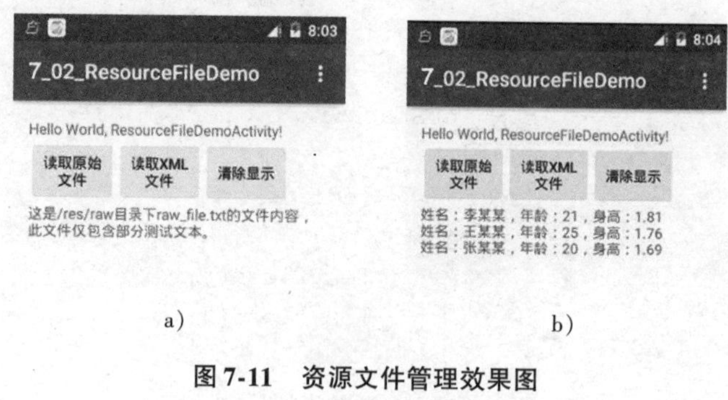

a)　　　　　b)

图 7-11　资源文件管理效果图

a) 读取原始文件　b) 读取 XML 文件

7_02_ResourceFileDemo 示例中读取原始格式文件的核心代码如下：

```
1           //获取资源对象
2   Resources resources = this.getResources();
3   InputStream inputStream = null;
4       try {
5           //以二进制流的形式打开 raw_file.txt 文件
6           inputStream = resources.openRawResource(R.raw.raw_file);
7           //定义临时缓冲区
8           byte[] reader = new byte[inputStream.available()];
9           //读取文件内容
10          while (inputStream.read(reader) ! = -1) {
11          }
12          //设置编码格式为 utf - 8
13          displayView.setText(new String(reader,"utf - 8"));
14      } catch (IOException e) {
15          Log.e("ResourceFileDemo", e.getMessage(), e);
16      } finally {
17          if (inputStream ! = null) {
18              try {
19                  inputStream.close();
20              }
21              catch (IOException e) { }
22          }
23      }
```

代码第 13 行的 new String（reader,"utf-8"）表示以 UTF-8 的编码方式从字节数组中实例化一个字符串。如果程序开发人员需要新建/res/raw/raw_file. txt 文件，则需要选择使用 UTF-8 编码方式，否则程序运行时会产生乱码。选择的方法是选定 raw_file. txt 文件，然后单击“File”→“Settings”，进入 Settings 界面，选择“Editor”下的“File Encodings”就可以设置 UTF-8 格式，如图 7-12 所示。

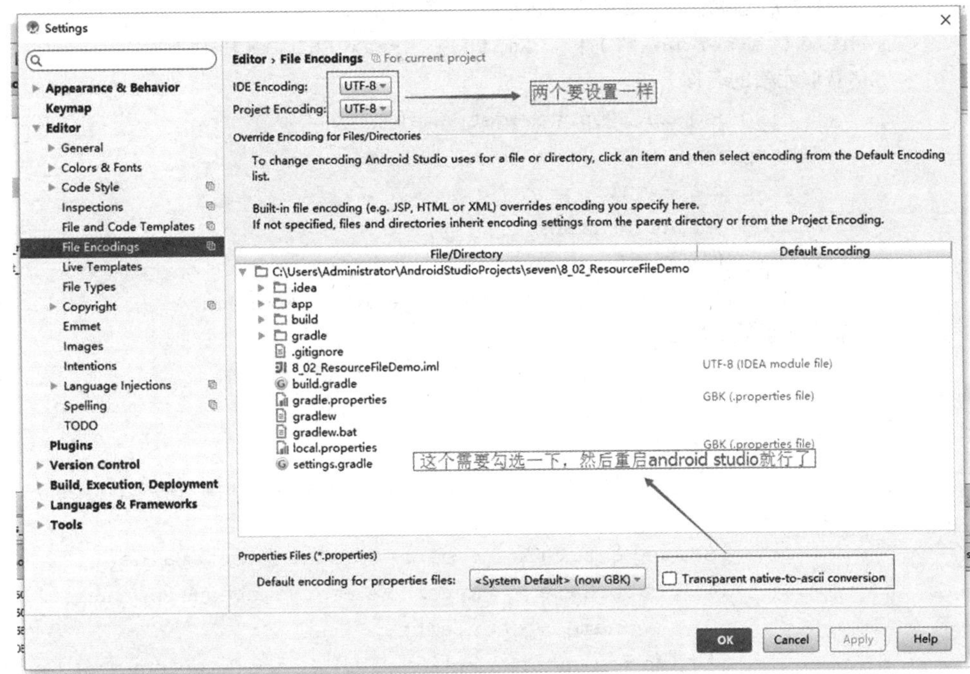

图 7-12　选择 raw_file. txt 文件编码方式

/res/xml 目录下的 XML 文件与其他资源文件有所不同，程序开发人员不能以流的方式直接读取，其主要原因在于 Android 系统为了提高读取效率，减少占用的存储空间，将 XML 文件转换为了一种高效的二进制格式。

为了说明如何在程序运行时读取/res/xml 目录下的 XML 文件，首先在/res/xml 目录下创建一个名为 people. xml 的文件。XML 文件定义了多个 <person>元素，每个 <person>元素都包含 name、age 和 height3 个属性，分别表示姓名、年龄和身高。

/res/xml/people. xml 文件代码如下：

```
<people>
  <person name="李某某" age="21" height="1.81" />
  <person name="王某某" age="25" height="1.76" />
  <person name="张某某" age="20" height="1.69" />
</people>
```

读取 XML 格式文件，首先通过调用资源实例的 getXml( ) 函数，获取 XML 解析器 XmlPullParser。XmlPullParser 是 Android 平台标准的 XML 解析器，这项技术来自一个开源的 XML 解析 API 项目 XMLPULL。

7_02_ResourceFileDemo 示例中关于读取 XML 文件的核心代码如下：

二维码 7-7

```
    //获取 XML 解析器
    XmlPullParser parser = resources.getXml(R.xml.people);
    String msg = "";
    try {
```

```
5           //通过获取到的 XML 解析器来进行 XML 解析
6           while (parser.next() ! = XmlPullParser.END_DOCUMENT) {
7           //获取元素的名称
8               String people = parser.getName();
9               String name = null;
10              String age = null;
11              String height = null;
12          //判断 xml 文件是否存在 person
13              if ((people ! = null) && people.equals("person")) {
14          //获取元素的属性数量
15                  int count = parser.getAttributeCount();
16                  for (int i = 0; i < count; i + +) {
17          //获取元素的属性名称
18                      String attrName = parser.getAttributeName(i);
19          //获取元素的值
20                      String attrValue = parser.getAttributeValue(i);
21                      if ((attrName ! = null) && attrName.equals("name")) {
22                              name = attrValue;
23                      } else if ((attrName ! = null) && attrName.equals("age")) {
24                              age = attrValue;
25                      } else if ((attrName ! = null) && attrName.equals("height")) {
26                              height = attrValue;
27                      }
28                  }
29                  if ((name ! = null) && (age ! = null) && (height ! = null)) {
30          //将获取的属性值整理成需要显示的信息
31                      msg + = "姓名:" +name + ",年龄:" +age + ",身高:" +height + "\n";
32                      }
33                  }
34              }
35          } catch (Exception e) {
36              Log.e("ResourceFileDemo", e.getMessage(), e);
37          }
38          displayView.setText(msg);
```

第 1 ~ 2 行代码通过资源实例的 getXml( ) 函数获取 XML 解析器。

第 6 行代码通过 parser. next( ) 方法可以获取高等级的解析事件，并通过对比确定事件类型，XML 事件类型见表 7-2。

第 8 行代码使用 getName( ) 函数获得元素的名称。

第 15 行代码使用 getAttributeCount( ) 函数获取元素的属性数量。

第 17 ~ 20 行代码主要是获取属性的名称和值。

第 21 ~ 27 行代码通过分析属性名获取正确的属性值。

第 29 ~ 32 行代码主要是将属性值整理成需要显示的信息。

表 7-2　XmlPullParser 的 XML 事件类型

事件类型	说　明
START_TAG	读取到标签开始标志
TEXT	读取文本内容
END_TAG	读取到标签结束标志
END_DOCUMENT	文档末尾

7.3　SQLite 数据库的访问与读/写操作

SQLite 是用 C 语言编写的开源嵌入式数据库引擎。它支持绝大多数的 SQL 语句，并且具有很好的跨平台性，能在所有主流操作系统上运行。此外，SQLite 数据库虽然主要应用于嵌入式等小数据量存储的环境中，但它也可以支持 2TB 大小的数据库，并且每个数据库都是以独立文件的形式存储在硬盘中的。

SQLite 数据类型存储不像其他大型数据库那样具有严格的要求，它采用动态数据类型，即当某个值插入到数据库中时，SQLite 将会检查它的类型；如果与预设类型不匹配，SQLite 则会尝试将该值转换成该列的类型；如果不能转换，则该值将作为本身的类型存储，SQLite 的这种类型特点称为“弱类型”。如果是主键字段（INTEGER PRIMARY KEY），则其他类型不会被转换，而是报一个“datatype missmatch”错误。

总之，SQLite 官方文件说明只支持 NULL、INTEGER、REAL、TEXT 和 BLOB 这 5 种数据类型（分别代表空值、整型值、浮点值、字符串文本、二进制对象），但在实际应用中可以使用 varchar 类型的数据，它会在运行时自动转化为与这 5 种数据类型相匹配的一种。

7.3.1　关系型数据库中的基本概念

关系型数据库包括以下几个非常重要的概念，这几个概念也是实际项目交流中使用频率较高的概念。

1）实体（Entity）：现实客观的事物，如学生、房子等，通常以数据表的形式存在。

2）属性（Attribute）：实体所具有的某一特性，如学生的姓名、性别、年龄等，通常以数据表字段的形式存在。

3）实体标识（Key）：能唯一标识某个实体的属性集，如学生的学号、学校的标识，通常以主键的形式存在。

4）域（Domain）：属性的取值范围，如性别的取值范围、学号的取值范围。

5）实体型（Entity Type）：使用实体名及其属性名集合来抽象和描述同类实体。

6）实体集（Entity Set）：同型实体的集合。

7）关系（Relationship）：现实世界中事物之间客观存在的相互联系，如一对一的关系、一对多的关系以及多对多的关系。

8）实体—关系图（E-R 图）：在设计数据库时，通常会绘制 E-R 图来表示各数据表之间的联系。在 E-R 图中，实体用矩形框表示，关系用菱形框表示，属性用椭圆或圆角矩形表示，属性和实体、实体和实体之间的联系用实线连接，如图 7-13 所示。

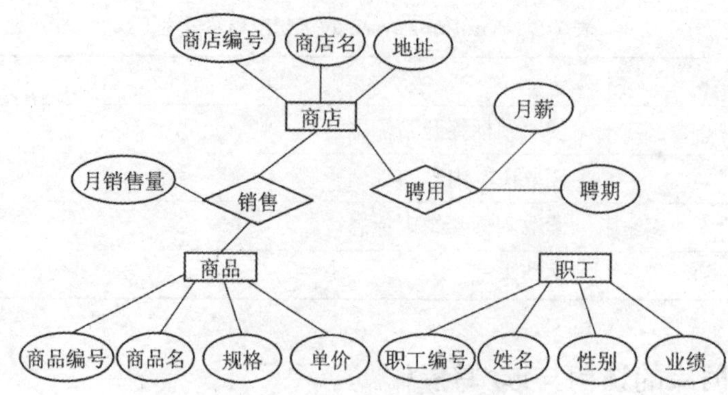

图 7-13　E-R 效果图

9）数据库模式定义语言（Database Definition Language，DDL）：用于描述数据库中要存储的现实世界实体的语言。关系型数据库通过 SQL 语句中的创建（create）、修改（alter）和删除（drop）语句实现。

10）数据库操纵语言（Database Manipulation Language，DML）：终端用户和应用程序实现对数据库数据进行操作的语句。关系型数据库通过 SQL 语句中的增加（insert）、删除（delete）、修改（update）、检索（select）、显示输出等语句实现。

11）主键：在其定义的字段中必须包含唯一的值，且该值不能为空。

12）外键：利用某种关系把两个表连接起来。例如，用户表和交易表通过用户 ID 进行关联，那么用户表中的用户 ID 就是主键，而交易表中的用户 ID 就是外键。如果字段定义为外键，那么该字段的值只能从包含主键的表得来。

13）1NF（第一范式）：指数据库表中的每个字段都是不可分割的基本数据项，同一个字段不能有多个值，如果出现重复的值，就要重新定一个新实体，该实体由重复的字段值构成。1NF 是关系型数据库的基础，不满足 1NF 的数据库不是关系型数据库。

14）2NF（第二范式）：在 1NF 的基础上，要求数据表的每一行可以被唯一地区分，为此通常需要加上一个字段作为每一行的唯一标识。

15）3NF（第三范式）：在 2NF 的基础上，要求一个数据表中不包含已在其他数据表中包含的非主键字段。

7.3.2　基本 SQL 语句的使用

二维码 7-8

Android 系统中除了提供创建数据库的接口函数外，还提供了创建 SQLite 数据的本地工具，开发人员只要在命令行中输入“adb shell”命令就可以进入 Android 系统的字符界面，其功能类似于一个精简版的 Linux。SQLite 数据库的创建使用“sqlite3 数据库名”形式的命令创建。例如，运行命令“sqlite3 studenttable.db”会产生一个 studenttable.db 的数据库文件，运行的结果如图 7-14 所示。

SQLite 数据库的基本操作包括数据表的创建、数据的插入、数据的修改、数据的删除、数据的查询以及 where 子语句的使用。

```
root@android:/ # sqlite3 studenttable.db
sqlite3 studenttable.db
SQLite version 3.7.11 2012-03-20 11:35:50
Enter ".help" for instructions
Enter SQL statements terminated with a ";"
sqlite> _
```

图 7-14　SQLite 数据库的创建

首先使用 create table 语句来创建一个名为“student”的数据表，该数据表包含 4 个属性，分别为学生 ID（id）、学生姓名（name）、学生年龄（age）、学生性别（sex），具体代码如图 7-15 所示。其中，id 为主键，类型是整型，并通过 autoincrement 设置 id 为自增；name 的类型为可变字符串，10 代表最多表示 10 个 char 型；age 的类型为短整型；sex 的类型为布尔型，default 表示默认值为 1。

```
create table student(
        id integer primary key autoincrement,
        name varchar(10),
        age smallint,
        sex boolean default 1
);
```

图 7-15　student 数据表的创建

创建完数据库后，使用 insert into 语句向数据库中插入数据，在本例中向数据库插入 5 条学生记录，代码如图 7-16 所示。其中 values 后面括号中的值和定义表中的字段一一对应，并且类型也要完全符合。需要注意的是，id 字段因为设为了 autoincrement，所以在数据插入时可以不用传值，数据会自动为其分配，插入结果如图 7-17 所示。

```
insert into student values(null, '张三', 20, 1);
insert into student values(null, '李四', 18, 1);
insert into student values(null, '王五', 18, 1);
insert into student values(null,'李雷',23,1);
insert into student values(null,'韩梅梅',17,0);
```

图 7-16　student 数据表的数据插入

RecNo	id	name	age	sex
Click here to define a filter				
1	1	张三	20	☑
2	2	李四	18	☑
3	3	王五	18	☑
4	4	李雷	23	☑
5	5	韩梅梅	17	☐

图 7-17　数据插入的结果

在表数据添加完毕后，使用 select 语句进行数据库的查询，select 语句的格式为“select 字段名 from 表名”。如果要表示查询所有字段，则可以使用通配符“*”来表示，具体代码和效果如图 7-18 所示。

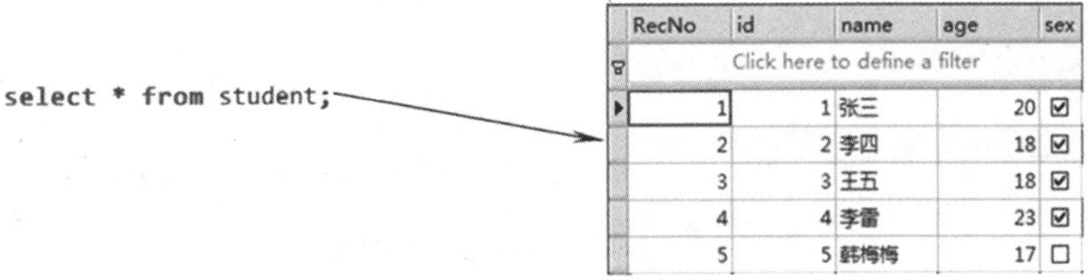

图 7-18　select 语句的代码与效果图

当数据表中的数据需要修改时，可以使用 update 语句进行修改，语法格式为“update 表名 set 属性 = 新值 where 条件”。在本例中，如果要把张三的年龄改为 25 岁，需要的代码和效果如图 7-19 所示。

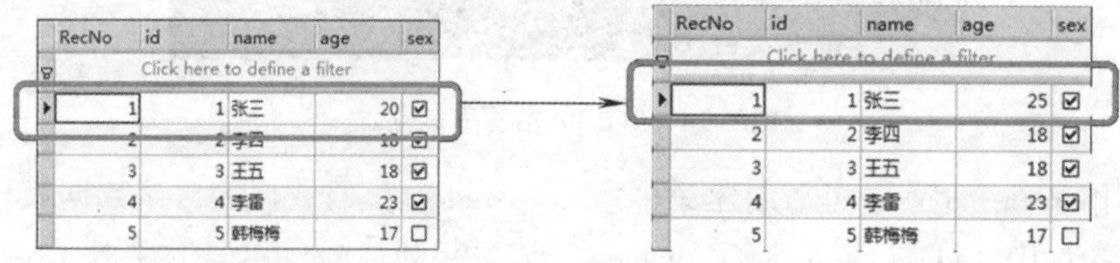

```
update student set age=25 where name='张三';
```

图 7-19　update 语句的代码与效果图

当需要删除数据表中的数据时，可以使用 delete 语句来完成，语法格式为“delete from 表名 where 条件”。在本例中，如果要删除张三这条记录，可以使用图 7-20 中的表达式。

RecNo	id	name	age	sex
1	1	张三	20	☑
2	2	李四	18	☑
3	3	王五	18	☑
4	4	李雷	23	☑
5	5	韩梅梅	17	☐

RecNo	id	name	age	sex
1	2	李四	18	☑
2	3	王五	18	☑
3	4	李雷	23	☑
4	5	韩梅梅	17	☐

```
delete from student where name='张三';
```

图 7-20　delete 语句的代码与效果图

以上示例中多次出现 where 子语句，在 SQL 语句中 where 子语句用于表示执行条件。例如，在 delete 语句中，“where name = '张三'”表示删除姓名等于张三的数据记录。除此之外，where 子语句还支持各种表达式和运算符，如要查询年龄在 20 ~ 25 岁的学生，就可以使用 between…and 表达式，如图 7-21 所示。

RecNo	id	name	age	sex
1	1	张三	20	☑
2	4	李雷	23	☑

```
select * from student where age between 20 and 25;
```

图 7-21　where 子语句的表达式和效果图

又如，要查询姓李的学生的信息，则可以使用 like 表达式，该表达式支持字符串模糊匹配，即“%”代表任意多个字符、“_”代表单个字符、“[ ]”代表指定范围内的单个字符，“[^]”代表不在指定范围内的单个字符，其表达式和效果图如图 7-22 所示。

RecNo	id	name	age	sex
1	2	李四	18	☑
2	4	李雷	23	☑

```
select * from student where name like '李%';
```

图 7-22　like 表达式的使用和效果图

总之，where 表达式支持的表达式非常多，见表 7-3。

表 7-3　where 表达式归类

运算符	作　用
=、>、<、>=、<=、<>、!=、!<、!>	比较运算符
between、not between	值是否在范围之内
in、not in	值是否属于列表值之一
link、not like	字符串匹配运算符
is null、is not null	值是否为 null
and、or	组合两个表达式的运算结果
not	取反

7.3.3　Android 中 SQLite 的使用

7.3.2 节主要介绍了关系型数据库的基本概念和 SQL 语句的使用，本节将针对 Android 系统中 SQLite 的使用进行讲解，并将在 7.3.4 节中通过一个“简单课程表”示例来巩固和掌握这部分知识。

在 Android 系统中，SQLitDatabase 类代表一个 SQLite 对象，即对应一个底层的数据库文件，当应用程序获得 SQLiteDatabase 对象后，就可以通过该对象来管理数据库和操作数据库。要获得 SQLiteDatabase 对象，可以通过 SQLiteDatabase 提供的以下 3 个静态函数。

1）openDatabase（String path，SQLiteDatabase. CursorFactory factory，int flags）：打开 path 文件所代表的 SQLite 数据库。

2）openOrCreateDatabase（File file，SQLiteDatabase. CursorFactory factory）：打开或创建 file 文件所代表的 SQLite 数据库。

3）openOrCreateDatabase（String path，SQLiteDatabase. CursorFactory factory）：打开或创建 path 文件所代表的 SQLite 数据库。

当程序获取 SQLiteDatabase 对象后，就可以通过该对象提供的公有方法完成对数据库的操作。SQLiteDatabase 提供的数据库操作有很多种，其中有 3 个函数最为核心，其他函数均为这 3 个函数的其他表现形式。这 3 个函数如下：

1）execSQL（String sql，Object [ ] bindArgs）：执行带占位符的 SQL 语句。

2）execSQL（String sql）：执行 SQL 语句。

3）Cursor rawQuery（String sql，String [ ] selectionArgs）：执行带占位符的 SQL 查询。

以上这 3 个函数中的第一个参数都用于传递完整的 SQL 语句，并通过这 3 个函数进行执行，类似于 7.3.2 节中在“adb shell”中执行 SQL 语句那样。但这 3 个函数中的前两个函数没有任何返回值，而第三个函数会返回一个 Cursor 对象，因此在实际应用中通常前两个 execSQL( ) 函数用于执行插入、删除、修改数据的语句，而最后一个 rawQuery( ) 函数则用于执行查询语句，并返回一个 Cursor 对象，通过这个对象就可以获取查询的内容。

Cursor 对象又可以称为游标，通过游标的移动可以在一个数据集中获取所需的内容。在使用 Cursor 对象前，需要先了解 Cursor 对象的基本概念。

1）Cursor 是每行数据的集合。

2）Cursor 对象使用 moveToFirst( ) 函数会定位第一行。

3）如果要获取某个数据的值，就必须知道该列的索引。如果知道索引，就可以通过列名查询该数据的值，此外还必须知道该属性的数据类型。

4）移动到指定行之后就可以通过 get × × × 获取该行的数据，其中 × × × 就表示该行数据对应的数据类型。

Cursor 对象提供了以下方法来移动游标和查询数据结果。

1）getColumnCount( )：返回所有列的总数。

2）getColumnIndex（String columnName）：返回指定列的名称，如果不存在，则返回-1。

3）getColumnIndexOrThrow（String columnName）：从零开始返回指定列名称，如果不存在，将抛出 IllegalArgumentException 异常。

4）getColumnName（int columnIndex）：从给定的索引返回列名。

5）getColumnNames( )：返回一个字符串数组的列名。

6）getCount( )：返回 Cursor 中的行数。

7）close( )：关闭游标，释放资源。

8）moveToFirst( )：移动光标到第一行。

9）moveToLast( )：移动光标到最后一行。

10）moveToNext( )：移动光标到下一行。

11）moveToPosition（int position）：移动光标到一个绝对的位置。

12）moveToPrevious( )：移动光标到上一行。

7.3.4 简单课程表的实现

本节将通过一个“简单课程表”的示例表来展示 Android 中 SQLite 的基本用法。本示例共有以下两个界面组成：一个是课程的添加界面；另一个是课程的显示界面，如图 7-23 所示。

二维码 7-9

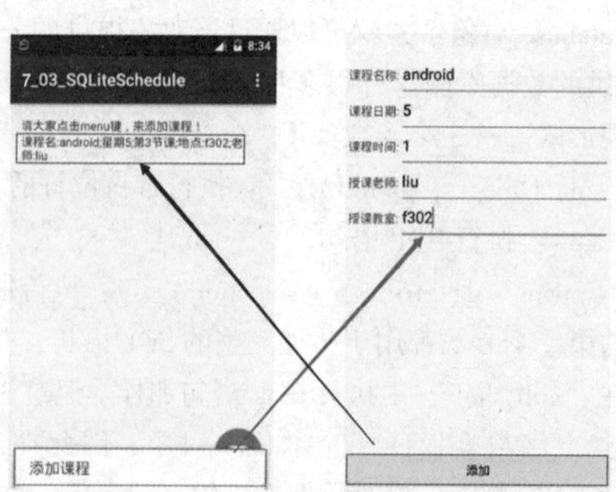

图 7-23 “简单课程表”的界面效果图

首先完成界面的布局。从图 7-23 可以看出，主界面非常简单，只是一个 TextView 用于显示文本，而课程添加界面则相对复杂，由多个 TextView、EditText 以及 Button 组成。在本例中，当用户添加完课程后，会把添加的课程信息通过 Intent 传递给主界面，由主界面完成对数据库的操作，所以在课程添加界面中会通过 Activity 提供的 setResult （int resultCode，Intent data）把数据传至主界面，具体代码如下：

```
protected void onCreate(Bundle savedInstanceState){
super.onCreate(savedInstanceState);
setContentView(R.layout.activity_course);
//关联 UI 界面
course_name = (EditText)findViewById(R.id.course_name);
course_weekday = (EditText)findViewById(R.id.course_weekday);
course_hour = (EditText)findViewById(R.id.course_hour);
course_teacher = (EditText)findViewById(R.id.course_teacher);
course_room = (EditText)findViewById(R.id.course_room);
addButton = (Button)findViewById(R.id.add);
//设置"添加"按钮的单击事件
addButton.setOnClickListener(new OnClickListener(){
public void onClick(View v){
//获取 Intent 对象
Intent intent = getIntent();
//初始化数据容器
Bundle bundle = new Bundle();
bundle.putString("course_name",
                    course_name.getText().toString());
bundle.putString("course_weekday",
                    course_weekday.getText().toString());
bundle.putString("course_hour",
                    course_hour.getText().toString());
bundle.putString("course_teacher",
                    course_teacher.getText().toString());
bundle.putString("course_room",
                    course_room.getText().toString());
//载入数据容器
intent.putExtras(bundle);
//传递数据容器
CourseActivity.this.setResult(RES_CODE,intent);
//关闭当前页面
CourseActivity.this.finish();
     }
  });
}
```

接下来编写主界面的 Java 代码，首先要完成 onCreate( ) 函数，在该函数中通过查询数据库完成课程表信息的初始化，具体代码如下：

```
protected void onCreate(Bundle savedInstanceState){
    super.onCreate(savedInstanceState);
    setContentView(R.layout.activity_main);
    scheduleListView = (TextView)findViewById(R.id.scheduleList);
```

```
5          //初始化数据库
6          scheduleDatabase = SQLiteDatabase.openOrCreateDatabase(
7                  this.getFilesDir().toString() + databaseFile,null);
8          //初始化数据表信息
9          createScheduleDatabase(scheduleDatabase);
10         //查询课程表数据库中所有的数据
11         String sql = "select * from schedule";
12         //获取课程表数据集游标
13         cursor = scheduleDatabase.rawQuery(sql,null);
14         //从数据集中更新课程列表
15         updateScheduleList(cursor);
16     }
```

第 6 行代码表示初始化一个数据库，这个数据库存放在应用程序的数据文件夹下，并且数据库名字为 scheduledb. db。

第 9 行代码用于初始化数据表，当数据表存在时则不进行初始化，具体代码如下：

```
1          //初始化数据库
2    private void createScheduleDatabase(SQLiteDatabase scheduleDatabase){
3          //判断数据表是否已经存在,如果不存在,则创建数据表
4          String sql = "SELECT count(*) FROM sqlite_master " +
5                      "WHERE type = 'table' AND name = 'schedule'";
6          Cursor cursor = scheduleDatabase.rawQuery(sql,null);
7          cursor.moveToFirst();
8          //获取查询的第一个字段来判断表格是否存在
9          if(cursor.getInt(0) <1){
10         //curricula_name 课程名称,curricula_weekday 星期数,
11         //curricula_hour 每天课时数,curricula_teacher 授课老师,
12         //curricula_room 授课教室
13              sql = "create table schedule(" +
14                        "_id integer primary key autoincrement," +
15                        "course_name varchar(20) not null," +
16                        "course_weekday smallint not null," +
17                        "course_hour smallint not null," +
18                        "course_teacher varchar(20) not null," +
19                        "course_room varchar(20) not null)";
20              scheduleDatabase.execSQL(sql);
21         }
22   }
```

第 4 行代码用于判断数据库中是否已经存在 schedule 数据表，如果存在，则 count（*）等于 1；如果不存在，则 count（*）等于 0。

第 9 ~ 19 行代码表示当 count（*）等于 0 时，用 create table 语句创建数据库。

onCreate( ) 函数代码第 15 行的 updateScheduleList（cursor）函数通过查询数据库中的课程数据更新信息列表，具体代码如下：

```
1          //更新课程表信息
```

```
2	private void updateScheduleList(Cursor  cursor){
3	        //TODO Auto - generated method stub
4	        scheduleListView.setText("");
5	        //移动游标值开始位置
6	        cursor.moveToFirst();
7	        StringBuffer  scheduleBuffer = new StringBuffer();
8	        //循环移动数据机游标,并得到每条数据
9	        for(cursor.moveToFirst();
10	                ! cursor.isAfterLast();cursor.moveToNext()){
11	            String course_name = cursor.getString(1);
12	            int course_weekday = cursor.getInt(2);
13	            int course_hour = cursor.getInt(3);
14	            String course_teacher = cursor.getString(4);
15	            String course_room = cursor.getString(5);
16	            String courseInfo = "课程名:" + course_name +
17	                    ";星期" + course_weekday +
18	                    ";第" + course_hour + "节课" +
19	                    ";地点:" + course_room +
20	                    ";老师:" + course_teacher + "\n";
21	            scheduleBuffer.append(courseInfo);
22	        }
23	        scheduleListView.setText(scheduleBuffer.toString());
24	}
```

第9~10行代码用于循环得到数据集中的数据，如果移动到最后一位数据，则跳出循环。

由第11~15行代码可以看出，要得到正确的数据值，就需要知道数据的具体类型，否则会造成得到的数据错误。

以上便是数据的获取和显示，最后一步就是如何从课程添加界面中获得所需的数据，并把它添加至数据库中。前面在学习 Activity 中已经了解到，如果要得到另一个 Activity 传回的数据，则需要重载 onActivityResult()函数，具体代码如下：

```
@ Override
protected void onActivityResult(int requestCode,
        int resultCode,Intent  data){
    //TODO Auto - generated method stub
    //获取用户添加的课程信息
    if(requestCode = = REQ_CODE && resultCode = = RES_CODE){
        Bundle bundle = data.getExtras();
    //从数据容器中获取所需的数据
        String course_name = bundle.getString("course_name");
        String course_weekday = bundle.getString("course_weekday");
        String course_hour = bundle.getString("course_hour");
        String course_teacher = bundle.getString("course_teacher");
```

```
            String course_room = bundle.getString("course_room");
            //通过 SQL 语句插入值数据库中
            String sql = "insert into schedule values(null, '" + course_name +
                    "', " + course_weekday + ", " + course_hour + ", '" +
                    course_teacher + "', '" + course_room + "')";
            scheduleDatabase.execSQL(sql);
            //查询课程数据库
            sql = "select * from schedule";
            cursor = scheduleDatabase.rawQuery(sql,null);
            cursor.requery();
            //更新课程表
            updateScheduleList(cursor);
        }
    }
```

运行上面的程序就可以得到图 7-23 所示的效果。本例展示了 Android SQLite 在实际应用中的使用方法。综上所述，Android SQLit 的应用开发可以分为以下几个步骤：

1）获取 SQLiteDatabase 的对象，并连接数据库。

2）执行 SQLiteDatabase 中的方法来完成所需的 SQL 语句。

3）通过 SQLiteDatabase 得到数据集游标 Cursor，从而得到所有数据。

4）关闭 SQLiteDatabase 对象，并释放资源。

7.4　ContentProvider 数据共享的操作

二维码 7-10

当系统中部署了许多 Android 应用后，有时就需要在不同的应用之间共享数据。例如，Android 中有许多网络电话的软件，这些软件都可以读取 Android 系统中联系人的信息，并将其显示在自己的界面中，或者在软件的短信界面显示收件箱短信，此时就需要把短信数据和联系人数据进行共享。前面讲过可以通过 SharedPreferences 和 SQLite 进行数据的存储，但是当数据类型非常复杂或是读取系统数据时，就无法使用这两种方式进行共享，因为要使用这些数据存储方式就必须知道记录数据的类型，所以不利于应用程序之间的数据交换。

为解决应用程序之间的数据交换问题，Android 提供了一种全新的方式——ContentProvider。ContentProvider 是不同应用程序之间数据交换的标准 API，应用程序需要将自己的数据“暴露”（共享给别的应用程序）时就可以通过实现 ContentProvider 和 ContentResolver 来对数据进行修改。因为 ContentProvider 属于 Android 的四大组件之一，所以在使用时需要配置 AndroidManifest. xml 文件。

如果把 ContentProvider 比作一个 Android 系统内部的网站，那么这个网站以固定的 URI 对外提供服务，而 ContentResolver 则可以被当作 Android 系统内部的 HttpClient，它可以向指定 URI 发送“请求”，通过这种方式把“请求”委托给 ContentProvider 进行处理，从而实现“网站”的操作，如图 7-24 所示。

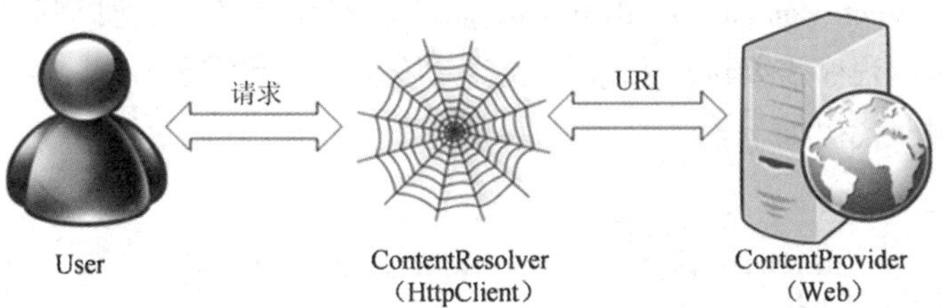

图 7-24　ContentProvider 结构图

7.4.1　URI 的组成与 ContentProvider 的使用

前面讲 HTTP 数据交换时介绍过 URL 的基本概念和组成，在 ContentProvider 中提供了一种类似于 URL 的数据格式，即 URI（统一资源标识符），ContentProvider 以某种特定的 URI 形式对外提供共享数据，其他数据根据 URI 去访问和操作指定的数据。例如，有一个 URI：

```
content://cn.edu.siso.providers.dictprovider/words
```

1）content：//：Android 所规定的固定部分。

2）cn. edu. siso. providers. dictprovider：ContentProvider 的 authority 中确定，通过这部分系统可以知道操作哪个 ContentProvider。

3）words：资源部分，当访问者需要访问不同资源时，这部分是动态改变的。

当知道某个应用程序的 URI 时，开发人员就可以通过 Uri. parse（String）函数把字符串转化为 URI 对象，获取 URI 对象后就可以通过 ContentResolver 所提供的方法读取数据源中的数据。在使用 ContentResolver 时通常遵循以下两个步骤：

1）调用 Activity 的 getContentResolver( ) 函数获得 ContentResolver 对象。

2）调用 ContentResolver 的 insert( )、delete( )、update( ) 和 query( ) 函数操作数据即可。

ContentResolver 的操作类似于对数据库进行操作，其常用方法如下。

1）getContentResolver( )：得到 ContentResolver 对象。

2）insert（Uri uri，ContentValues values）：向 URI 对应的 ContentProvide 中插入数据。

3）delete（Uri uri，String where，String [ ] selectionArgs）：删除 URI 对应的 ContentProvide 中与 where 相匹配的数据。

4）update（Uri uri，ContentValues values，String where，String [ ] selectionArgs）：更新 URI 对应的 ContentProvide 中与 where 相匹配的数据。

5）query（Uri uri，String [ ] projection，String selection，String [ ] selectionArgs，String sortOrder）：查询 URI 对应的 ContentProvide 中与 where 相匹配的数据。

7.4.2　系统联系人的读取

Android 系统中对联系人的管理通常使用以下几个 URI。

1）ContactsContract. Contacts. CONTENT_URI：管理联系人的 URI。

2）ContactsContract. CommonDataKinds. Phone. CONTENT_URI：管理联系人电话的 URI。

二维码 7-11

3）ContactsContract. CommonDataKinds. Email. CONTENT_URI：管理联系人 Mail 的 URI。

此外，由于应用程序需要读取和添加联系人信息，因此需要在 AndroidManifest. xml 文件中添加相应的权限，代码如下：

```
 <uses-permission
android:name="android.permission.READ_CONTACTS"/>
 <uses-permission
android:name="android.permission.WRITE_CONTACTS"/>
```

在 Android 系统中，联系人的所有信息存储方式与平常的存储方式相同，即记录在数据库中，只是这个数据库对于开发者来说是看不到的。从 Android 的开发文档中可以知道联系人管理中有 4 张表最为常见：第一个是 ContactsContract. Contacts 表，记录了所有用户的基本信息，也就是说 Contact 表示所有用户；第二个是 ContactsContract. RawContacts 表，记录了所有用户的概述信息；第三个是 ContactsContract. Data 表，记录了所有用户的详细信息；第四个是 ContactsContract. CommonDataKinds 表，记录了所有数据的类型。所以要唯一地获取一个联系人的 ID，就需要通过查询 ContactsContract. Contacts 来得到。在得到联系人 ID 时，就可以通过 ID 查询到该用户的所有信息。

图 7-25　联系人数据获取效果图

下面通过一个实例来展示利用 ContentProvider 来获取联系人数据的方法，效果如图 7-25 所示。

用户 ID 的获取代码如下：

```
1          //获取所有用户的基本信息
2   Cursor cursor = getContentResolver().query(
3               ContactsContract.Contacts.CONTENT_URI,null,null,null,null);
4
5   while(cursor.moveToNext()){
6         //获取联系人 ID
7         String contactID = cursor.getString(cursor.
8                     getColumnIndex(ContactsContract.Contacts._ID));
9         //获取联系人姓名
10        String contactName = cursor.getString(cursor.
11                    getColumnIndex(ContactsContract.Contacts.DISPLAY_NAME));
12        contactNames.add(contactName);
```

第 2 行代码用于获取所有用户的基本信息，在这个信息里就可以知道用户 ID。

第 7 ~ 11 行代码中通过游标获取基本信息中的 ID 和姓名。

获取联系人电话的代码如下：

```
//使用 ContentResolver 查询联系人的电话号码
Cursor phoneCursor = getContentResolver().query(
            ContactsContract.CommonDataKinds.Phone.CONTENT_URI,
            null,ContactsContract.CommonDataKinds.Phone.CONTACT_ID
```

```
5              + " = " + contactID,null,null);
6     ArrayList<String> contactDetail = new ArrayList<String>();
7     //查找联系人的所有电话
8     while(phoneCursor.moveToNext()){
9         String phoneNumber = phoneCursor.getString(
10                phoneCursor.getColumnIndex(
11                        ContactsContract.CommonDataKinds.Phone.NUMBER));
12        contactDetail.add("电话号码:" + phoneNumber);
13    }
14    phoneCursor.close();
```

第 2 ~ 5 行代码中通过 contactID 的匹配获取特定联系人的电话。

第 8 ~ 11 行代码中通过电话字段的查询获取联系人的所有电话。

第 14 行代码表示关闭联系人电话游标。

获取联系人邮件的方法类似于获取联系人电话，代码如下：

```
//使用 ContentResolver 查询联系人的邮件
Cursor mailCursor = getContentResolver().query(
            ContactsContract.CommonDataKinds.Email.CONTENT_URI,
            null,ContactsContract.CommonDataKinds.Email.CONTACT_ID
             + " = " + contactID,null,null);
while(mailCursor.moveToNext()){
    String mailAddress = mailCursor.getString(
            mailCursor.getColumnIndex(
                    ContactsContract.CommonDataKinds.Email.DATA));
    contactDetail.add("邮件地址:" + mailAddress);
}
mailCursor.close();
```

在获取完所有联系人的信息后，就可把这些联系人信息放入 TextView 中，具体代码如下：

```
//打印所有联系人信息
Iterator<String> contactNameIterator = contactNames.iterator();
Iterator<ArrayList<String>> contactDetailIterator = contactDetails.iterator();
String contactString = "";
while(contactNameIterator.hasNext()){
    contactString += "联系人姓名:" + contactNameIterator.next() + "\n";
    Iterator<String> contactDetail = contactDetailIterator.next().iterator();
    while(contactDetail.hasNext()){
        contactString += contactDetail.next() + "\n";
    }
    contactString += "\n";
}
contactInfo.setText(contactString);
```

第 2 ~ 3 行代码中利用 ArrayList 获取对应的联系人姓名和详细信息的迭代器。

第 5 ~ 13 行代码中通过迭代器循环地读取所有信息，并最后放入文本框中。

7.5　实训项目与演练

本节将通过“系统通讯录的实现”这个实训来帮助读者进一步理解 ContentProvider 数据读取，以及常用基本界面组件的绘制方法。本实训的最终效果如图 7-26 所示。接下来分析一下实训时所用到的知识点，首先从图 7-26 中可以看出，本实训的 UI 采用列表进行布局，并在列表项中嵌入图片和文字，所以界面一定采用开发人员可以自定义的绘制方法，如 SimpleAdapter 或者 BaseAdapter；其次观察每个列表项，在列表项中图片和文字采用水平布局，而姓名和电话则采用垂直布局；最后从图中还可以看到，本实训读取的是 Android 系统中的联系人数据，该数据通过 ContentProvider 所提供的方法读取系统数据库，从而完成整个系统通讯录的实现。

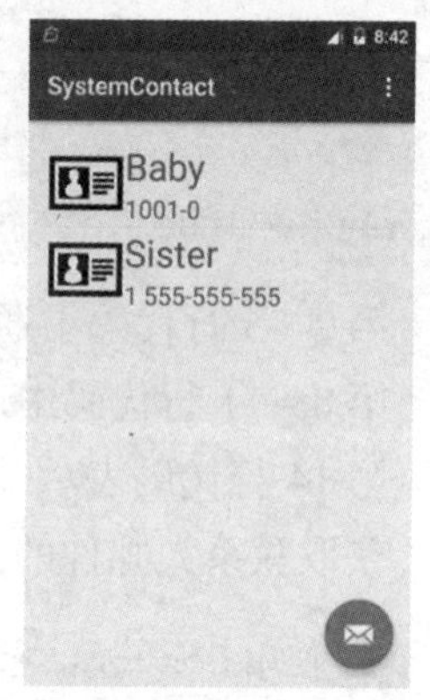

图 7-26　系统通讯录效果

主界面的布局非常简单，只有一个 ListView 组件，而 ListView 中每项的内容相对复杂，由图片和文字组成。

读取联系人时的原理和 7.4 节所述一致，唯一需要区分的是，由于最终所有数据由 ListView 来显示，因此需要把读取到的所有数据放入 Adapter 中。本例中选用 SimpleAdapter 作为 ListView 的适配器，具体代码如下：

```
private ListAdapter getContactAdapter(SimpleAdapter contactListAdapter){
    //联系人 Adapter 所要的数据列表
    List<Map<String,Object>>contactItems =
            new ArrayList<Map<String,Object>>();
    //获取所有用户的基本信息
    Cursor cursor = getContentResolver().query(
            ContactsContract.Contacts.CONTENT_URI,null,null,null,null);
    while(cursor.moveToNext()){
    //联系人列表项
        Map<String,Object> contactItem = new HashMap<String,Object>();
    //获取联系人 ID
        String contactID = cursor.getString(
                cursor.getColumnIndex(ContactsContract.Contacts._ID));
    //获取联系人姓名
        String contactName = cursor.getString(
                cursor.getColumnIndex(
                        ContactsContract.Contacts.DISPLAY_NAME));
        contactItem.put("name",contactName);
    //使用 ContentResolver 查询联系人的电话号码
        Cursor phoneCursor = getContentResolver().query(
                ContactsContract.CommonDataKinds.Phone.CONTENT_URI,
                null,ContactsContract.CommonDataKinds.Phone.CONTACT_ID +
                " = " + contactID,null,null);
```

```
24        //查找联系人的所有电话
25            ArrayList<String> contactPhone = new ArrayList<String>();
26            while(phoneCursor.moveToNext()){
27                String phoneNumber = phoneCursor.getString(
28                        phoneCursor.getColumnIndex(
29                            ContactsContract.CommonDataKinds.Phone.NUMBER));
30                contactPhone.add(phoneNumber);
31            }
32        //把联系人电话组成字符串
33            String phoneNumber = "";
34            for(int i=0;i<contactPhone.size();i++){
35                phoneNumber += contactPhone.get(i);
36                if(i!=contactPhone.size()-1){
37                        phoneNumber += "\n";
38                }
39            }
40            phoneCursor.close();
41            contactItem.put("phone",phoneNumber);
42        //添加到联系人列表
43            contactItems.add(contactItem);
44        }
45        contactListAdapter = new SimpleAdapter(MainActivity.this,
46                contactItems,R.layout.content_item,
47                new String[]{"name","phone"},
48                new int[]{R.id.contactName,R.id.contactPhone});
49        return contactListAdapter;
50    }
```

第 3～4 行代码用于创建一个 ListView 的数据源，由于数据可能是图片或者字符串，因此 Map 中 value 的类型采用 Object。

第 36～38 行代码表示当添加最后一个电话时不再加入回车，否则就在最后加入回车。

第 45～48 行代码表示创建一个联系人列表的 Adapter，并载入前面代码中创建的数据源，同时和联系人列表项界面相匹配。

7.6　本章小结

本章主要介绍了 Android 应用程序的本地文件操作、数据库操作以及网络通信的使用方法，这些内容都是在平时开发中会经常使用的。在学习本章时需要读者重点掌握的是 Android 本地文件的创建和读/写、SQLite 数据库的读/写和 SQL 语句的使用，以及在多线程环境下网络通信和数据交换的基本步骤。另外，本章的例程中精心安排了 XML 格式文件的解析内容，请读者仔细研究。

习题

1. Android 系统中数据存储方式有几种？分别是什么？
2. SQLite 官方支持的数据类型有几种？分别是什么？
3. 如何判断手机 SD 卡是否存在？

第8章 网络通信

1. 任务

异步处理是为了避免在主线程里处理一些耗时的操作而采取的一种方法。通过学习 Android 中的工具类—— AsyncTask，掌握其在网络下载、界面更新等方面的应用。AsyncTask 使创建一个需要与用户界面交互较长运行时间的任务变得更简单。

通过学习网络通信的基本步骤，掌握 Android 系统中数据的传递和保存方法，并完成基于 JSON 的实时天气预报数据访问实训。

2. 要求

1）掌握 Android 异步任务的原理和实现方法。

2）掌握 Thread + Handler + Message 的更新界面的方法及编程结构。

3）掌握 AsyncTask 更新界面的方法及编程结构。

4）掌握多线程下的网络通信和数据交换方式。

5）掌握 JSON 数据格式的解析方式。

3. 导读

1）HTTP 的网络通信。

2）异步的基本概念。

3）使用 Thread + Handler + Message 进行异步操作。

4）使用 AsnycTask 进行异步操作。

5）JSON 的基本格式和解析。

8.1 HTTP 网络通信

随着 4G 移动网络的不断普及，越来越多的手机应用程序需要利用网络进行数据交换，如微博、网络电话、网络电视都需要以网络通信作为基本运行条件，所以完整的网络通信功能是智能手机中非常重要的模块。对于 Android 系统来说，其在 JDK 基础上支持完整的网络通信，如基于 TCP/IP 的 Socket 通信和 HttpClient 通信。在 API 22 版本中，Android 已经不建议使用 HttpClient，推荐使用 HttpURLConnection。进一步，在 API 23 版本，即 Android 6.0 版本中，Android 已经废弃了 HttpClient。因此本节将通过讲述 HttpURLConnection 在 Android 系统中的使用方法向读者介绍 Android 网络通信的基本步骤和方法。

8.1.1 Android 的 HTTP 通信

目前，网络访问和数据的传递除了使用 Socket 外，还可以使用 WebService，如当前最流行的天气预报的数据就是使用 WebService 的方式获取的，手机通过

二维码 8-1

URL 向 WebService 进行数据请求，请求成功后就可以得到最新的天气信息，进而显示在智能终端上。URL（Uniform Resource Locator，统一资源定位器）类似于 C/C ++ 中的指针，两者的区别在于 C/C ++ 中的指针指向的是内存，而 URL 指向的是 WebService 中的资源。通常来说，URL 由协议名、主机、端口和资源组成，即满足格式 protocol: //host: port/resourceName。例如，百度的 URL 地址 http: //www. baidu. com/index. php，其中 http 为网络协议，www. baidu. com 为主机名，index. php 为资源名。

在 Android 系统中对于通过 URL 向 WebService 发出请求，并得到数据的方式提供了 3 种解决方案，分别为 URLConnection、HttpURLConnection 和 Apache HttpClient。这 3 种方案可以完成相同的工作，但在使用难度上 URLConnection 是最为困难的，开发者需要知道 HTTP 数据交互的所有细节后才可能正常通信，Apache HttpClient 已被废弃，因而目前主要采用 HttpURLConnection 获取数据。

8. 1. 2 HttpURLConnection 介绍

HttpURLConnection 类的作用是通过 HTTP 向服务器发送请求，并可以获取服务器发回的数据。HttpURLConnection 来自于 JDK，它的完整名称为 java. net. HttpURLConnection。HttpURL-Connection 类没有公开的构造方法，但可以通过 java. net. URL 的 openConnection 方法获取一个 URLConnection 的实例，而 HttpURLConnection 是它的子类。HttpURLConnection 的常见使用步骤如下。

1）获取 HttpURLConnection 对象：

```
URL url = new URL(“http://localhost:8080”);
HttpURLConnection connection = (HttpURLConnection) url.openConnection();
```

2）进行连接设置，常见的设置如下：

①setRequestMethod（String）设置请求的方式："GET""POST"。

②setDoOutput（boolean）设置是否可以写入数据。

③setConnectTimeout()设置一个指定的超时值（以 ms 为单位）。

3）通过调用 getResponseCode()方法获取状态码，如果状态码为 200，则表示连接成功。

```
int code = con.getResponseCode();
if(code = = 200){
…
}
```

4）连接成功后获取服务器的输入/输出流，并进行读/写操作。

```
InputStream in = connection.getInputStream();
…
```

8. 2 异步的基本概念

同步执行是指程序按指令顺序从头到尾依次执行，无论中间某个操作耗费多少时间，如果不执行完，则程序不会继续往下进行。例如，在操作 Android 应用时，单击按钮从网络下载一首歌曲，如果该按钮一直处于按下状态没有反应，那么系统会报 ANR（Application Not Responding）异常，用户体验肯定很差。

在 Android 应用程序获取数据的过程中，访问网络和解析大量 XML 数据等耗时操作是不可避免的，这个过程可能需要耗费较长的时间，如果未采用异步任务处理，执行一项操作需要等待 5 ~ 10s 甚至更长的时间，那么这样的应用程序需要很久才能恢复正常操作，造成程序假死的现象。

异步的好处是把一些操作，特别是耗时间的操作安排到后台去运行，主程序可以继续做前台的事情，防止卡在某一步失去响应。通过 HttpURLConnection 进行网络操作就是一个耗时的操作，因而需要通过异步机制实现网络操作。

8.3　使用 Thread + Handler + Message 进行异步操作

8.3.1　Java 线程（Thread）简介

二维码 8-2

在传统概念里，并发多任务的实现采用的是在操作系统（OS）级别运行多个进程。由于各个进程拥有自己独立的运行环境，且进程间的耦合关系差，并发粒度过于粗糙，因此并发多任务的实现并不容易。在这种背景下，针对传统进程的概念在程序设计方面的不足，提出了线程的概念。如果把进程所占用的资源与进程中的运行代码相分离，那么在一个地址空间中便可运行多个指令流，线程概念由此产生。线程尚没有统一的定义，一般来说，线程（或称线索）是指程序中一个单一的顺序控制流。多线程是指在单个程序中可以同时运行多个不同的线程，同时执行不同的任务，如图 8-1 所示。

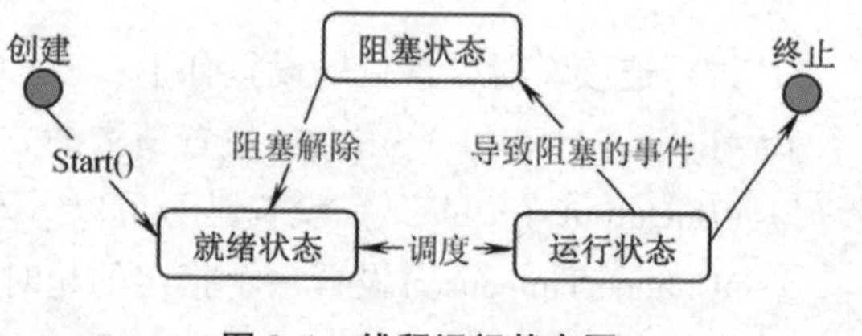

图 8-1　线程运行状态图

图 8-1 说明线程在创建的一刻（start()函数）就已进入就绪状态，并经系统调度进入运行状态，而此时其他线程进入就绪状态，即在某一时刻处于运行状态的线程唯一。如遇导致阻塞的事件（等待硬件操作等），则由运行状态进入阻塞状态，等待阻塞解除。阻塞解除即会回到就绪状态，直到被调度运行。

在 Java 中实现多线程有以下两种方法：一种是继承 Thread 类；另一种是实现 Runable 接口。

第一种方法如下：

```
1    public class 线程类名 extends Thread{
2    @ Override
3    public void run(){
4    //在此处加入必要的功能代码
5    }
```

在第 3 ~ 5 行代码间加入线程运行的程序代码。第 1 行代码用于继承 Thread 类，"线程类名"为自定义名称。实例化一个线程对象的方法：线程类名　对象名 = new 线程类名

()，例如：

```
MyThread myThread = new MyThread();
```

第二种实现 Runable 接口的方法如下：

```
1    public class 实现接口类名 implements Runnable{
2    @ Override
3        public void run(){
4          //在此处加入必要的功能代码
5            }
```

在第 3 ~5 行代码间加入线程运行的程序代码。第 1 行代码实现 Runnable 接口，“线程类名”为自定义名称。实例化一个线程对象的方法如下：

```
实现接口类名  对象名 = new 实现接口类名();Thread 线程名 = new Thread(对象名);
```

与继承 Thread 类相比较，实现 Runnable 接口所具有的优势如下：

1）适合多个相同的程序代码的线程去处理同一个资源。

2）可以避免 Java 中的单继承的限制。

3）增加程序的健壮性，代码可以被多个线程共享，代码和数据独立。

8.3.2 Android 异步操作

Android 是单线程模型，这意味着 Android UI 操作并不是线程安全的，并且 UI 操作必须在 UI 线程中执行。在一个非 UI 线程的 Thread 中操作是不可行的，因为这违背了 Android 的单线程模型。如果把所有操作事件都放在 Android 中的 UI 线程，事件无法在 5s 内得到响应，就会弹出 ANR 对话框。因此与 UI 相关的操作，就不能放在子线程中去处理，而子线程只能进行数据计算和更新、系统设置等其他非 UI 的操作。那么如何用好多线程呢？可以使用异步操作，不需要等待返回结果。例如，微博收藏功能，用户单击“收藏”按钮后，系统将是否成功执行完成的结果返回给用户就可以了，用户并不需要等待，因此这里最好实现为异步操作。在处理比较耗时的操作时，事件需要被放到其他线程中处理，等处理完成后，再通知界面刷新。UI 线程与非 UI 线程的消息通信方法如图 8-2 所示。

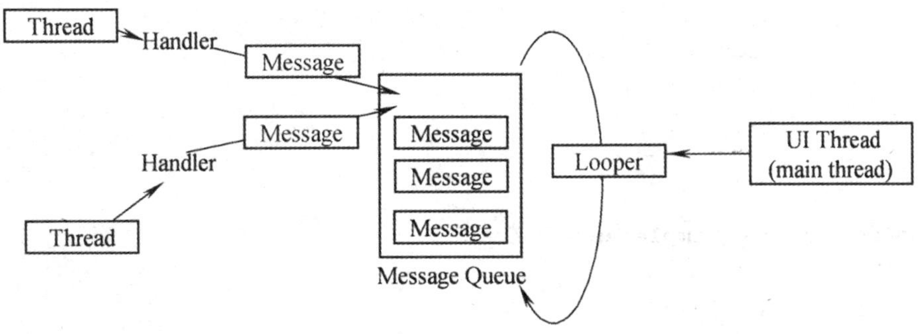

图 8-2 UI 线程与非 UI 线程的消息通信方法

8.3.3　Thread + Handler + Message 机制

为了实现 Android 异步操作机制，开发者可以利用 Handler 机制实现线程进行复杂操作，计算结束后通过向 UI 线程发送消息来更新 UI 界面。

Handler 在 Android 系统中负责发送和处理消息，通过它可以实现其他线程与 Main 线程之间的消息通信。Looper 负责管理线程的消息队列和消息循环。Message 是线程间通信的消息载体。这好比在两个码头之间运输货物，Message 充当“集装箱”，里面可以存放任何用户想要传递的消息。Message Queue 是消息队列，先进先出，它的作用是保存有待线程处理的消息。

这四者之间的关系是：在其他线程中调用 Handler. sendMsg( ) 函数（参数是 Message 对象），将需要 Main 线程处理的事件添加到 Main 线程的 MessageQueue 中，Main 线程通过 MainLooper 从消息队列中取出 Handler 发过来的这个消息时，会回调 Handler 的 handleMessage( ) 函数。

```
public class MyHandlerActivity extends Activity {

    private MyHandler myHandler;

    public void onCreate(Bundle savedInstanceState) {
        super.onCreate(savedInstanceState);
              //启动后台线程
        MyThread m = new MyThread();
        new Thread(m).start();
    }
    class MyHandler extends Handler {
        public MyHandler() {
        }
        public MyHandler(Looper L) {
              super(L);
        }

        @Override
        public void handleMessage(Message msg) {
              Log.d("MyHandler", "handleMessage......");
              super.handleMessage(msg);
              //操作 UI 界面代码
        }
    }

    class MyThread implements Runnable {

        public void run() {
              //获取消息队列中的消息
              Message msg = MyHandlerActivity.this.myHandler.obtainMessage();
              //向消息中添加消息内容
```

```
32
33                  //发送消息
34                  MyHandlerActivity.this.myHandler.sendMessage(msg);
35              }
36          }
37  }
```

以上代码结构为 Thread + Handler + Message 常用代码结构。第 11 行代码定义了类 MyHandler 继承于 Handler 类，类内部要重写 handleMessage( ) 函数。该函数的输入参数为接收到的 Message，可以根据 Message 类中的 what 判断消息的类型。Message 可携带数据放入 Bundle 中。在 handleMessage( ) 函数中可操作 UI 界面元素。第 26 行代码定义了实现 Runnable 接口类，该类的 run( ) 函数中为耗时的非 UI 操作。在完成操作后，第 24 行代码向界面发送消息。该消息在 MyHandler 中的 handleMessage( ) 函数中处理更新界面。

8.3.4 使用 Thread + Handler + Message 异步加载网络图片

在 Android 应用中，用户常常会遇到需要加载网络图片的场景。如果直接在 UI 线程中进行加载，会出现等待时间不确定甚至 UI 假死等情况，因此使用 Thread + Handler + Message 来完成网络异步加载图片。

二维码 8-3

1. 创建网络异步加载线程

```
1   private AsyncLoadHandler asynHandler = new AsyncLoadHandler();
2   public class AsyncLoadPicThread extends Thread{
3   Private String url =
4                       "http://www.siso.edu.cn/style/images/01.jpg";
5   @ Override
6     public void run(){
7     try {
8               drawable = Drawable.createFromStream(new
9                                   URL(url).openStream(), "01.jpg");
10              Message message = asynHandler.obtainMessage();
11              message.arg1 = id;
12              message.obj = drawable;
13              asynHandler.sendMessage(message);
14        } catch (MalformedURLException e) {
15              e.printStackTrace();
16        } catch (IOException e) {
17              e.printStackTrace();
18        }
19  }
```

第 1 行代码用于实例化 AsyncLoadHandler 对象，为发送消息使用。

第 3 行代码用于定义 String 类型，值为下载图片的地址。

第 8 行和第 9 行代码用于将下载图片地址通过网络下载并加载到 Drawable 对象中，此过程完成图片的下载任务。

第 10 行代码用于为 AsyncLoadHandler 对象在消息队列中获取一个消息。

第 11 行和第 12 行代码为消息加入消息内容。

第 13 行代码用于发送消息。

第 14 ~ 18 行代码用于捕获网络下载异常。

2. 创建 Handler 实例

```
1    public class AsyncLoadHandler extends Handler{
2    @ Override
3              public void handleMessage(Message msg) {
4                ((ImageView) AsyncLoadHandlerActivity.this.
5                findViewById(msg.arg1)).setImageDrawable((Drawable)
6                msg.obj);
7              }
8    }
```

第 3 行代码用于重写 Handler 父类的 handleMessage( ) 函数。

第 4 ~6 行代码用于更新界面的内容，将线程下载的图片显示到 UI 中的 ImageView 控件上。8. 3. 3 节中提到在 Handler 中可以操作 UI 控件，因此在 Handler 中可以显示下载的图片。

开发过程可能包含多种类型的通知。此时可以加入消息类型以区分不同消息，为开发提供便利。在发送消息前，向 Message 成员属性 what 赋初值。将异步线程修改为以下代码：

```
public void run(){
try {
            …
            Message message = asynHandler.obtainMessage();
            message.what = 1; //消息类型
```

在接收消息的方法中，对 Message 类中的不同 what 属性的值进行不同的操作。

```
public void handleMessage(Message msg) {
    if(msg.what = =1){
            //此处为对应处理代码
        }
}
```

可以发现，如果使用这样的方法，会在修改程序时带来不小的麻烦，所以将消息类型设置为静态变量，以确保统一。

```
private final static int msgType = 1;
```

8.4　使用 AsnycTask 进行异步操作

二维码 8-4

8.4.1　AsyncTask 简介

第 5.2 节使用了 Thread 更新 UI 界面的方法，在新线程中更新 UI 还必须引入 Handler，这让代码显得较“臃肿”，并且读者不容易理解。为了解决这一问题，开发者可以使用 Android 的另一种机制—— AsyncTask。

AsyncTask 是 Android 框架提供的异步处理的辅助类，可以实现耗时操作在其他线程执行，而处理结果在 UI 主线程执行。AsyncTask 的特点是任务在主线程之外运行，而回调方法是在主线程中执行，这就有效地避免了使用 Handler 带来的麻烦。AsyncTask 中包括有预处理的函数 onPreExecute，有后台执行任务的函数 doInBackground（相当于 Thread 中的 run 函数）和 onProgressUpdate（Progress…），在 publishProgress 函数被调用后，UI thread 将调用这个函数，从而在界面上展示任务的进展情况，如通过一个进度条进行展示。还有返回结果的函数 onPostExecute 等，这就不像 Handler 中的 POST、sendMessage 等函数，把所有操作都写在一个 Runnable 或 handleMessage 里。

阅读 AsyncTask 的源代码可知，AsyncTask 是使用 java. util. concurrent 框架来管理线程以及任务的执行的，concurrent 框架是一个非常成熟、高效的框架，并经过了严格的测试，这说明 AsyncTask 的设计很好地解决了匿名线程存在的问题。AsyncTask 是抽象类，子类必须实现抽象函数 doInBackground( )，在此方法中实现任务的执行工作，如连接网络获取数据等。通常还应该实现 onPostExecute（Result r）函数，因为应用程序“关心”的结果返回到此方法中。需要注意的是，AsyncTask 一定要在主线程中创建实例。

AsyncTask 包含 3 个参数泛型类型，例如：

```
class MyTask extends AsyncTask<参数1,参数2,参数3>{}
```

1）参数 1：向后台任务的执行方法传递参数的类型。

2）参数 2：在后台任务执行过程中，要求主 UI 线程处理中间状态，通常是一些 UI 处理中传递的参数类型。

3）参数 3：后台任务执行完返回时的参数类型。

AsyncTask 的执行分为 4 个步骤，每个步骤对应一个回调函数。需要注意的是，这些函数不应该由应用程序调用，需要做的只是重写父类的函数。在任务的执行过程中，这些函数被系统自动调用。

1）onPreExecute( )：当任务执行之前开始调用此函数，此时可以在界面上显示进度对话框。

2）doInBackground（Params…）：此函数在后台线程执行，完成任务的主要工作，通常需要较长时间。在执行过程中可以调用 publishProgress（Progress…）来更新任务的进度。

3）onProgressUpdate（Progress…）：此函数在主线程执行，用于显示任务执行的进度。

4）onPostExecute（Result）：此函数在主线程执行，任务执行的结果作为此函数的参数返回。

8.4.2 AsyncTask 的程序模型

```
import android.content.Context;
import android.os.AsyncTask;
class MyTask extends AsyncTask<String/*参数1*/, Integer/*参数2*/, String/
  *参数3*/>{
```

```
4        public MyTask(Context context) {
5        }
6        @ Override
7        protected void onPreExecute(){
8        }
9        @ Override
10       protected String/* 参数 3 */doInBackground(String/* 参数 1 */... params) {
11           return null;
12       }
13       @ Override
14       protected void onProgressUpdate(Integer/* 参数 2 */... values) {
15       }
16       @ Override
17       protected void onPostExecute(String/* 参数 3 */result) {
18       }
19   }
```

第 1 行和第 2 行代码用于导入应用所需要的包。

第 3 行代码用于自定义 MyTask 类继承 AsyncTask，AsyncTask 是抽象类。AsyncTask 定义了 3 种泛型类型：参数 1 为启动任务执行的输入参数，在实例中定义为 String 类型；参数 2 为后台任务执行的百分比；参数 3 为后台执行任务最终返回的结果。

第 4 行和第 5 行代码为 MyTask 的构造函数，定义输入参数为上下文 Context。此构造函数不是必需的。

第 7 行和第 8 行代码是在后台执行前调用的函数，一般作为后台的准备，如启动一个对话框等。

第 10 行和第 11 行代码为后台执行的部分，输入参数是 AsyncTask 泛型参数 1 的类型，常用来传递行为参数等，返回值为 AsyncTask 泛型参数 3 的类型，值为 onPostExecute 函数使用。

第 14 行和第 15 行代码表示在 doInBackground 调用 publishProgress 后，系统会调用用户定义的 onProgressUpdate 函数，并将 publishProgress 的参数传入 onProgressUpdate。

第 17 行和第 18 行代码是 doInBackground 结束后调用的 UI 前台函数，并将 doInBackground 的返回值传入。

AsyncTask 不能完全取代线程，一些较为复杂或者需要在后台反复执行的逻辑就可能需要线程来实现了。

8.4.3 使用 AsyncTask 异步加载网络图片

下面介绍如何使用 AsyncTask 来加载图片。

依据 AsnycTask 异步加载模型，完成网络异步加载图片的功能，代码如下：

```
class AsyncLoadTask extends AsyncTask<String, Integer, Bitmap> {
```

```
2        @ Override
3        protected Bitmap doInBackground(String... params) {
4              Bitmap bitmap = downloadImage();
5              return bitmap;
6        }
7        @ Override
8        protected void onPostExecute(Bitmap bitmap) {
9              if(result ! = null) {
10                     mImage.setImageBitmap(bitmap);
11             } else
12                     mImage.setBackgroundResource(R.drawable.icon);
13             super.onPostExecute(bitmap);
14             mProcessDialog.setVisibility(View.GONE);
15       }
16       @ Override
17       protected void onProgressUpdate(Integer... values) {
18             mProcessDialog.setProgress(values[0]);
19             super.onProgressUpdate(values);
20       }
21       @ Override
22       protected void onPreExecute() {
23             mProcessDialog.setVisibility(View.VISIBLE);
24             mProcessDialog.setProgress(0);
25             super.onPreExecute();
26       }
27 }
```

第4行代码中的 doInBackground( ) 函数是在后台完成网络图片下载功能。onPostExecute( )和 onPreExecute( )函数分别是后台线程运行前后的前台处理函数。

第 17 行代码用于在 doInBackground( )函数中启动 onProgressUpdate( )函数更新图片。

8.5　JSON 的基本概念和用法

8.5.1　JSON 的基本概念

二维码 8-5

JSON（Java Script Object Notation）是一种轻量级的数据交换格式，采用完全独立于语言的文本格式，是理想的数据交换格式。同时，JSON 是 JavaScript 的原生格式，这意味着在 JavaScript 中处理 JSON 数据不需要任何特殊的 API 或工具包。

在 JSON 中，有两种结构：对象和数组。对象结构以“{”开始，以“}”结束，中间部分由 0 或多个以“,”分隔的“key（关键字）/value（值）”对构成，关键字和值之间以“:”分隔，其语法结构如下：

```
{ "firstName": "Brett", "lastName":"McLaughlin", "email": "aaaa" }
```

数组结构以“[”开始，以“]”结束，中间由 0 或多个以“,”分隔的值列表组成，语法结构如下：

```
{ "people": [
            { "firstName": "Brett", "lastName":"McLaughlin", "email": "aaaa" },
            { "firstName": "Jason", "lastName":"Hunter", "email": "bbbb"},
            { "firstName": "Elliotte", "lastName":"Harold", "email": "cccc" }
]}
```

8.5.2　JSON 解析

解析 JSON 数据有多种方法，主要包括以下两种形式：

1）使用官方自带的 JSONObject、JSONArray。

2）使用第三方开源库，包括但不限于 GSON、FastJSON、Jackson 等。

JSONObject 可以看作一个 JSON 对象，这是系统中有关 JSON 定义的基本单元，包含一对数值（Key/Value）。通过调用 JSONObject 的各种 getXXX（String name）方法，传入参数键值 name，就可以获得 JSON 对象的 value 值。

```
String s1 = { "firstName": "Brett", "lastName":"McLaughlin", "email": "aaaa" }
JSONObject jsonObject = new JSONObject(s1);
String firstName = jsonObject.getString("firstName");
String lastName = jsonObject.getString("lastName");
String email = jsonObject.getString("email");
```

JSONArray 可以看作一个 JSON 数组，它代表一组有序的数值。其使用方法类似数组，循环遍历 JSONArray，通过调用 getJSONObject（int index）方法，获得指定索引的 JSON 对象 JSONObject。

```
String s2 = { "people": [
                          { "firstName": "Brett", "lastName":"McLaughlin", "
                          email": "aaaa" },
                          { "firstName": "Jason", "lastName":"Hunter", "email": "
                          bbbb"},
                          { "firstName": "Elliotte", "lastName":"Harold", "email": "
                          cccc" }
              ]}
SONObject jsonObject = new JSONObject(s2);
JSONArray jsonArray = jsonObject.getJSONArray("people");
for (int i = 0; i < jsonArray.length();i + +){
   JSONObject jsonObject2 = jsonArray.getJSONObject(i);
   String firstName2 = jsonObject2.getString("firstName");
   String lastName2 = jsonObject2.getString("lastName");
   String email2 = jsonObject2.getString("email");
}
```

二维码 8-6

Gson 是 Google 提供的用来在 Java 对象和 JSON 数据之间进行映射的 Java 类库，可以将一个 JSON 字符串转换成一个 Java 对象，也可以将一个 Java 对象转换成一个 JSON 字符串。通过调用 toJson(×××) 方法把 Java 对象转换为 JSON 字符串，或者通过调用 fromJson(×××) 方法把 JSON 字符串转换为 Java 对象。

使用 Gson 解析之前，需要先把 Gson 开源库添加到项目中，这里介绍两种添加方法。

1）在 build. gradle 中找到 dependencies 模块，输入：

```
compile ćom.google.code.gson:gson:2.6.2´
```

使用这种方式，必须知道第三方开源库的名称和版本号。

2）可视化界面添加 Gson 开源库。

首先，在工具栏中找到“Project Structure”图标，或者按 <Ctrl + Alt + Shift + S>组合键打开“Project Structure”窗口，如图 8-3 所示。

图 8-3　Project Structure 图标位置

然后，在左侧窗口中选择当前 Module，在顶部导航栏中选择“Dependencies”选项卡，在窗口右侧部分通过“+”号展开菜单项，选择其中的“1 Library dependency”打开新的窗口，如图 8-4 所示。

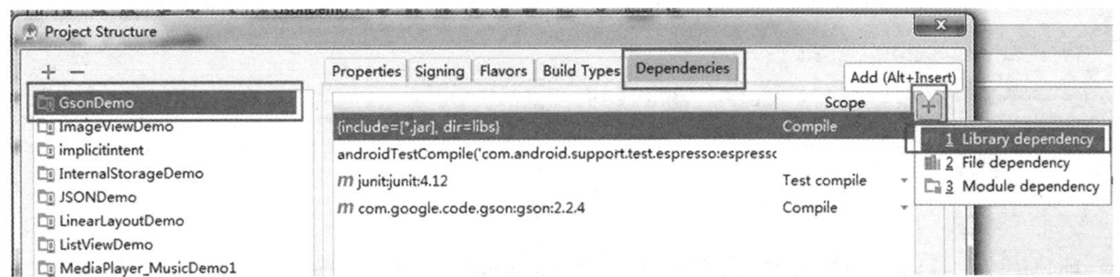

图 8-4　Project Structure 窗口

最后，在“Choose Library Dependency”窗口中，通过搜索框输入开源库名称或者在下面的推荐列表中找到需要的开源库，单击“OK”按钮即可，如图 8-5 所示。

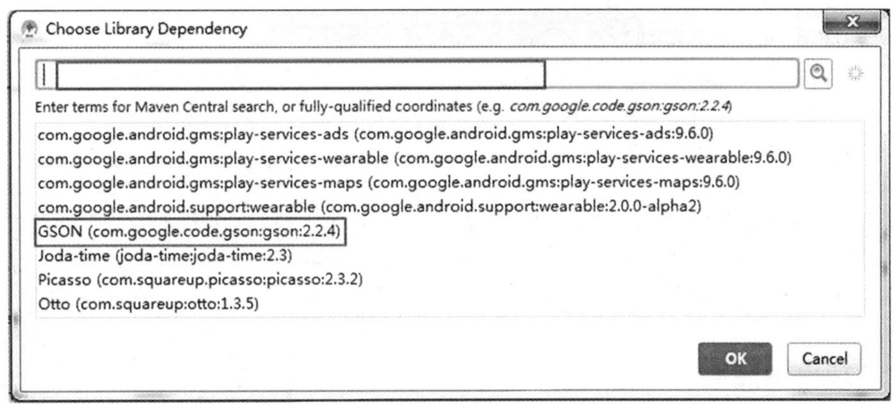

图 8-5　Choose Library Dependency 窗口

在开源网站 github 上，可以下载 Gson 的最新版本，查看 API 文档说明，浏览案例使用向导等，网址为 https://github.com/google/gson。本节主要介绍 Gson 是如何解析 JSON 对象和 JSON 数组的，JSON 数据来源都是由 Java 对象通过 Gson 生成的。序列化对象 Person 的代码如下：

```
public class Person implements Serializable {
    private String name;
    private int age;
    public Person(String name, int age) {
        this.name = name;
        this.age = age;
    }
    @ Override
    public String toString() {
        return name + "_" + age;
    }
}
```

通过 Gson 开源库把 Java 对象转换为 JSON 对象，或者把 JSON 对象转换为 Java 对象都非常简单。

```
Gson gson = new Gson();
Person person = new Person("a",18);
String s1 = gson.toJson(person);

Person person2 = gson.fromJson(s1,Person.class);
```

项目开发中经常出现 JSON 数组和集合之间的转换，把集合转换为 JSON 数组直接调用 Gson 的 toJson(×××) 方法即可，把 JSON 数组转换为集合依然调用 Gson 的 fromJson 方法，但是参数中需要一个 Type 类型，表示转换后的集合类型。

```
Gson gson = new Gson();
Person p1 = new Person("b",11);
Person p2 = new Person("c",22);
list.add(p1);
list.add(p2);
String s2 = gson.toJson(list);

Type type = new TypeToken<List<Person>>(){}.getType();
List<Person> persons = gson.fromJson(s2,type);
textView2.setText(s2 + "\n" + persons.toString());
```

8.6 实训项目与演练

本实训通过实现一个天气预报的应用程序来复习 Android 系统的多线程开发和 HTTP 网络通信的应用，同时学习一种使用非常广泛的轻量级数据交换格式 JSON，最终效果如图 8-6

所示。本实训中所使用的数据全部来自于中国气象网，该网站提供了详细的天气状况，并以JSON 格式的数据返回给客户端，客户端通过解析 JSON 数据就可以得到所需要的数据。从图 8-6 中可以看出，该界面分为 3 个部分，并且是垂直线性布局，在布局的最上部为当前的数据日期，中部为天气的详细信息，下部为一些天气指数信息。由于篇幅有限，本例不给出界面布局的代码，请到配套电子课件中查看。此外，本例也只获取苏州的最新天气信息，课后读者可以使用类似方法获取所有城市的数据，从而实现一个真正的天气预报软件。

图 8-6　天气预报效果图

本例中的代码一共分为 4 个功能模块，模块说明如下：

1）天气图片载入模块。载入所有资源文件中的天气类型图片。

2）网络数据读取模块。通过 HTTP GET 向中国气象网发出请求，并读取返回的数据。

3）JSON 数据解析模块。该模块通过解析网络数据读取模块中获取的数据，从而得到城市的实时天气状况和各类指数。

JSON 数据源代码如下：

```
{"result":{
    "sk":{
      "temp":"19",
      "wind_direction":"东北风",
      "wind_strength":"2 级",
      "humidity":"85% ",
      "time":"16:52"
    },
    "today":{
      "temperature":"18℃~24℃",
      "weather":"阵雨转多云",
      "weather_id":{
        "fa":"03",
        "fb":"01"
      },
      "wind":"东北风 4 -5 级",
      "week":"星期三",
      "city":"苏州",
      "date_y":"2016 年 06 月 01 日",
      "dressing_index":"较舒适",
      "dressing_advice":"建议着薄型套装或牛仔衫裤等春秋过渡装。年老体弱者宜适当添加衣物,可穿夹克衫、薄毛衣等。",
      "uv_index":"弱",
      "comfort_index":"",
      "wash_index":"不宜",
```

```
    "travel_index": "较不宜",
    "exercise_index": "较不宜",
    "drying_index": ""
}}
```

4）界面数据匹配模块。把从 JSON 数据解析模块中得到的数据与界面组件相匹配，从而让界面显示正确的天气信息。

天气图片载入模块的代码如下：

```
1   //载入天气图标和对应的说明
2   private Map<String,Integer> loadWeaterIcon(){
3       String[] weatherDes = {"薄雾""浓雾"};
4       Integer[] weatherID =
5               {
6                   R.drawable.weather_01,R.drawable.weather_02
7               };
8       Map <String,Integer>weatherICON = new HashMap<String,Integer>();
9       for(int i=0;i<weatherID.length;i++){
10              weatherICON.put(weatherDes[i],weatherID[i]);
11      }
12      return weatherICON;
13  }
```

第 8 行代码用于创建一个 Map 类型的数据。由于天气的描述和天气的图片是一一对应的关系，具有 Key - Value 的特性，因此这里创建一个 Map 类型的数据有利于以后图片的获取。

第 9 ~ 12 行代码通过一个循环把文字和图片进行匹配，并返回一个 Map 类型。

网络数据读取模块的代码如下：

```
public void run(){
        //保存服务器返回数据
        StringBuffer response = new StringBuffer();
        HttpClient httpClient = new DefaultHttpClient();
        //创建 HttpGet 对象
        HttpGet httpGet = new HttpGet(url);
        //发送 Http 请求
        try{
                HttpResponse httpResponse = httpClient.execute(httpGet);
                HttpEntity httpEntity = httpResponse.getEntity();
                if(httpEntity! =null){
                        //读取服务器响应
                        BufferedReader bReader = new BufferedReader(
                                new InputStreamReader(httpEntity.getContent()));
                        Stringline = "";
                        while((line = bReader.readLine())! =null){
                            //在文本框中显示
                            response.append(line + "\n");
```

```
                    }
                    //把从服务器中获取的天气信息发送到主界面
                    Message msg = new Message();
                    msg.what = 0x01;
                    Bundle bundle = new Bundle();
                    bundle.putString("weather",response.toString());
                    msg.setData(bundle);
                    handler.sendMessage(msg);
                }
            }
        }
```

JSON 数据解析模块的代码如下：

```
1   //解析服务器传递回来的数据
2   private List<String> parseJSON(String jsonData) {
3       //TODO Auto-generated method stub
4       List<String> datasList = new ArrayList<String>();
5       try {
6           JSONObject jsonObject = new JSONObject(jsonData);
7           JSONObject object2 = jsonObject.getJSONObject("result");
8           datasList.add(object2.getJSONObject("today").getString("date_y")
9                   + "\b" + object2.getJSONObject("today").getString("week")
10                  + "\b" + object2.getJSONObject("sk").getString("time"));
11          datasList.add(object2.getJSONObject("today").getString("city"));
12          datasList.add(object2.getJSONObject("today").getString("temperature"));
13          datasList.add(object2.getJSONObject("today").getJSONObject("
            weather_id").getString("fb"));
14          datasList.add(object2.getJSONObject("today").getString("weather"));
15      …
16      } catch (JSONException e) {
17          //TODO Auto-generated catch block
18          e.printStackTrace();
19      }
20      return datasList;
21  }
```

第7行代码表示提取 result 关键字的数据，并产生一个新的 JSON 对象。JSON 对象的数据格式类似于“Key：Value，Key：Value，Key：Value…”这类形式，所以要获取数据只需要通过 Key 值就可以。

第8～15行代码通过提取各类 Key 值所对应的数据，并把这些数据加入到 List 对象中，获得一个数据集列表，该数据集就存放了所有需要的数据。

界面数据匹配模块的代码如下：

```
protected void matchData(List<String> datas){
    //TODO Auto-generated method stub
    List<View> ui = new ArrayList<View>();
```

```
4        //载入所有的UI组件
5        ui.add(findViewById(R.id.date_y));
6        ui.add(findViewById(R.id.city));
7        ...
8        //把所有数据放入UI界面中
9        for(int i=0;i<datas.size();i++){
10       //载入图片
11           if(i==4){
12                   ((ImageView)ui.get(i)).setImageResource(
13                           getWeaterIcon(weatherIcon,datas.get(i)));
14           }else{
15                   ((TextView)ui.get(i)).setText(datas.get(i));
16           }
17       }
18   }
```

第 3 行代码表示创建一个存放 View 对象的 List，该 List 中的元素来自于 UI 组件。

第 9 ~ 16 行代码表示通过循环把在 JSON 数据解析模块中的数据信息填入 UI 组件中。

8.7　本章小结

本章主要介绍了 Android 中的工具类——AsyncTask，AsyncTask 使创建一个需要与用户界面交互较长运行时间的任务变得更简单。通过学习网络通信的基本步骤，掌握 Android 系统中数据的传递和保存，并完成基于 JSON 的实时天气预报数据访问实训。在学习本章时需要读者重点掌握的是 Android 异步任务的原理和实现方法、Thread + Handler + Message 的更新界面的方法及编程结构、AsyncTask 更新界面的方法及编程结构、多线程下的网络通信和数据交换方式，以及 JSON 的基本格式和解析。

习题

1. HttpURLConnection 连接网络成功，返回的状态码值是多少？
2. 简述在单线程模型中 Message、Handler、Message Queue、Looper 之间的关系。
3. JSON 是什么？

第9章　传感器应用开发

1. 任务

学习 Android 系统支持的传感器类型及相关 API，学习如何通过 SensorManager 注册传感器监听器、如何通过 SensorEventListener 监听传感器数据等。

2. 要求

1）掌握手机常用传感器的类型和基本概念。

2）掌握手机传感器的应用开发流程。

3）掌握多种常用传感器的开发方法。

3. 导读

1）手机常用传感器介绍。

2）手机传感器开发流程。

3）传感器开发综合示例。

Android 是一个面向应用程序开发的丰富平台，它拥有许多具有很强吸引力的功能，如用户界面元素设计、数据管理和网络应用等。Android 还提供了很多颇具特色的接口，主要包括传感器系统（Sensor）、语音识别技术（RecognizerIntent）、地图定位及导航等功能。希望读者通过学习本章的相关知识对 Android 有一个更深入的了解，可以开发出有特色、有创意的应用程序。本章重点介绍传感器在 Android 系统中的应用。

9.1　手机传感器介绍

二维码 9-1

传感器是一种物理装置或生物器官，能够探测、感受外界的信号、物理条件（如光、热、湿度）或化学组成（如烟雾），并可将探知的信息传递给其他装置或器官。国家标准 GB/T 7665—2005 对传感器的定义是：“能感受规定的被测量并按照一定的规律转换成可用信号的器件或装置，通常由敏感元件和转换元件组成”。传感器是一种检测装置，能感受被测量的信息，并能将检测到的、感受到的信息按一定规律变换成为电信号或其他所需形式的信息输出，以满足信息的传输、处理、存储、显示、记录和控制等要求。它是实现自动检测和自动控制的首要环节。

访问设备底层硬件的能力曾一度让软件开发人员感到非常棘手，现在 Android 系统实现了对传感器的良好支持，Android 应用可以通过传感器来获取设备的外界条件，包括手机的运行状态、当前摆放方向、外界的磁场、温度和压力等。Android 系统提供了驱动程序去管理这些传感器硬件，当传感器硬件感知到外部环境发生改变时，Android 系统负责管理这些传感器数据。

大多数 Android 设备都有内置的测量运动、方向和各种环境条件的传感器。这些传感器具有提供高精度和准确度的原始数据的能力，可用于监视设备在三维方向的移动和位置，或者监视设备周围环境的变化。例如，一个游戏可能要从重力传感器中读取轨迹，以便推断出复杂的用户手势和意图，如倾斜、振动、旋转或摆动等。同样，有关天气的应用程序可能要使用设备的温度传感器和湿度传感器来计算并报告露点；有关旅行的应用程序可能要使用地磁场传感器和加速度传感器来报告罗盘方位。

Android 平台支持以下 3 种宽泛类别的传感器。

1）运动传感器。这些传感器沿着三轴方向来测量加速度和扭矩。这种类型传感器包括加速度传感器、重力传感器、陀螺仪和选择矢量传感器。

2）环境传感器。这些传感器测量各种环境参数，如周围空气的温度、压力、照度和湿度等。这种类型传感器包括气压计、光度计和温度计等。

3）位置传感器。这些传感器用于测量设备的物理位置。这种类型传感器包括方向传感器和磁力计等。

下面对常用的一些传感器做一些说明。

1. 重力感应器

手机重力感应技术是利用压电效应来实现的，简单地说，就是测量内部一片重物（重物和压电片做成一体）重力正交两个方向的分力大小，来判定水平方向。通过对力敏感的传感器，感受手机在变换姿势时重心的变化，使手机光标变化位置，从而实现选择的功能。

简单地讲，重力感应器就是：用户本来把手机拿在手里是竖着的，将它旋转 90°横过来，它的界面就跟随用户的重心自动“反应”过来，也就是说，界面也旋转了 90°，极具人性化。现在，基本所有智能手机都有内置重力感应器，甚至有些非智能手机也有此装置。重力感应器常见的应用有玩平衡球、横屏浏览网页和看小说等。

2. 加速度传感器

加速度传感器是一种能够测量加速力的电子设备。加速力就是当物体在加速过程中作用在物体上的力，就好比地球引力（重力）。加速力可以是常量，也可以是变量。因此其范围比重力感应器要大，但是一般在提及手机的加速度感应器时，其实就是指重力感应器，因此两者可以被认为是等价的。

3. 方向传感器

手机方向传感器是指安装在手机上用以检测手机本身处于何种方向状态的部件，而不是通常理解的指南针功能。手机方向传感器的检测功能可以检测手机处于正竖、倒竖、左横、右横、仰、俯状态中的哪一状态。具有方向检测功能的手机使用更方便、更具人性化。例如，手机旋转后，屏幕图像可以自动跟着旋转并切换长宽比例，文字或菜单也可以同时旋转，方便阅读。

方向传感器跟重力感应器是不一样的。方向传感器或许叫应用角速度传感器比较合适，一般手机上的方向传感器是感应水平面上的方位角、旋转角和倾斜角的，这些区别在开发赛车游戏时体现得很明显。

4. 陀螺仪传感器

陀螺仪传感器也叫三轴陀螺仪，即可以同时测定6个方向的位置、移动轨迹及加速度。单轴陀螺仪只能测量一个方向的量，也就是一个系统需要3个陀螺仪，而三轴陀螺仪一个就能替代3个单轴陀螺仪。三轴陀螺仪体积小、重量轻、结构简单、可靠性好，是激光陀螺的发展趋势。如果说重力感应器所测的方向和位置是线性的，方向传感器所测的方向和位置是平面的，那么三轴陀螺仪所测的方向和位置则是立体的。在开发一些射击游戏时，三轴陀螺仪的效果是很明显的。

5. 距离传感器

距离传感器是利用测时间以测算距离的原理，检测物体的距离的一种传感器。其工作原理是通过发射特别短的光脉冲，并测算此光脉冲从发射到被物体反射回来的时间，以测时间来计算与物体之间的距离。这个传感器在手机上的作用是当用户脸部贴着手机打电话时，屏幕灯会自动熄灭；当用户脸部离开手机时，屏幕灯会自动开启，并且自动解锁。这个对于待机时间较短的智能手机来说是相当实用的。

6. 光线传感器

光线传感器也就是感光器，是能够根据周围光亮明暗程度调节屏幕明暗的装置，即在光线强的地方，手机会自动关掉键盘灯，并且稍微加强屏幕亮度，达到节电并更好地观看屏幕的效果；在光线弱的地方，手机会自动打开键盘灯，也可以通过工具设置将其关掉。这个传感器也起到了节省手机电量的作用。

Android平台所支持的传感器类型见表9-1。

表9-1　Android平台所支持的传感器类型

传感器	类　型	介　绍	使用场景
加速度传感器	TYPE_ ACCELEROMETER	以 m/s^2 为单位测量应用于设备三轴（X、Y、Z）的加速力，包括重力	运动检测（振动、倾斜等）
重力传感器	TYPE_ GRAVITY	以 m/s^2 为单位测量应用于设备三轴（X、Y、Z）的重力	运动检测（振动、倾斜等）
陀螺仪传感器	TYPE_ GYROSCOPE	以rad/s（弧度/秒）为单位，测量设备围绕3个物理轴（X、Y、Z）的旋转率	旋转检测（旋转、翻转等）
光线传感器	TYPE_ LIGHT	以lx为单位，测量周围的亮度等级（照度）	控制屏幕的亮度
线性加速度传感器	TYPE_ LINEAR_ ACCELERATION	以 m/s^2 为单位测量应用于设备3个物理轴（X、Y、Z）的加速力，重力除外	检测一个单独的物理轴的加速度
磁力传感器	TYPE_ MAGNETIC_ FIELD	以μT为单位，测量设备周围3个物理轴（X、Y、Z）的磁场	创建一个罗盘

（续）

传感器	类　型	介　绍	使用场景
方向传感器	TYPE_ ORIENTATION	测量设备围绕 3 个物理轴（X、Y、Z）的旋转角度。在 API Level 3 以后，能够使用重力传感器和磁场传感器与 getRotationMatrix（）方法相结合来获取倾斜矩阵和旋转矩阵	判断设备的位置
压力传感器	TYPE_ PRESSURE	以 hPa 或 mBar 为单位来测量周围空气的压力	检测空气压力的变化
接近传感器	TYPE_ PROXIMITY	以 cm 为单位，测量一个对象相对于设备屏幕的距离。这个传感器通常用于判断手持设备是否被举到了一个人的耳朵附近	通话期间的电话位置
旋转矢量传感器	TYPE_ ROTATION_ VECTOR	通过提供设备旋转矢量的 3 个要素来测量设备的方向	运动监测和旋转监测
温度传感器	TYPE_ TEMPERATURE	以℃（摄氏度）为单位来测量设备的温度	监测温度

9.2　开发传感器应用

程序员能够访问设备上有效的传感器，并能通过使用 Android 传感器框架来获取原始的传感器数据。该传感器框架提供了几个类和接口来帮助程序员执行各种传感器相关的任务。传感器框架是 android. hardware 包的一部分，包括以下一些主要的类和接口。

1. SensorManager

使用 Sensor Manager 类来创建一个传感器服务的实例。这个类提供了各种用于访问和监听传感器的方法，还提供了几个传感器常量，用于报告传感器的精度、设置数据获取的速率以及校准传感器等。

2. Sensor

使用 Sensor 类来创建一个特殊传感器的实例。它提供了判断传感器能力的各种方法。

3. SensorEvent

系统使用 SensorEvent 类来创建一个传感器事件对象，它提供了相关传感器事件的信息。一个传感器事件对象包含以下信息：原始传感器数据，产生事件的传感器的类型，数据的精度，事件的时间戳。

4. SensorEventListener

使用 SensorEventListener 接口来创建两个回调方法，这两个方法在传感器值发生变化时或精确度发生变化时接收通知（传感器事件）。

在典型的应用程序中，使用传感器相关的 API 可以执行以下两项基本任务。第一项任务就是识别传感器及传感器能力。在运行时识别传感器和传感器能力，对于判断应用程序是否有功能依赖于特殊的传感器类型和能力是有益的。例如，用户可能想要识别当前设备上的所有传感器，并且要禁用所有依赖传感器所不具备的能力的功能。同样，用户可能想要识别所有的给定类型的传感器，以便能够选择适合应用程序需要的传感器。第二项任务就是监视传感器事件。监视传感器事件获取原始传感器数据的方式，传感器事件在每次检测到它的测量参数发生变化时发生。

9.3 传感器综合示例

二维码 9-2

现在通过一个示例来介绍常用传感器的用法。由于传感器依赖于硬件，因此以下示例只能运行于真机。

Android 平台下传感器应用的开发通过监听器机制来实现，要针对某一种或多种传感器开发应用，主要的步骤如下：

1）创建 SensorManager 对象。通过 SensorManager 可以访问手持设备的传感器，同时该对象还提供了一些方法用于对捕获的数据进行一些计算等处理。在程序中，通过调用 Context. getSystemService 方法传入参数“SENSOR_SERVICE”来获得 SensorManager 对象。

2）实现 SensorListener 接口。这是开发传感器应用最主要的工作，实现 SensorListener 接口主要应实现以下两个函数。

① void onAccuracyChanged (int sensor, int accuracy)。该函数在传感器的精确度发生变化时调用。SensorManager 提供了以下 3 种精确度，由高到低分别为 SENSOR_STATUS_ACCURACY_HIGH、SENSOR_STATUS_ACCURACY_MEDIUM 和 SENSOR_STATUS_ACCURACY_LOW。参数 accuracy 为新的精确度。

② void onSensorChanged (SensorEvent sensorEvent)。该函数在传感器的数据发生变化时调用，开发传感器应用的主要的业务代码应该放在这里执行，如读取数据并根据数据的变化进行相应的操作等。

3）注册 SensorListener。开发完 SensorListener 之后，剩下的工作就是在程序的适当位置注册监听和取消监听了。在这里调用步骤 1）中获得的 SensorManager 对象的 registerListener( ) 函数来注册监听器，其接收的参数为监听器对象、传感器类型以及传感器事件传递的频度。

取消注册 SensorListener 时调用 SensorManager 的 unregisterListener( ) 函数。一般来讲，注册和取消注册的函数应该成对出现，如果在 Activity 的 onResume( ) 函数中注册 SensorListener 监听，就应在 onPause( ) 函数或 onStop( ) 函数中取消注册。

本示例的运行结果如图 9-1 所示，其中温度传感器返回的值为空，说明本次测试的手机没有温度传感器。实现本案例的详细代码请到配套电子课件中查看。

图 9-1　传感器的运行结果

```
public class MainActivity extends Activity implements SensorEventListener {
        //定义真机的 Sensor 管理器及相关控件
    private SensorManager mSensorManager;
    EditText etOrientation;
    EditText etMagnetic;
    EditText etTemerature;
    EditText etLight;
    EditText etPressure;

    @ Override
    public void onCreate(Bundle savedInstanceState)
    {
        super.onCreate(savedInstanceState);
        setContentView(R.layout.activity_main);
        //获取界面上的 EditText 组件
        etOrientation = (EditText) findViewById(R.id.etOrientation);
        etMagnetic = (EditText) findViewById(R.id.etMagnetic);
        etTemerature = (EditText) findViewById(R.id.etTemerature);
        etLight = (EditText) findViewById(R.id.etLight);
        etPressure = (EditText) findViewById(R.id.etPressure);
        //获取真机的传感器管理服务
        mSensorManager = (SensorManager)getSystemService(SENSOR_SERVICE);

    }

    @ Override
    protected void onResume()
    {
        super.onResume();
        //为系统的方向传感器注册监听器
        mSensorManager.registerListener(this,
            mSensorManager.getDefaultSensor(Sensor.TYPE_ORIENTATION),
            SensorManager.SENSOR_DELAY_GAME);
        //为系统的磁场传感器注册监听器
        mSensorManager.registerListener(this,
            mSensorManager.getDefaultSensor(Sensor.TYPE_MAGNETIC_FIELD),
            SensorManager.SENSOR_DELAY_GAME);
        //为系统的温度传感器注册监听器
        mSensorManager.registerListener(this,
            mSensorManager.getDefaultSensor(Sensor.TYPE_AMBIENT_TEMPERATURE),
            SensorManager.SENSOR_DELAY_GAME);
        //为系统的光传感器注册监听器
        mSensorManager.registerListener(this,
            mSensorManager.getDefaultSensor(Sensor.TYPE_LIGHT),
            SensorManager.SENSOR_DELAY_GAME);
        //为系统的压力传感器注册监听器
        mSensorManager.registerListener(this,
            mSensorManager.getDefaultSensor(Sensor.TYPE_PRESSURE),
```

```
                SensorManager.SENSOR_DELAY_GAME);
    }

    @ Override
    protected void onStop()
    {   //程序退出时取消注册传感器监听器
        mSensorManager.unregisterListener(this);
        super.onStop();
    }

    @ Override
    protected void onPause()
    {   //程序暂停时取消注册传感器监听器
        mSensorManager.unregisterListener(this);
        super.onPause();
    }
        //以下是实现 SensorEventListener 接口必须实现的方法
    @ Override
        //当传感器精度改变时回调该方法
    public void onAccuracyChanged(Sensor sensor, int accuracy)
    {
    }
    @ SuppressWarnings("deprecation")
    @ Override
    public void onSensorChanged(SensorEvent event)
    {
        float[] values = event.values;
        //真机上获取触发 event 的传感器类型
        int sensorType = event.sensor.getType();


        StringBuilder sb = null;
        //判断是哪个传感器发生改变
        switch(sensorType)
        {
        //方向传感器
            case Sensor.TYPE_ORIENTATION:
                sb = new StringBuilder();
                sb.append("绕 Z 轴转过的角度:");
                sb.append(values[0]);
                sb.append("\n 绕 X 轴转过的角度:");
                sb.append(values[1]);
                sb.append("\n 绕 Y 轴转过的角度:");
                sb.append(values[2]);
                etOrientation.setText(sb.toString());
                break;
        //磁场传感器
            case Sensor.TYPE_MAGNETIC_FIELD:
```

```
                sb = new StringBuilder();
                sb.append("X 方向上的角度:");
                sb.append(values[0]);
                sb.append("\nY 方向上的角度:");
                sb.append(values[1]);
                sb.append("\nZ 方向上的角度:");
                sb.append(values[2]);
                etMagnetic.setText(sb.toString());
                break;
            //温度传感器
            case Sensor.TYPE_AMBIENT_TEMPERATURE:
                sb = new StringBuilder();
                sb.append("当前温度为:");
                sb.append(values[0]);
                etTemerature.setText(sb.toString());
                break;
            //光传感器
            case Sensor.TYPE_LIGHT:
                sb = new StringBuilder();
                sb.append("当前光的强度为:");
                sb.append(values[0]);
                etLight.setText(sb.toString());
                break;
            //压力传感器
            case Sensor.TYPE_PRESSURE
                sb = new StringBuilder();
                sb.append("当前压力为:");
                sb.append(values[0]);
                etPressure.setText(sb.toString());
                break;
        }
    }
}
```

9.4　本章小结

Android 系统的特色之一就是支持多种传感器。本章通过介绍 Android 系统支持的传感器 API 以及一个示例介绍如何通过 SensorManager 注册传感器监听器以及如何通过 SensorEventListener 监听传感器数据。在此基础上，读者可以通过在系统中设置加速度传感器、方向传感器、磁场传感器、温度传感器、光传感器和压力传感器等常用传感器来开发各种有趣的应用。

习题

1. 举例说明 Android 常见的传感器有哪些。
2. SensorManager 有几种精度？分别是什么？

第 10 章　地图与位置服务的设计

1. 任务

通过学习本章内容掌握百度地图在 Android 系统中开发的基本步骤，并实现百度地图的显示、手机定位与覆盖物的实现。

2. 要求

1）掌握百度地图 Key 的申请步骤。

2）掌握百度定位 SDK 的使用方法。

3）掌握百度地图多种覆盖类（Overlay）的实现方法。

4）掌握百度地图的实时交通的实现方法。

3. 导读

1）百度定位 SDK 的开发与使用。

2）百度地图简介与导入。

3）Application 和 Activity 的创建。

4）百度地图覆盖物的开发与实现。

5）路径规划与兴趣点的实现。

10.1　百度地图简介与导入

目前，许多地图应用软件提供商都提供面向开发者的地图 API，开发者可以在这些 API 的基础上进行二次开发，从而产生各种各样的地图应用。当前较为流行的有 Google Map API、百度地图 API、搜狗地图 API、高德地图 API 等。本节将以百度地图 API 为基础介绍 Map Key 的申请和库文件的导入。

10.1.1　百度地图 SDK 简介

百度地图 Android SDK 是一套基于百度地图数据并运行在 Android 2.1 及以上版本设备中的完整地图应用程序开发套件。开发人员通过对该接口的二次开发，使应用程序实现了丰富的位置服务功能。百度地图 SDK 提供地图展示、操作和搜索等功能，具体如下：

1）地图展示：包括 2D、3D 地图和卫星地图的展示。

2）地图操作：提供平移、缩放、双指手势操作、地图旋转等地图相关操作。

3）自定义绘制：提供自定义绘制点、线、面基本几何图形的功能。

4）地图搜索：提供根据关键字进行范围检索、城市检索和周边检索。

5）详情查询：提供餐饮类的 POI 的详细信息查看。

6）线路规划：提供公交、驾车和步行 3 种类型的线路规划。

7）地理编码：提供地址信息与坐标之间的相互转换。

8）位置标注：提供一个或多个 POI 位置标注，且支持用户自定义图标。

9）实时路况：提供城市实时交通路况信息图。

10）离线地图：提供离线地图功能，可节省用户流量。

11）定位：采用 GPS、WiFi、基站、IP 混合定位模式。

10.1.2　百度地图 SDK 库文件的导入

和百度定位一样，在使用百度地图 SDK 之前，首先要获取百度地图移动版的 API Key，然后下载对应的库文件，并把库文件导入到项目中，才算项目建立完成。库文件的下载可以到 http://lbsyun.baidu.com/index.php?title=androidsdk/sdkandev-download 界面中选择一键下载，下载后解压可以得到 3 个文件，分别为 libs、BaiduMap_AndroidSDK_v3.7.3_Docs.zip 和 BaiduMap_AndroidSDK_v3.7.3_Sample.zip。然后把 libsl 中的内容复制到项目中的 libs 目录下，复制完成后的程序目录如图 10-1 所示。

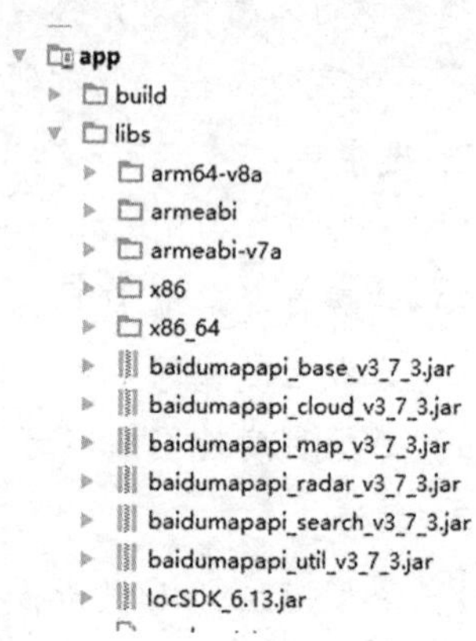

图 10-1　百度地图 SDK 库文件目录

用鼠标右键单击新粘贴的 jar，在弹出的快捷菜单中单击"Add As Library"，选择要导入的那个 module（在 AndroidStudio 中相当于 Eclipse 中的 project），如果当前只是一个项目，下拉框中除了 app 也没有其他的内容，那么直接单击"OK"按钮确认。接下来还需要在 build.gradle 中配置 SO 来说明 so 的路径为该 libs 路径，具体如下：

```
sourceSets {
        main {
            jniLibs.srcDirs = ['libs']
        }
    }
```

这样就可以在应用程序中使用百度定位 SDK 了。

由于地图服务需要使用网络和 GPS 设备，因此需要在应用程序的 AndroidManifest 中添加对应的权限和应用程序的配置信息。下面在 Android Studio 中创建项目"BaiduMap"，并打开 AndroidManifest.xml 文件，设置相关权限。

配置 Activity 支持屏幕旋转和各种大小的目录，具体代码如下：

```
<supports-screens
    android:largeScreens="true"
    android:normalScreens="true"
    android:smallScreens="true"
    android:resizeable="true"
    android:anyDensity="true"/>

<application
```

```
9        android:allowBackup = "true"
10       android:icon = "@ drawable/ic_launcher"
11       android:label = "@ string/app_name"
12       android:theme = "@ style/AppTheme" >
13   <activity
14       android:name = "cn.edu.siso.baidumap.MainActivity"
15       android:label = "@ string/app_name"
16       android:screenOrientation = "sensor"
17       android:configChanges = "orientation |keyboardHidden" >
18   <intent - filter >
19   <action android:name = "android.intent.action.MAIN" />
20
21   <category android:name = "android.intent.category.LAUNCHER" />
22   </intent - filter >
23   </activity >
24   </application >
```

第 1 ~6 行代码表示 Android 应用程序支持各种大小的屏幕。

第 16 ~17 行代码表示 Activity 支持屏幕的自动旋转，并且隐藏键盘。

至此，百度地图 SDK 的库文件导入和项目初始化都已经完成。

10.2　Application 和 Activity 的创建

10.2.1　全局 Application 的初始化

BMapManager 是百度地图 SDK 的核心管理类，在该类中完成百度地图的初始化，以及启动和停止百度地图 API。因此，在构造该对象时通常将其作为应用程序的全局变量进行配置，创建全局变量的方法类似于定位 SDK 的使用，创建一个 Application 类的子类，并在该子类中初始化百度地图 SDK。下面在 src/目录下添加 BaiduMapApp 类，使其继承于 Application，同时在 AndroidManifest 文件中修改 application 标签，在该标签下添加 “android: name = ".BaiduMapApp"”。

当创建完 BaiduMapApp 类后，需要创建 SDKReceiver 类使其继承于 BroadcastReceiver 并实现其 onReceive 方法。该方法用于接收来自系统和应用中的广播，可以监听网络与 SDK 授权验证等，开发者可以根据这些返回状态进行相应的事件处理，具体代码如下：

```
public class SDKReceiver extends BroadcastReceiver {
        public void onReceive(Context context, Intent intent) {
        String s = intent.getAction();
        Log.d(LTAG, "action: " + s);
        if (s.
equals(SDKInitializer.SDK_BROADTCAST_ACTION_STRING_PERMISSION_CHECK_
ERROR)) {
        Toast.makeText(MainActivity.this,
                "key 验证出错! 请在 AndroidManifest.xml 文件中检查 key 设置",
         Toast.LENGTH_SHORT).show();
          } else if (s.
```

```
10            equals(SDKInitializer.
                  SDK_BROADTCAST_ACTION_STRING_PERMISSION_CHECK_OK)) {
11               Toast.makeText(MainActivity.this, "key 验证成功! 功能可以正常使用",
                      Toast.LENGTH_SHORT).show();
12            } else if (s.
13          equals(SDKInitializer.SDK_BROADCAST_ACTION_STRING_NETWORK_ERROR)) {
14                 Toast.makeText(MainActivity.this, "网络出错", Toast.LENGTH_
                   SHORT).show();
15            }
16        }
17    }
```

第 3 行代码用于获取状态信息，用于下面的判断。

第 5 ~ 8 行代码用于当 API Key 授权错误时，提示 Key 的状态变为错误。

第 9 ~ 11 行代码用于当 API Key 验证成功时，提示 Key 验证成功。

第 12 ~ 14 行代码用于当网络连接错误或无网络时，提示网络出错。

initBMapManager( ) 函数创建后就表示已经构造好 BMapManager 对象，因此需要在 Application 中的 onCreate( ) 函数中调用此函数，从而使应用程序启动时对 BMapManager 进行构造，同时自定义一个公有函数 getBMapManager( )，使应用程序可以通过该函数获取 BMapManager 对象。另外，还需要重载 onTerminate( ) 函数，并在该函数中完成应用程序退出时地图资源的释放，具体代码如下：

```
1    IntentFilter iFilter = new IntentFilter();
2    iFilter.addAction(SDKInitializer.SDK_BROADTCAST_ACTION_STRING_PERMISSION_
     CHECK_OK);
3    iFilter.addAction(SDKInitializer.SDK_BROADTCAST_ACTION_STRING_PERMISSION_
     CHECK_ERROR);
4    iFilter.addAction(SDKInitializer.SDK_BROADCAST_ACTION_STRING_NETWORK_
     ERROR);
5    mReceiver = new SDKReceiver();
6    registerReceiver(mReceiver, iFilter);
```

第 1 行代码创建一个 IntentFilter 对象 iFilter。

第 2 ~ 4 行代码用于对 iFilter 添加 Key 验证的监听与网络的监听。

第 5 行代码创建一个 SDKReceiver 对象。

第 6 行代码调用 registerReceiver 方法传入上面创建的对象。

10.2.2　Hello BaiduMap 的创建

在百度地图 SDK 的体系结构中只需要一个 BMapManager，因此在创建完 Application 后，就可以在 Activity 中使用百度地图。使用时，首先要在布局文件中放入地图组件 MapView，修改 “res/layout/activity_main.xml” 文件，添加代码如下：

二维码 10-1

```
<com.baidu.mapapi.map.MapView
```

```
        android:id = "@ +id/bmapsView"
        android:layout_width = "fill_parent"
        android:layout_height = "fill_parent"
        android:clickable = "true"/>
```

完成布局文件后，需要在 Activity 的 onCreate( ) 函数中载入布局文件，并与 MapView 对象进行关联，然后获取 MapView 的控制权，此时就可以对地图进行操作，具体代码如下：

```
1    protected void onCreate(Bundle savedInstanceState) {
2            super.onCreate(savedInstanceState);
3            SDKInitializer.initialize(getApplicationContext());
4            setContentView(R.layout.activity_main);
5            mMapView = (MapView) findViewById(R.id.bmapView);
6            mBaiduMap = mMapView.getMap();
7            //设定中心点坐标
8            LatLng ll = new LatLng(latitude, longitude);
9            MapStatus.Builder builder = new MapStatus.Builder();
10           builder.target(ll).zoom(15.0f);
11           mBaiduMap.animateMapStatus(MapStatusUpdateFactory.newMapStatus(builder.
             build()));
12   }
```

第 3 ~6 行代码用于与布局文件进行关联和初始化。

第 8 行代码构造一个 LatLng 类型的地理位置坐标，LatLng 构造函数的第一个参数为纬度，第二个参数为经度。

第 9 行代码构造一个 MapStatus. Builder 对象，用于设置地图参数。

第 10 行代码用于把刚才构建的位置坐标设置为地图的中心与设置地图的缩放级别为 15。

第 11 行代码用于更新地图并显示。

最后重写 Activity 的 onResume( )、onPause( ) 和 onDestroy( ) 函数，用于在应用程序退出和唤醒函数时释放和启用 MapView、BMapManager 资源。

此应用的最终效果如图 10-2 所示。

图 10-2　Hello BaiduMap

10.3　百度定位 SDK 的开发与使用

二维码 10-2

百度定位 SDK 的最新版本是 6.2.3，在这个版本中，开发者已经将定位功能和地图显示进行了分离，独立出专注于满足用户获取当前位置与获得地址信息描述功能的 locSDK。该 SDK 提供定位和反地理编码功能。

使用百度定位 SDK 时必须在 AndroidManifest 中注册 GPS 和网络使用权限，并通过 GPS、基站、WiFi 信号进行定位。当应用程序向定位 SDK 发起定位请求时，定位 SDK 根据应用的定位因素（如 GPS、基站、WiFi 信号的实际情况）进行定位。

若用户已经打开 GPS 定位，则首先使用 GPS 进行定位；若用户未打开 GPS 定位，但网络连接正常，定位 SDK 则会返回基于 WiFi 和基站的网络定位。为了使用户获得更加精确的定位信息，用户必须打开 WiFi 的开关。

10.3.1 定位 SDK 的配置

Android 百度定位 SDK 自 v4.0 版本之后，开始引用百度 LBS 开放平台的统一 Key 验证体系，所以读者在使用百度定位 SDK 之前，首先需要获取百度定位的 API Key。该 Key 与百度账户相关联，因此读者必须先有一个百度账号，才能获取 API Key。在注册并登录百度账号后，进入百度地图 API 的 Android SDK 界面，在该界面左侧有一个“获取密钥”的导航栏，单击进入则显示 API Key 申请界面，在其中填入与应用相关的信息，最后单击“生成 API 密钥”就会获得一个 API Key。申请完 API Key 之后，可以单击左侧导航栏中的“我的 Key”来查看已申请的 Key，如图 10-3 所示。

图 10-3 百度地图 API Key 的申请

要使用百度定位 SDK，首先在浏览器中输入“http://lbsyun.baidu.com/index.php?title=android-locsdk/geosdk-android-download”，并在“相关下载”中下载最新的“Android 定位 SDKv6.2.3”，如图 10-4 所示。

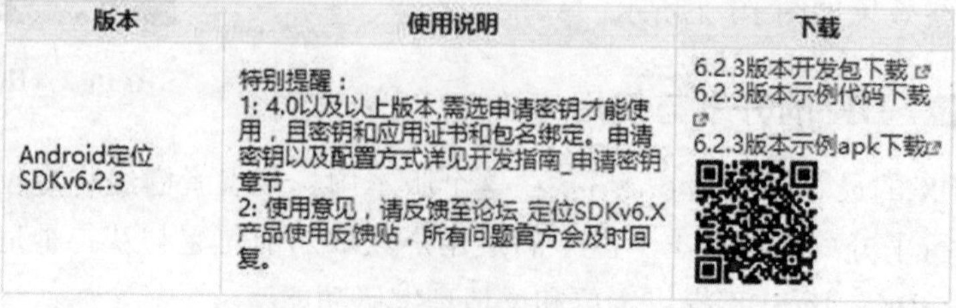

版本	使用说明	下载
Android定位SDKv6.2.3	特别提醒： 1: 4.0以及以上版本,需选申请密钥才能使用，且密钥和应用证书和包名绑定。申请密钥以及配置方式详见开发指南_申请密钥章节 2: 使用意见，请反馈至论坛 定位SDKv6.X产品使用反馈贴，所有问题官方会及时回复。	6.2.3版本开发包下载 6.2.3版本示例代码下载 6.2.3版本示例apk下载

图 10-4 百度定位 SDK 下载

解压相关压缩文件得到最新的库文件 liblocSDK6a.rar 和 locSDK_6.23.jar，然后将 liblocSDK6a.rar 文件解压并复制到应用程序 libs 目录下（建议全部放入以提高程序兼容性），其后将 locSDK_6.23.jar 文件也复制到应用程序的 libs 目录下，用鼠标右键单击新粘贴的 jar，在弹出的快捷菜单中单击“Add As Library”，选择要导入的那个 module（在 AndroidStudio 中相当于 Eclipse 中的 project），如果当前只是一个项目，下拉框中除了 app 也没有其他的内容，那么直接单击“OK”按钮确认。接下来还需要在 build.gradle 中配置 SO 来说明 so 的路径为该 libs 路径，如下所示：

```
sourceSets {
        main {
            jniLibs.srcDirs = ['libs']
        }
    }
```

这样就可以在应用程序中使用百度定位 SDK 了。

由于定位服务需要使用网络和 GPS 设备，因此需要在应用程序的 AndroidManifest 中添加对应的权限。另外，自 SDK 的 2.x 版本以后，定位功能均以 Service 模式运行，所以需要在 AndroidManifest 的 application 标签中声明 service 组件；自 SDK 的 4.x 版本以后百度 LBS 开放平台的统一 Key 验证体系的具体代码如下：

```
<uses-permission android:name="android.permission.ACCESS_COARSE_LOCATION">
</uses-permission>
<uses-permission android:name="android.permission.ACCESS_FINE_LOCATION">
</uses-permission>
<uses-permission android:name="android.permission.ACCESS_WIFI_STATE">
</uses-permission>
<uses-permission android:name="android.permission.ACCESS_NETWORK_STATE">
</uses-permission>
<uses-permission android:name="android.permission.CHANGE_WIFI_STATE">
</uses-permission>
<uses-permission android:name="android.permission.READ_PHONE_STATE">
</uses-permission>
<uses-permission android:name="android.permission.WRITE_EXTERNAL_STORAGE">
</uses-permission>
<uses-permission android:name="android.permission.INTERNET" />
<uses-permission android:name="android.permission.MOUNT_UNMOUNT_FILESYSTEMS">
</uses-permission>
<uses-permission android:name="android.permission.READ_LOGS">
</uses-permission>
<uses-permission android:name="android.permission.VIBRATE" />
<uses-permission android:name="android.permission.WAKE_LOCK" />
<uses-permission android:name="android.permission.WRITE_SETTINGS" />

<application
```

```
25          android:name = "cn.edu.siso.baidulocat.LocationApplication"
26          android:allowBackup = "true"
27          android:icon = "@ mipmap/ic_launcher"
28          android:label = "@ string/app_name"
29          android:supportsRtl = "true"
30          android:theme = "@ style/AppTheme" >
31
32          <service
33              android:name = "com.baidu.location.f"
34              android:enabled = "true"
35              android:process = ":remote" >
36              <intent - filter >
37                  <action android:name = "com.baidu.location.service_v2.2" >
38                  </action >
39              </intent - filter >
40          </service >
41          <meta - data
42              android:name = "com.baidu.lbsapi.API_KEY"
43              android:value = "key" />   //key:开发者申请的 key
44
45          <activity android:name = ".MainActivity" >
46              <intent - filter >
47                  <action android:name = "android.intent.action.MAIN" />
48
49                  <category android:name = "android.intent.category.LAUNCHER" />
50              </intent - filter >
51          </activity >
52      </application >
```

第 1 ~22 行代码用于添加系统赋予的各种应用权限。

第 32 ~40 行代码用于为该应用程序添加 Service 组件。

第 41 ~43 行代码用于设置 Key，设置有误会引起定位不能正常使用，必须进行 Accesskey 的正确设置。

10.3.2　LocationClient 对象的初始化

LocationClient 是定位 SDK 的核心类，在该类中完成定位参数的设置、地理位置监听对象的注册以及发起定位请求等功能，因此在构造该对象时通常作为应用程序的全局变量进行配置，要创建全局变量就需要创建 Application 类的子类，并在该子类中构造 LocationClient 对象，从而供后续的应用程序调用。下面创建 BaiduLocal，并在 src/目录下添加 LocationApplication 类，使其继承于 Application，同时在 AndroidManifest 文件中修改 application 标签，在该标签下添加 "android: name = "cn. edu. siso. baidulocat. LocationApplication""。

当创建完 LocationApplication 类后，需要重载 onCreate( ) 函数，并在其中创建 LocationService 对象，传入获取的 Context，具体代码如下：

```
public void onCreate() {
```

```
2          super.onCreate();
3           /* * *
4             * 初始化定位 sdk,建议在 Application 中创建
5             * /
6           locationService = new LocationService(getApplicationContext());
7          mVibrator = ( Vibrator ) getApplicationContext ( ). getSystemService
           (Service.VIBRATOR_SERVICE);
8            SDKInitializer.initialize(getApplicationContext());
9
10    }
```

第 6 行构造客户端服务对象，需要传入 Context 类型的参数，用 getApplicationConext 获取全进程有效的 context。

第 7 行代码通过系统服务获得手机振动服务。

第 8 行代码初始化 SDKInitializer。

LocationService 类的构造方法 LocationService( ) 实现定位的参数的初始化：

```
1    public LocationService(Context locationContext){
2         synchronized (objLock) {
3             if(client = = null){
4                 client = new LocationClient(locationContext);
5                 client.setLocOption(getDefaultLocationClientOption());
6             }
7         }
8    }
```

第 4 行代码用于初始化 LocationClient 对象。

第 5 行代码通过 setLocOption( ) 函数把返回的对象设置到 LocationClient 对象中。

10. 3. 3　Activity 中定位的设置和启动

二维码 10-3

由于 LocationClient 类必须在主线程中进行声明，因此必须在 Activity 的 onCreate( ) 函数中通过 Application 获取全局变量 LocationClient，并设置 LocationClient 对象的定位参数。当用户需要启动定位时，就利用 LocationService 的 start( ) 函数来启动定位；当用户需要停止定位时，就利用 LocationService 的 stop( ) 函数来停止定位。onStart( ) 函数的具体代码如下：

```
protected void onStart() {
      //TODO Auto - generated method stub
      super.onStart();
      // - - - - - - - - - - - -location config - - - - - - - - - - - -
    locationService = ((LocationApplication) getApplication()).locationService;
      //获取 locationservice 实例
      locationService.registerListener(mListener);
      //注册监听
      int type = getIntent().getIntExtra("from", 0);
      if (type = = 0) {
```

```
11              locationService.setLocationOption    ( locationService.
                getDefaultLocationClientOption());
12          } else if (type == 1) {
13              locationService.setLocationOption(locationService.getOption());
14          }
15          localStart.setOnClickListener(new View.OnClickListener() {
16              @ Override
17              public void onClick(View v) {
18                  if (! isStart) {
19                          locationService.start();
20                          localStart.setText("结束定位");
21                          isStart = true;
22                  } else {
23                          locationService.stop();
24                          localStart.setText("开始定位");
25                          isStart = false;
26                  }
27              }
28          });
29
30      }
```

第 5 行代码通过 LocationApplication 子类 getApplication( )获取初始化对象 locationService。

第 15 ~28 行代码表示当用户单击界面中的按钮时启动和停止定位功能，并改变定位标志。

在 getDefaultLocationClientOption( ) 函数中通过对 mOption 对象的设置达到位置信息实时更新的目的，具体代码如下：

```
public LocationClientOption getDefaultLocationClientOption(){
    if(mOption == null){
        mOption = new LocationClientOption();
        //可选,默认高精度,设置定位模式,高精度,低功耗,仅设备
        mOption.setLocationMode(LocationClientOption.LocationMode.Hight
        _Accuracy);
        //可选,默认 gcj02,设置返回的定位结果坐标系,如果配合百度地图使用,建议设置
        为 bd09ll;
        mOption.setCoorType("bd09ll");
        //可选,默认 0,即仅定位一次,设置发起定位请求的间隔需要大于等于 1000ms 才是
        有效的
        mOption.setScanSpan(3000);
        mOption.setIsNeedAddress(true);//可选,设置是否需要地址信息,默认不
        需要
        mOption.setIsNeedLocationDescribe(true);//可选,设置是否需要地址
        描述
        mOption.setNeedDeviceDirect(false);//可选,设置是否需要设备方向结果
        mOption.setLocationNotify(false);//可选,默认 false
```

```
14            mOption.setIgnoreKillProcess(true);//可选,默认 true
15            mOption.setIsNeedLocationDescribe(true);//可选,默认 false
16            mOption.setIsNeedLocationPoiList(true);//可选,默认 false
17            mOption.SetIgnoreCacheException(false);//可选,默认 false
18        }
19        return mOption;
20    }
```

第 3 行代码用于创建一个用于设置定位方式的参数类。

第 5 行代码通过 setLocationMode( ) 函数设置定位模式。

第 7 行代码通过 setCoorType( ) 函数设置返回值的坐标类型。

第 9 行代码通过 setScanSpan( ) 函数设置定位时间间隔。当所设整数值大于等于 1000 时，定位 SDK 使用定时定位模式，每隔设定的时间进行一次定位。当不设此项或所设值小于 1000 时，则采用一次定位模式，即每调用一次 requestLocation( ) 函数才发起一次定位。

第 10 行代码通过 setIsNeedAddress( ) 函数设置是否需要地址信息。

第 16 行代码通过 setIsNeedLocationPoiList( ) 函数设置是否需要显示走遍 POI 信息。

第 19 行代码返回 LocationClientOption 对象。

当完成所有代码后必须再次重载 onDestroy( ) 函数，并在该函数中执行 LocationService 的 stop( ) 函数，用于表示当应用程序关闭时停止定位功能。此应用的最终效果如图 10-5 所示。

图 10-5　定位效果

10.4　百度地图自定义覆盖物的开发

10.3 节主要向读者介绍了如何利用百度地图 SDK 在 Android 手机中显示地图，但地图的显示仅仅是开始，更多的是在地图上添加自己感兴趣的应用。例如，能标记各个电影院的位置，当用户单击某个电影院时能显示该电影院的详细信息，这些才是地图应用的关键所在。百度地图通过使用一个 List 数据类型来管理各种覆盖物，并通过 MapView. getOverlays( ) 函数来添加或删除地图覆盖物，当更新地图覆盖物后调用 MapView. refresh( ) 函数使其更新生效。本节将在上一节的基础上介绍在地图上添加“我的位置”和自定义图层的基本方法。

10.4.1　“我的位置”图层的添加

“我的位置”是百度地图中的一个覆盖物，该覆盖物用于标记用户的实时位置。应用程序通过创建 LocationClient（this）对象，并在该对象中设置一个位置数据对象 LocationClientOption，最后把 MyLocationOverlay 对象添加至 MapView 并调用 refresh( ) 函数来刷新地图，就可以在地图上显示用户的实时位置。至于用户的实时位置，可以通过本章开始所讲的用百度定位 SDK 来获取，具体代码如下：

```
1      private void init() {
2     mMapView = (MapView) findViewById(R.id.bmapView);
3     mBaiduMap = mMapView.getMap();
4     //开启定位图层
5     mBaiduMap.setMyLocationEnabled(true);
6     //定位初始化
7     mLocClient = new LocationClient(this);
8     mLocClient.registerLocationListener(myListener);
9     LocationClientOption option = new LocationClientOption();
10     option.setOpenGps(true); //打开 GPS
11     option.setCoorType("bd09ll"); //设置坐标类型
12     option.setScanSpan(1000);
13     mLocClient.setLocOption(option);
14     mLocClient.start();
15  }
```

第 2 ~ 5 行代码用于与布局文件进行关联和初始化。

第 7 行代码用于初始化定位图层。

第 9 行代码用于创建一个用于设置定位方式的参数类。

第 10 ~ 12 行代码用于设置定位参数。

第 13 行代码通过 setLocOption( ) 函数把创建好的 option 对象设置到 LocationClient 对象中。

第 14 行代码用于启动定位监听。

在完成定位初始化之前，还要写定位的监听函数，使用百度提供的定位接口 BDLocationListener 来实时更新所在的位置，具体代码如下：

```
public class MyLocationListenner implements BDLocationListener {
        @ Override
        public void onReceiveLocation(BDLocation location) {
            //map view 销毁后不再处理新接收的位置
            if (location = = null || mMapView = = null) {
                return;
            }
            MyLocationData locData = new MyLocationData.Builder()
                    .accuracy(location.getRadius())
                     //此处设置开发者获取到的方向信息,顺时针方向转 0°~360°
                     .direction(100).latitude(location.getLatitude())
                     .longitude(location.getLongitude()).build();
            mBaiduMap.setMyLocationData(locData);
            if (isFirstLoc) {
                isFirstLoc = false;
                LatLng ll = new LatLng(location.getLatitude(),
                        location.getLongitude());
                MapStatus.Builder builder = new MapStatus.Builder();
```

```
19                      builder.target(ll).zoom(18.0f);
20                      mBaiduMap. animateMapStatus ( MapStatusUpdateFactory.
                        newMapStatus(builder.build()));
21              }
22          }
23          public void onReceivePoi(BDLocation poiLocation) {
24          }
25      }
```

第 5 ~ 7 行代码用于判断地图是否完成正常初始化。

第 8 ~ 13 行代码用于获取定位信息与方向信息。

第 14 行代码用于判断是否是首次定位，true 执行下面的代码，否则跳过。

第 15 行代码用于修改是否首次定位。

第 16 ~ 17 行代码用于构造一个 LatLng 类型的地理位置坐标。LatLng 构造函数的第一个参数为纬度，第二个参数为经度，通过 location. getLatitude( ) 获取纬度、location. getLongitude( ) 获取经度。

第 18 行代码构造一个 MapStatus. Builder 对象，用于设置地图参数。

第 19 行代码用于把刚才构建的位置坐标设置为地图的中心与设置地图的缩放级别为 18。

第 20 行代码用于更新并显示。

此应用的最终效果如图 10-6 所示。

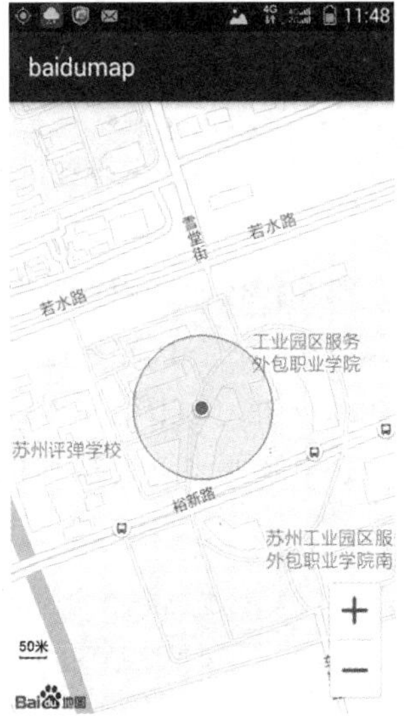

图 10-6　位置图层

10. 4. 2　自定义覆盖物的开发

在地图开发过程中，很多时候都需要添加一个或者一组自定义的覆盖物，如定位符、坐标信息等。

在本例中通过在按钮中添加“显示所有坐标”和“删除所有坐标”来达到在地图中添加覆盖物的目的。首先在 onCreate( ) 函数中初始化地图并调用自定义的初始化方法，以及添加地图的单击事件，具体代码如下：

```
public void onCreate(Bundle savedInstanceState) {
        super.onCreate(savedInstanceState);
        setContentView(R.layout.activity_overlay);
        mMapView = (MapView) findViewById(R.id.bmapView);
        mBaiduMap = mMapView.getMap();
        MapStatusUpdate msu = MapStatusUpdateFactory.zoomTo(14.0f);
        mBaiduMap.setMapStatus(msu);
        initOverlay();
        mBaiduMap.setOnMarkerClickListener(new BaiduMap.OnMarkerClickListener() {
            public boolean onMarkerClick(final Marker marker) {
                Button button = new Button(getApplicationContext());
                button.setBackgroundResource(R.drawable.popup);
```

```
13            InfoWindow.OnInfoWindowClickListener listener = null;
14                button.setText("删除");
15                button.setOnClickListener(new View.OnClickListener() {
16                    public void onClick(View v) {
17                        marker.remove();
18                        mBaiduMap.hideInfoWindow();
19                    }
20                });
21                LatLng ll = marker.getPosition();
22                mInfoWindow = new InfoWindow(button, ll, -47);
23                mBaiduMap.showInfoWindow(mInfoWindow);
24            return true;
25        }
26    });
27    MapStatus.Builder builder = new MapStatus.Builder();
28    builder.target(GQian).zoom(18.0f);
29    mBaiduMap.animateMapStatus(MapStatusUpdateFactory.newMapStatus(builder.
      build()));
30 }
```

第 8 行代码调用重置按钮的单击事件方法 initOverlay()完成覆盖层的初始化。

第 9 ~ 26 行代码通过 setOnMarkerClickListener 完成覆盖层的单击事件，并在上方显示一个删除按钮，单击它实现该覆盖层的删除功能。

接下来实现重置按钮的单击事件并添加以当前位置为中心的 9 个坐标点，具体代码如下：

```
public void initOverlay() {
        //add marker overlay
        LatLng item;
        //初始化 10 个实例坐标点
        for (int i = 0; i < 9; i++) {
            double lat = m6( GQian.latitude + Math.cos(2 * i * PI/9)/1000.0);
            double lon = m6( GQian.longitude + Math.sin(2 * i * PI/9)/1000.0);
            item = new LatLng(lat,lon);
            MarkerOptions ooA = new MarkerOptions().position(item).icon(bdA)
                    .zIndex(9).draggable(true);
             //掉下动画
             ooA.animateType(MarkerOptions.MarkerAnimateType.drop);
             mMarkerA = (Marker) (mBaiduMap.addOverlay(ooA));
             item = null;
        }
        MarkerOptions ooA = new MarkerOptions().position(GQian).icon(bdA)
                .zIndex(9).draggable(true);
        //掉下动画
        ooA.animateType(MarkerOptions.MarkerAnimateType.drop);
        mMarkerA = (Marker) (mBaiduMap.addOverlay(ooA));
```

```
21          mBaiduMap.setOnMarkerDragListener(new BaiduMap.OnMarkerDragListener() {
22              public void onMarkerDrag(Marker marker) {
23              }
24              public void onMarkerDragEnd(Marker marker) {
25                  Toast.makeText(
26                          OverlayActivity.this,
27                          "拖曳结束,新位置:" + marker.getPosition().latitude + ", "
28                                  + marker.getPosition().longitude,
29                          Toast.LENGTH_LONG).show();
30              }
31              public void onMarkerDragStart(Marker marker) {
32              }
33          });
34      }
```

第 5 ~ 7 行代码通过循环方式向数据集中添加 9 个数据，该 9 个数据是以中心坐标为圆点、2km 为半径的圆。

第 8 行代码通过 LatLng 方法添加每个点的坐标。

第 9 ~ 10 行代码新建 MarkerOptions 对象并通过 position( ) 设置其坐标，通过 icon( ) 设置 bitmap，

第 12 行代码用于设置 MarkerOptions 对象出现的动画方式。

第 16 ~ 20 行代码用于设置中心坐标位置与出现的方式。

第 21 ~ 30 行代码用于监听使用 onMarkerDragStart 监听拖曳前的信息，使用 onMarkerDrag 监听拖曳过程中的信息，使用 onMarkerDragEnd 来获取拖曳完成的位置信息。

以上便是百度地图添加自定义覆盖物的完整开发步骤及代码。此应用的最终效果如图 10-7 所示。

图 10-7　自定义覆盖物

百度地图 SDK 中集成各种搜索服务，其中包括位置检索、周边检索、范围检索、公交检索、驾乘检索和步行检索，通过初始化 MKSearch 类对象，并向 MKSearch 注册监听对象 MKSearchListener 用于获取搜索后的结果，从而实现异步搜索服务。开发兴趣点和路径规划的一般步骤如下：

1）通过调用不同的回调函数实现 OnGetPoiSearchResultListener 查询结果回调接口。

2）通过调用不同的回调函数得到各种搜索结果。

下面通过“周边餐厅搜索”和“骑行路径规划”两个例子向读者展示百度地图的路径规划与兴趣点的使用方法。要实现周边检索首先要实现 OnGetPoiSearchResultListener 接口，在本例中构建 OnGetPoiSearchResultListener 接口的派生类 onGetPoiResult（用于详情结果回调）与 onGetPoiResult（用于查询结果的回调）。下面先介绍 onGetPoiResult 的用法，具体代码如下：

```
public void onGetPoiResult(PoiResult result) {
        if (result = = null
```

```
3                  ||result.error = = SearchResult.ERRORNO.RESULT_NOT_FOUND) {
4                Toast.makeText(PoiSearchActivity.this, "未找到结果", Toast.
                 LENGTH_LONG)
5                        .show();
6                return;
7            }
8        if (result.error = = SearchResult.ERRORNO.NO_ERROR) {
9                mBaiduMap.clear();
10               PoiOverlay overlay = new MyPoiOverlay(mBaiduMap);
11               mBaiduMap.setOnMarkerClickListener(overlay);
12               overlay.setData(result);
13               overlay.addToMap();
14               overlay.zoomToSpan();
15               return;
16       }
17       if (result.error = = SearchResult.ERRORNO.AMBIGUOUS_KEYWORD)
18          {
19              String strInfo = "在";
20              for (CityInfo cityInfo : result.getSuggestCityList()) {
21                strInfo + = cityInfo.city;
22                strInfo + = ",";
23              }
24              strInfo + = "找到结果";
25              Toast.makeText(PoiSearchActivity.this, strInfo, Toast.LENGTH_LONG)
26                      .show();
27       }
28   }
```

第 2 ~ 7 行代码用于判断是否查询到结果，如果没查到，则提示未找到结果。

第 8 ~ 16 行代码用于处理正确返回查询结果，通过第 12 代码中的 setData 设置 POI 数据，通过第 13 代码中的 addToMap 将查询到的数据显示到地图上。

第 17 ~ 27 行代码用于在本城市没有查询到，而在其他城市查询到时，则提示在那个城市查询到结果。

接下来在主界面中的 Menu 菜单中添加“周边美食搜索”的单击事件，具体代码如下：

```
1   public void searchProcess(View v) {
2         mPoiSearch.searchNearby((new PoiNearbySearchOption())
3                 .keyword("餐厅")
4                 .location(new LatLng(31.264082, 120.753933))
5                 .radius(1000)
6                 .pageNum(loadIndex));
7     }
```

第 2 行代码用于发起周边搜索，实现一定范围内的检索。

第 3 行代码用于指定在该范围内搜索的内容。

第 4 行代码用于设置搜索范围的中心点坐标，实现查询该点周围的信息。

第 5 行代码主要用于设置搜索的半径。

第 6 行代码主要用于指定页数。

此应用的最终效果如图 10-8 所示。

以上便是查看周边兴趣点的方法，接下来完成车辆路线规划的功能。首先完成菜单中的单击事件完成界面的跳转，在完成主界面 Menu 菜单中添加单击跳转事件后，完成 RoutePlanActivity 类中的骑行线路规划函数。在该界面中设置骑行导航的终止位置，同时设置线路规划的策略，具体代码如下：

```
1    public void searchButtonProcess(View v) {
2            route = null;
3            mBtnPre.setVisibility(View.INVISIBLE);
4            mBtnNext.setVisibility(View.INVISIBLE);
5            mBaidumap.clear();
6            EditText editEn = (EditText) findViewById(R.id.end);
7            PlanNode stNode = PlanNode.withLocation(new LatLng(31.264082,120.753933));
8            PlanNode enNode = PlanNode.withCityNameAndPlaceName("苏州", editEn.getText
             ().toString());
9                      mSearch.bikingSearch((new BikingRoutePlanOption())
10                        .from(stNode).to(enNode));
11     }
```

第 2 ~5 行代码用于重置所有结点数据与路径信息。

第 7 行代码用于初始化起点位置信息。

第 8 行代码使用 withCityNameAndPlaceName 方法设置终点位置，第一个参数是城市名称，第二个参数是地点名。

第 9 ~10 行代码用于发起骑行路径规划监听事件，from 中的参数为起点信息，to 中的参数为终点信息。

接下来要实现路径的规划，首先要实现 OnGetRoutePlanResultListener 接口，有 4 个派生类，主要有骑行路线结果回调、驾车路线结果回调、换乘路线结果回调、步行路径结果回调。下面介绍骑行路径结果回调函数 onGetBikingRouteResult，具体代码如下：

```
public void onGetBikingRouteResult(BikingRouteResult bikingRouteResult) {
    if (bikingRouteResult = = null ||bikingRouteResult.error ! = SearchResult.
    ERRORNO.NO_ERROR) {
     Toast.makeText(RoutePlanActivity.this, "抱歉,未找到结果", Toast.LENGTH_
     SHORT).show();
     }
     if (bikingRouteResult.error = = SearchResult.ERRORNO.NO_ERROR) {
           nodeIndex = -1;
             mBtnPre.setVisibility(View.VISIBLE);
     mBtnNext.setVisibility(View.VISIBLE);
     route = bikingRouteResult.getRouteLines().get(0);
      BikingRouteOverlay overlay = new MyBikingRouteOverlay(mBaidumap);
      routeOverlay = overlay;
```

```
12          mBaidumap.setOnMarkerClickListener(overlay);
13          overlay.setData(bikingRouteResult.getRouteLines().get(0));
14          overlay.addToMap();
15          overlay.zoomToSpan();
16      }
17  }
```

第 2 ~4 行代码用于判断是否查询到路线信息，没有结果则提示未找到结果。

第 5 ~16 行代码与周边搜索类似，用于添加各个结点的信息，并把起点设为第一个结点。

此应用的最终效果如图 10-9 所示。

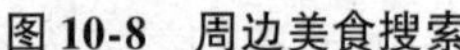
图 10-8　周边美食搜索

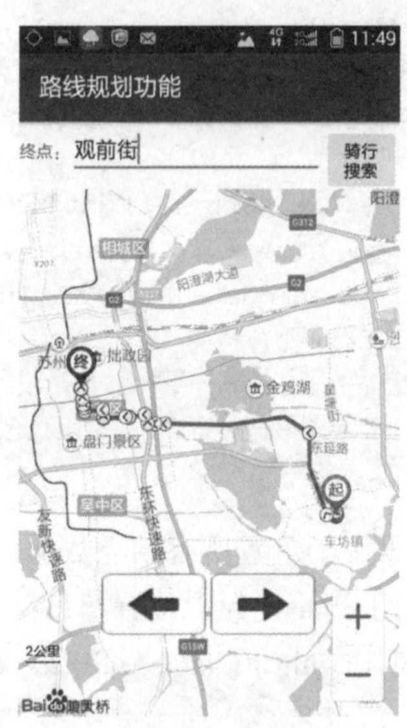

图 10-9　驾车线路

10.5　本章小结

本章主要介绍了百度地图 SDK 提供的定位和地图 API 的使用方法。虽然只列举了这一种地图，但是其他地图的开发思路与之类似，因此读者应做到举一反三。读者需要重点掌握的是百度地图的实时定位方法、自定义覆盖类的使用方法以及各种线路规划的实现方法和基本步骤。

习题

1. 百度密钥安全码由哪两部分组成？
2. 如何在 App 开发中添加密钥？

第 11 章　综合实例——健身助手的实现

1. 任务

通过本章的学习，掌握手机传感器、百度地图、网络数据的交互、JSON 数据的解析以及 ActionBar 等多种技术在 Android 系统中的综合应用，并实现最新公交路线的查询、多种语言的实时翻译和当前位置的定位。

2. 要求

1）掌握百度 API Key 的申请步骤和百度应用的二次开发方法。

2）掌握 HTTP 网络数据的访问和 JSON 数据的解析方法。

3）掌握 ActionBar、GridView 等多种 Android 界面组件的使用方法。

4）掌握百度地图实时交通的实现方法。

5）掌握手机传感器的使用方法。

3. 导读

1）系统功能介绍和架构设计。

2）百度 API Key 的申请。

3）JSON 数据的解析。

4）公交线路查询的实现。

5）百度实时翻译的实现。

6）手电筒功能的实现。

7）音乐播放器的实现。

11.1　系统功能介绍和架构设计

本章主要介绍通过将 Android 终端和云平台进行功能整合，从而实现基于云服务的移动 App 的方法。在该应用中，云端采用百度云为基础，而客户端则采用 Android 4.1.2 版本。

11.1.1　系统功能介绍

本章中所应用的案例是一个功能相对简单的健身辅助系统。本案例从目前已有的健身移动 App 中选取一些核心功能作为实现技术的研究，以引导读者在今后的开发中实现复杂的、能够产品化的移动 App。

本案例的服务端采用百度云服务，该服务是由接入层、计算层和数据层 3 方面构成的，如图 11-1 所示。Android 客户端只负责与服务器接入层之间的数据交互，通过 Apache 的 HttpClient 向服务器提交 HTTP 请求，以获取服务器的数据响应，实现 Android App 和云服务之间的通信。

本系统主要实现以下 3 方面的功能：

1）用户可以通过 GPS、基站和 WiFi 定位当前用户的位置，并显示在地图中。

2）当需要查询当地公交时，用户可以通过本系统获取公交线路的途经站点。

3）用户可以通过本系统进行多种语言的翻译，帮助异地解决语言问题。

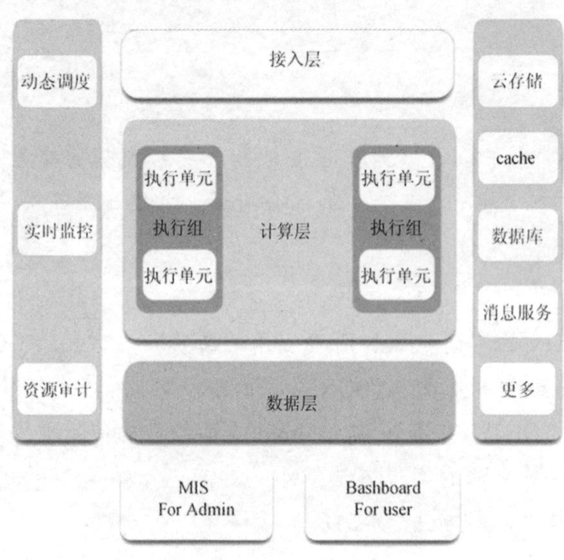

图 11-1　百度云服务的架构图

11.1.2　系统架构设计

本系统采用目前最为普遍的 MVC 架构（分为视图层、控制层和业务逻辑层），用户不直接和云服务的数据库进行交互，而是与服务端的接入层进行数据交换，再由计算层与数据层进行交换，从而把数据返回给用户。

1）视图层：用于在地图中显示用户的各种请求，接管控制层返回的数据。

2）控制层：主要负责视图层和业务逻辑层之间的交互，调用业务逻辑层，并把业务数据经过处理发送至视图层进行展示。

3）业务逻辑层：负责实现系统中的业务逻辑部分，主要负责对云服务访问的封装和各功能之间的业务关系的处理。

此外，本系统中采用 Apache 提供的开源软件 HttpClient 向服务器提交用户请求，通过该软件可以模拟 HTTP 请求，从而获取服务器的响应数据。这些数据应采用轻量级网络数据交换格式—— JSON 数据格式，使开发者能够方便地进行数据解析和展示。

通过采用以上的系统架构，整个应用能够很好地满足用户需求的改变和重构的要求，使系统具有很好的复用能力，减轻了程序员重复开发的负担，同时也保证了代码的可靠性，使系统架构适用于各种平台上的应用开发。

11.2　百度 API Key 的申请

Android 百度定位 SDK 自 v4.0 版本之后开始引用百度 LBS 开放平台的统一 Key 验证体系，所以读者在使用百度定位 SDK 之前，首先需要获取百度定位的 API Key。该 Key 与百度账户相关联，因此读者必须先有一个百度账号，才能获取 API Key。在注册并登录百度账号后，进入百度地图 API 的 Android SDK 界面，在该界面左侧有一个“获取密钥”的导航栏，单击进入则显示 API Key 申请界面，在其中填入与应用相关的信息，最后单击“生成 API 密钥”就会获得一个 API Key。申请完 API Key 之后，可以单击左侧导航栏中的“我的 Key”来查看已申请的 Key，如图 11-2 所示。

图 11-2　百度地图 API Key 的申请

11.3　JSON 数据的解析

在本系统中，Android 端与云服务之间的交互采用 JSON 作为数据交换格式。JSON 是一种轻量级的数据交换格式，该格式既能被用户方便地读取，也可以被计算机解析和生成，同时 JSON 也是一种与语言无关的数据交换格式，结构非常类似 XML。

JSON 目前被 C、C ++ 、Java、C#等几乎所有常用的编程语言所支持，通过这些语言提供的函数就能完整实现数据的接收、发送和解析，因此 JSON 是目前网络中传递数据较为理想的一种格式。JSON 数据具有相互嵌套的特点，其主要数据类型有以下两种。

1）对象（JSON Object）：该结构由键值对数据组成，如格式 {KEY：VALUE，KEY：VALUE，…}。在面向对象的语言中，KEY 为该对象的属性，VALUE 为对象所对应的属性值，类似于 Java 中的 MAP 类型。当系统需要数据时，只需通过提前约定的 KEY 找到对应的值即可获取数据，每个对象值的类型可以是数字、字符串、数组、JSON 对象/数组几种。

2）数组（JSON Array）：该结构用“[]”括起来，而其中的每一项则使用“{}”括起来，如结构 [{KEY：VALUE，KEY：VALUE，KEY：VALUE}，{KEY：VALUE，KEY：VALUE，KEY：VALUE}]，当需要取值时，和所有语言一样，通过索引获取，每个元素的类型可以是数字、字符串、数组、JSON 对象/数组几种。

目前在 Android 系统中已经内置了对 JSON 格式的支持，如 JSONArray、JSONObject、JSONException 等，通过这些内置类可以方便地完成 JSON 数据的对象和数组的解析。其中使用最多的是 JSONArray 和 JSONObject 两个类，它们的主要功能如下。

1）JSONArray：表示一个 JSON 数组，它可以完成 Java 集合与 JSON 字符串之间的相互转换。

2）JSONObject：表示一个 JSON 对象，它可以完成 Java 对象和 JSON 字符串之间的相互转换。

11.4　公交线路规划的实现

第 10 章已经详细介绍了百度地图的基本使用方法，本节将着重介绍如何利用百度地图实现实时公交查询的功能。目前百度地图上的许多功能都是基于百度 LBS 来实现的，公交查询页也不例外。用户通过统一的 LBS 查询结果来获取所有 POI（兴趣点）数据，然后再通过统一 ID 进行路径查询，并显示在地图中，如图 11-3 所示。具体代码分为两部分完成，第一部分为在百度 LBS 中查询相关城市公交信息，并从所有获得的 POI 中检出类型为公交线路的信息，然后得到该 POI 信息的 ID 号，通过该 ID 号就可以查询出对应的公交线路，具体代码如下：

图 11-3　公交线路查询

```
1    public void searchButtonProcess(View v) {
2         busLineIDList.clear();
3         busLineIndex = 0;
4         mBtnPre.setVisibility(View.INVISIBLE);
5         mBtnNext.setVisibility(View.INVISIBLE);
6         EditText editCity = (EditText) findViewById
          (R.id.city);
7         EditText editSearchKey = (EditText) findViewById(R.id.searchkey);
8         //发起 POI 检索
9         mSearch.searchInCity((new PoiCitySearchOption()).city(
10                editCity.getText().toString())
11                        .keyword(editSearchKey.getText().toString()));
12   }
```

第 2 行代码用于清除 busLineIDList 值。

第 3 行代码用于初始化 busLineIndex 的值。

第 6 ~ 7 行代码用于初始化 EditText 控件。

第 9 ~ 11 行代码通过 PoiCitySearchOption 发起公交检索。

11.5　百度实时翻译的实现

百度翻译接入服务是百度面向开发者推出的免费翻译服务开放接口，允许任何第三方应用或网站通过接入该服务实现多语言的实时翻译。应用开发者只需通过调用所提供的 API，并传入待翻译的内容，同时指定要翻译的源语言和目标语言种类，就可以得到相应的翻译结果。目前，百度翻译服务提供多个语种互译服务，覆盖英语、日语、韩语、西班牙语、法语、泰语、阿拉伯语、俄语等热门语种。该服务主要包括以下 5 个功能：

1）支持简单的标准 REST API。

2）支持多种语言间互译，包括中英、英中、中日、日中、中韩、韩中、中法、法中等语言方面的翻译服务。

3）支持显式指定翻译的源语言和目标语言语种。

4）支持自动判断源语言语种，并根据一定规则设置目标语言语种。

5）默认翻译 API 使用频率为每个 IP 1000 次/h，支持扩容。

百度翻译服务通过 HTTP 的 POST 或者 GET 操作来获取原文的翻译，具体有以下两方面的数据交换格式：一个是服务器提交格式，另一个则是服务器返回数据格式，具体说明如下。

1）服务器提交格式，见表 11-1。

表 11-1　服务器提交格式

URL 接口	http://api.fanyi.baidu.com/api/trans/vip/translate	
参数	from	源语言语种
	to	目标语言语种
	appid	可在管理台查看
	q	需要进行 utf-8 编码
	salt	随机数
	sign	签名由 appid + q + salt + 密钥 的 MD5 值组成
GET 请求实例	http://api.fanyi.baidu.com/api/trans/vip/translate? q = apple&from = en&to = zh&appid = 2015063000000001&salt = 1435660288&sign = f89f9594663708c1605f3d736d01d2d4	

签名生成方法如下：

① 将请求参数中的 APPID（appid），翻译 query（q，注意为 UTF-8 编码），随机数（salt），以及平台分配的密钥（可在管理控制台查看）

按照 appid + q + salt + 密钥 的顺序拼接得到字符串 1。

② 对字符串 1 做 md5，得到 32 位小写的 sign。

注意：

① 请先将需要翻译的文本转换为 UTF-8 编码。

② 在发送 HTTP 请求之前，需要对各字段做 URL encode。

③ 在生成签名拼接 appid + q + salt + 密钥 字符串时，q 不需要做 URL encode，在生成签名之后，发送 HTTP 请求之前才需要对要发送的待翻译文本字段 q 做 URL encode。

2）服务器返回数据格式，见表 11-2。

表 11-2　服务器返回数据格式

<table>
<tr><th>内　容</th><th colspan="2">说　明</th></tr>
<tr><td>数据返回格式</td><td colspan="2">{
"from":"zh",
"to":"en",
"trans_result":[]
}</td></tr>
<tr><td rowspan="3">参数</td><td>from</td><td>实际采用的源语言</td></tr>
<tr><td>to</td><td>实际采用的目标语言</td></tr>
<tr><td>trans_ result</td><td>翻译结果，其内容由若干个数组组成，每个数组都为一段翻译结果，其中 src 表示翻译的原文，dst 表示翻译的结果
{
"src":"",
"dst": ""
}</td></tr>
<tr><td>GET 请求实例</td><td colspan="2">{
"from": "en",
"to": "zh",
"trans_result": [
{
"src": "today",
"dst": "今天"
}
]
}</td></tr>
</table>

以上就是百度翻译服务的使用方法，对于 Android 程序来说，主要完成以下两方面的工作：一个是向服务器提交翻译请求；另一个则是从服务器上获取翻译结果，并显示在屏幕中，如图 11-4 所示。在前面章节中说过，在 Android 3.0 版本以后，所有耗时操作都必须放在线程中完成（如网络数据访问），因此本模块中最重要的就是网络交互的线程代码，具体代码如下：

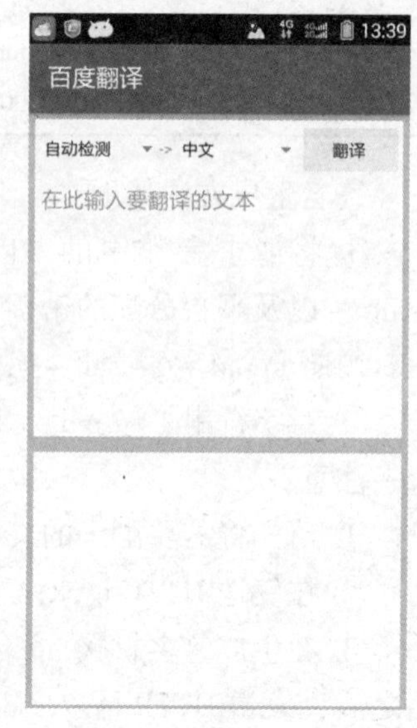

图 11-4　百度翻译界面

```
public void run() {
    Random random = new Random();
    salt = random.nextInt(10000);
    HttpGet httpGet = new HttpGet(getTranslateURL
    (mSrcText, mSourceIndex,mTargetIndex));
    HttpClient httpClient = new DefaultHttpClient();
    try {
        HttpResponse httpResponse = httpClient.
        execute(httpGet);
```

```
8            if (httpResponse.getStatusLine().getStatusCode()
9                        == HttpStatus.SC_OK) {
10                String translateData = EntityUtils.toString(httpResponse
11                        .getEntity());
12                Message msg = new Message();
13                Bundle data = new Bundle();
14                data.putString("TRAN_DATA", translateData);
15                msg.setData(data);
16                mTranslateHandler.sendMessage(msg);
17            }
18        } catch (ClientProtocolException e) {
19            //TODO Auto-generated catch block
20            e.printStackTrace();
21        } catch (IOException e) {
22            //TODO Auto-generated catch block
23            e.printStackTrace();
24        }
25    }
```

第 2 ~3 行代码用于产生随意数，接下来进行 md5 加密。

第 4 行代码中的 getTranslateURL（）函数是一个自定义函数，用于获取完整 GET 操作地址，并通过这个地址初始化 HttpClient 工具中的 HttpGet 对象。该对象负责执行与云服务之间的 GET 操作。

第 5 行代码用于创建一个 HttpClient 对象，该对象通过执行 HttpGet 对象最终实现与云服务的交互。

第 8 行和第 9 行代码用于判断云服务返回的状态码，当返回结果为 200 时，表示云服务响应正确。

第 10 行代码表示从服务器返回的数据中提取所需内容，然后发送给主线程进行下一步处理。

当线程把数据返回后，接下来就是解析这些数据和展示数据。数据解析的代码如下：

```
private String parseTranslateData(String translateData) {
    //TODO Auto-generated method stub
    String resData = "";
    try {
        JSONObject translateRes = new JSONObject(translateData);
        JSONArray translateArray = translateRes.getJSONArray("trans_result");
        for (int i = 0; i < translateArray.length(); i++) {
                resData += (translateArray.getJSONObject(i).
                            getString("dst") + "\n");
        }
    } catch (JSONException e) {
        //TODO Auto-generated catch block
        e.printStackTrace();
    }
```

```
15        return resData;
16    }
```

第 5 行代码可以把云服务返回的数据转化为 JSON 对象。

第 6 行代码可以从解析后的 JSON 对象中提取翻译的结果，并组成一个 JSON 数组。

第 7～10 行代码从 JSON 数组中提取每个元素中的结果。

11.6　健身实时计数的实现

本节主要介绍手电筒功能的实现和俯卧撑与引体向上信息采集的实现。

11.6.1　手电筒功能的实现

手电筒功能主要是调用 Camera 的控制来实现手电筒的开启与关闭，在使用闪光灯之前，注意使用 Camera. open( )方法打开摄像头，获取 Camera 对象，然后通过 Camera 对象 getParamerers( )方法获取 Parameters 参数。关闭闪光灯也是通过 Parameters 参数进行设置的，最终效果如图 11-5 所示。

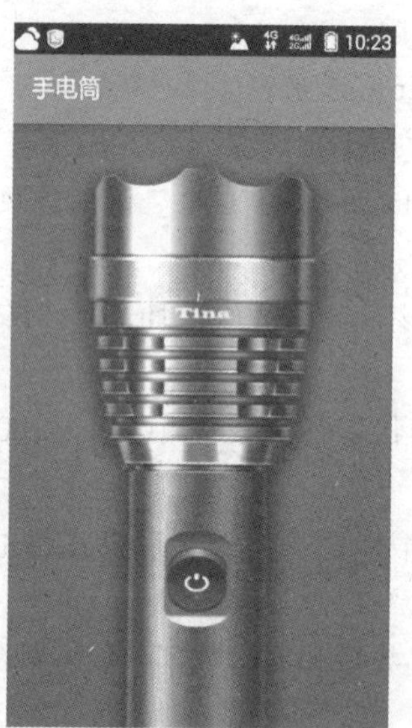

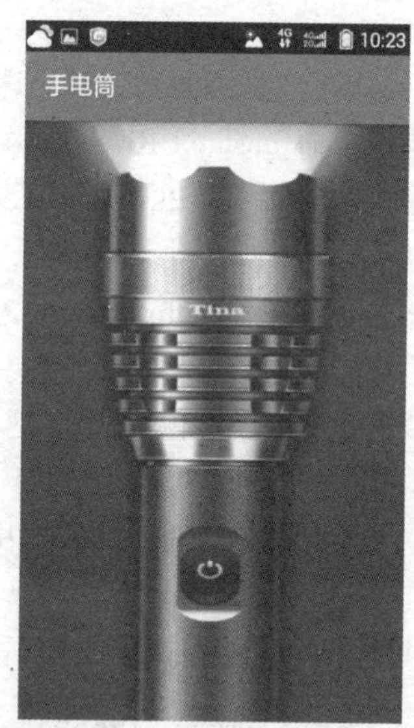

图 11-5　手电筒

其功能的实现主要分为以下两个步骤：

1）实现打开和关闭闪光灯，实现操作闪光灯主要通过 Camera 类。

2）自定义闪光灯的按钮，用于控制闪光灯的开启与关闭。

具体代码如下：

```
public void onClick(View v) {
    ToggleButton tb = (ToggleButton) v;
    Camera.Parameters param = camera.getParameters();
    if (! tb.isChecked()) {
        param.setFlashMode(Camera.Parameters.FLASH_MODE_TORCH);
        bj.setBackgroundResource(R.drawable.bjon);
```

```
7          } else {
8                param.setFlashMode(Camera.Parameters.FLASH_MODE_OFF);
9                bj.setBackgroundResource(R.drawable.bjoff);
10         }
11         camera.setParameters(param);
12     }
```

第 3 行代码使用 getParameters（）方法获取 Parameters 参数。

第 4 行代码用于判断手电筒的开启状态。

第 5 行代码用于设置闪光灯开启。

第 6 行代码用于改变显示状态。

第 11 行代码用于设置闪光灯状态。

11.6.2　俯卧撑与引体向上信息采集的实现

俯卧撑和引体向上主要引用接近传感器与加速度传感器技术，原理就是通过手机端的各种传感器采集环境（手机传感器随着运动所产生参数的变化）的变化值，从而实现俯卧撑与引体向上信息采集的功能，效果如图 11-6 所示。

下面先来介绍一下引体向上信息采集的工作：首先引体向上利用了加速度传感器，根据它的变化值进行滤波，排除一些外在因素，接下来再进行判断，具体代码如下：

图 11-6　俯卧撑与引体向上

```
public void onSensorChanged(SensorEvent event) {
    //TODO Auto-generated method stub
    float[] values = event.values;
    int sensorType = event.sensor.getType();
    StringBuilder sb = null;
    final float alpha = (float) 0.8;
    gravity[0] = alpha * gravity[0] + (1 - alpha)
    * event.values[0];
    gravity[1] = alpha * gravity[1] + (1 - alpha)
    * event.values[1];
    gravity[2] = alpha * gravity[2] + (1 - alpha) * event.values[2];
      linear_acceleration[0] = event.values[0] - gravity[0];
      linear_acceleration[1] = event.values[1] - gravity[1];
      linear_acceleration[2] = event.values[2] - gravity[2];
    System.out.println("x" + linear_acceleration[0] + "y" + linear_
    acceleration[1] + "z" + linear_acceleration[2]);
      long currentTime = SystemClock.elapsedRealtime();
      long spaceTime = currentTime - lastTime;
      lastTime = currentTime;
      if (linear_acceleration[0] > 1 ||linear_acceleration[2] > 1)
         if (spaceTime > 35) {
            if (count != -1) {
                  mp = MediaPlayer.create(this, R.raw.refreshing_sound);
```

```
21                 mp.start();
22             }
23             ++count;
24             String totalstr = preferences.getString("total", null);
25             totalTV.setText(String.valueOf(1 + (int) Integer
26                     .parseInt(totalstr)));
27             editor.putString("total", totalTV.getText().toString());
28             editor.commit();
29             countTV.setText(String.valueOf(count));
30         }
31     }
```

第 4 行代码用于获取传感器的类型。

第 7 ~ 9 行代码主要使用低通滤波器分离重力加速度。

第 10 ~ 12 行代码主要使用高通滤波器剔除重力干扰。

第 14 行代码通过 SystemClock. elapsedRealtime( ) 获取系统时钟。

第 18 行代码用于判断两次变化间隔时间大于一定值，去除外界因素的影响。

第 20 ~ 21 行代码用于提示一个引体向上记录完成。

第 23 行代码用于对引体向上数据进行更新。

第 24 ~ 28 行代码用于提交记录的数据。

第 29 行代码用于更新界面显示。

下面介绍一下俯卧撑信息采集的工作：首先俯卧撑利用了接近传感器技术，根据人体到手机屏幕的距离的大小进行判断与信息的采集，具体代码如下：

```
public void onSensorChanged(SensorEvent event) {
    float[] values = event.values;
    int sensorType = event.sensor.getType();
    StringBuilder sb = null;
    if (sensorType == Sensor.TYPE_PROXIMITY) {
        long currentTime = SystemClock.elapsedRealtime();
        long spaceTime = currentTime - lastTime;
        lastTime = currentTime;
        if (spaceTime > 800) {
            if(count! = -1){
                mp = MediaPlayer.create(this, R.raw.refreshing_sound);
                mp.start();
            }
            ++count;
            String totalstr = preferences.getString("total", null);
            totalTV.setText(String.valueOf(1 + (int) Integer.
            parseInt(totalstr)));
            editor.putString("total",totalTV.getText().toString());
                editor.commit();
            countTV.setText(String.valueOf(count));
        }
```

```
21          }
22    }
```

第 3 行代码用于获取传感器类型。

第 5 行代码用于判断触发的传感器类型，是否是接近传感器。

第 6 行代码用于获取系统时钟。

第 7 行代码用于记录传感器两次触发之间的间隔时间。

第 11 ~ 12 行代码用于提示俯卧撑一个动作的完成。

第 14 行代码用于对俯卧撑数据的自增。

第 15 ~ 19 行代码用于处理数据的记录与显示。

11.7　计时器的实现

健身者在做运动时需要进行计时，所以开发了 Android 计时器功能。Android 的计时器考虑到线程安全问题，不允许在线程中执行 UI 线程。在 Android 中有一个很有意思的类 android. os. Handler，这个类可以实现各处线程间的消息传递。

下面的代码实例化了一个 Handler，Handler 可以通过 Message 在多个线程通信，这里做的是 mlCount 定时变量每次加 1，然后以一定的时间格式显示到控件 tvTime 上（UI 线程上的操作）。计时器功能的关键代码如下：

```
handler = new Handler() {
    public void handleMessage(Message msg) {
        //TODO Auto-generated method stub
        switch (msg.what) {
            case 1:
                mlCount ++;
                int totalSec = 0;
                int yushu = 0;
                if (SETTING_SECOND_ID == settingTimerUnitFlg) {
                    totalSec = (int) (mlCount);
                } else if (SETTING_100MILLISECOND_ID == settingTimerUnitFlg) {
                    totalSec = (int) (mlCount /10);
                    yushu = (int) (mlCount % 10);
                }
                int min = (totalSec /60);
                int sec = (totalSec % 60);
                try {
                    if (SETTING_SECOND_ID == settingTimerUnitFlg) {
                        tvTime.setText(String.format("% 1 $02d:% 2 $02d", min,sec));
                    } else if (SETTING_100MILLISECOND_ID == settingTimerUnitFlg) {
                    tvTime.setText(String.format("% 1 $02d:% 2 $02d:% 3 $d",min, sec, yushu));
```

```
22                        }
23                    } catch (Exception e) {
24                        tvTime.setText("" + min + ":" + sec + ":" + yushu);
25                        e.printStackTrace();
26                        Log.e("MyTimer onCreate", "Format string error.");
27                    }
28                    break;
29                default:
30                    break;
31            }
32        }
33    };
```

第 6 行代码用于定时器的计数，通过 mlCount ++ 来完成每一次的时间累加。

第 9 ~ 14 行代码用于根据显示方式的不同，对数据进行初步处理。

第 15 ~ 16 行代码对分钟数与秒数进行分离。

第 18 ~ 22 行代码根据选择的显示方式不同对 UI 界面进行更新，通过 String. format( ) 对数据格式化。

根据以上方法实现了计时功能，运行效果如图 11-7 所示。

图 11-7　计时器界面

11.8　天气预报与音乐播放器的实现

天气预报已成为手机必备 App，本节将为大家介绍一下天气预报的功能实现。第 8 章的实训大家应该做过了天气预报的项目，本例程中使用的数据全部来自于聚合数据，该网站提供了限时免费的 API 接口供读者测试使用。首先在使用前需要有个聚合的账号，然后再申请天气的 API 接口，就会得到 AppKey。服务器提交格式见表 11-3。

表 11-3　服务器提交格式

名　称	类　型	必　填	说　明
cityname	string	Y	城市名或城市 ID，如"苏州"，需要 utf8 urlencode
dtype	string	N	返回数据格式：json 或 xml，默认 json
format	int	N	未来 6 天预报（future），两种返回格式，1 或 2，默认 1
key	string	Y	申请的 Key
请求示例			http://v.juhe.cn/weather/index? format = 2&cityname = 苏州 &key = 你申请的 Key

详细代码请参照第 8 章实训。

音乐播放器在第 6 章已经介绍过，在此不再说明。

11.9　本章小结

本章主要介绍了百度地图、网络数据的交互、JSON 数据的解析、手机传感器等技术的实现方法和综合使用。

参考文献

[1] 郭霖. 第一行代码 Android [M]. 2 版. 北京：人民邮电出版社，2016.

[2] 毕小朋. 精通 Android Studio [M]. 北京：清华大学出版社，2017.

[3] 罗彧成. Android 应用性能优化最佳实践 [M]. 北京：机械工业出版社，2017.

[4] 李刚. 疯狂 Android 讲义 [M]. 3 版. 北京：电子工业出版社，2017.

[5] 王向辉，张国印，沈洁. Android 应用程序开发 [M]. 3 版. 北京：清华大学出版社，2016.

[6] 詹建飞，吴博，柳阳，等. OPhone 应用开发权威指南 [M]. 2 版. 北京：电子工业出版社，2011.

[7] 姚尚朗，靳岩，等. Android 开发入门与实战 [M]. 2 版. 北京：人民邮电出版社，2013.